设计学 概论

Design:
第五版
5th Edition
An Historical
Introduction

U0247215

主编 | 彭圣芳 武鹏飞

编著 | 洪雯雯 廖呢喃 邝慧仪 郑 冰

名誉主编 | 尹定邦

CTS K 湖南科学技术出版社

· 长沙 ·

Design:
An Historical
Introduction

第四版（全新版）前言

　　2011 年 2 月，经国务院学位委员会决议通过，艺术学升格为独立的学科门类，下设 5 个一级学科：艺术学理论、美术学、设计学、音乐与舞蹈学、戏剧与影视学。从学科发展的角度来看，这一调整是我国高等艺术教育学科发展史上的里程碑。

　　事实上，尹定邦教授于 20 世纪 90 年代中期便提出了"设计学"这个概念。大约在 1995 年的夏天，时任广州美术学院副院长的尹定邦教授，希望时任美术学系副主任的我能参与他主导的广东省高校"设计学研究"课题组；当时我毫无思想准备地竟然答应了，不久便发现所谓课题组就我与他两人。再不久我又有了惊人的发现：设计的母学科（parent discipline）就是造型艺术。换言之，尽管我在硕士研究生阶段的专业方向是"西方美术史"，而这次为了尹教授的这个课题，我得从西方设计史的角度重新学一遍西方艺术史。于是我带着李薇蔓和周启新两位当时的硕士研究生同尹教授一道，开始依照我拟定的教材大纲撰写最后由课题主持人独立署名的《设计学概论》（湖南科学技术出版社，1999 年）。细心的尹教授旋即赠给我题有"真主编邵宏教授存纪"字样的样书两本，以备之用；而我也将为该书撰写的"导论"以《设计学的研究范围及其现状》之名，收入邵宏《艺术史的意义》（湖南美术出版社，2001 年）一书。

　　作为"文化部全国高等艺术教育'九五'规划重点教材"，初版《设计学概论》到 2008 年年底即发行有 17 万册，被全国两百余所院校艺术设计专业选为指定教材。2005 年，武汉理工大学的国家精品课程"设计概论"，便是以初版《设计学概论》为授课教材。2006 年年底，在出版社的要求下，我征得 2000 年已退休且不再参与教材撰写工作的课题主持人同意后，邀请颜勇（广东工业大学）、黄虹（广州大学）、颜泉发（澳门理工学院）、梁卉莹（华南农业大学）四位在大学讲授相关课程的老师，对已纳入"'十一五'国家级规划教材"的《设计学概论》作了全面修订并代写了"前言"；于是，《设计学概论（修订版）》（尹定邦主编，并按学术规范加上邵宏等编著）于 2009 年底出版；修订版的本书又已刊行了七年，与本教材初版至今已总计印刷 35 次。

今天，"艺术学"已升格为学科门类，而尹定邦教授一直提倡的"设计学"则明确为一级学科。2012 年 11 月，由于我校《设计学概论（修订版）》申报"'十二五'普通高等教育本科国家级规划教材"得到国家教育部的批准（教高函〔2012〕21 号文），因此学校教务处又让我对此书做第三次修订；于是我个人勉为其难地再次修订并代写前言：尹定邦、邵宏主编《设计学概论（第三版）》（人民美术出版社，2013 年）。就我个人而言，我想完全推倒重来。因为进入 21 世纪以来，设计学领域发展得实在太快，尹教授年事已高，我也精力不济，所以我这次作为第四版执行主编主要依靠年轻教师的力量。

我始终认为，一部符合现代教育要求的教材，应当是群贤同道精诚合作的结果；而设计学学科本身对"团队精神"的执意强调，更是这一学科发展的学术基础。聊举三例以附吾议：皮特·N. 斯特恩斯等著《全球文明史》（第三版，上下册，赵轶峰等译，北京：中华书局，2006 年），撰稿人四位；哈泽尔·康韦（Hazel Conway）主编《设计史：学生手册》（*Design History: A Students' Handbook*, London and New York: Routledge, 1987），撰稿人七位；而克里斯托弗·德尔（Christopher Dell）主编《杰作的产生》（*What Makes a Masterpiece? Encounters with Great Works of Art*, London: Thames & Hudson, 2010），为这样一部 304 页的著作撰稿的国际学界专家，包括主编在内竟达 61 位。

因此我邀请青年才俊作为重要的撰稿人。本次全新版（即第四版）仍然在基本不改变由上述八位参与撰写的修订版，与我个人完成修订的第三版全貌的前提下，对几乎全部章节作了较大的改写，在每章后增补了有利课程考试复习的"课后回顾"，并在书后附加了"设计专业术语表"。换言之，这次全新版的实际撰稿人除了上述八位老师以外又增加了六位作者，均为广州美术学院硕士研究生毕业。此次各章改写的具体分工如下（按姓氏笔画排序）：

第1章 "作为学科的设计"，邝慧仪、廖呢喃；

第2章 "设计：人类的第一行为"，武鹏飞、洪雯雯；

第3章 "设计溯源"，邝慧仪、武鹏飞；

第4章 "现代设计"，洪雯雯、徐艳秋；

第5章 "设计的现代分类"，洪雯雯、廖呢喃；

第6章 "设计师"，武鹏飞、徐艳秋；

第7章 "设计批评"，邝慧仪、廖呢喃；

"设计专业术语表"，缪智敏编译。

邵宏

2016 年 6 月 18 日于广州美术学院

又：

尹定邦、邵宏主编的《设计学概论（全新版）》（即第四版）于2016 年 11 月出版后好评如潮；其间我与武鹏飞同学还合署主编出版了《设计学概论（彩色版）》（湖南科学技术出版社，2017 年）。而我本人自 1995 年开始涉猎设计史论以来，尤其是自本书第四版修订问世以来，出版与设计史论有关的著作另有：[英]E. H. 贡布里希《秩序感——装饰艺术的心理学研究》，杨思梁、徐一维、范景中译，邵宏校（广西美术出版社，2015 年）、[奥] 阿洛伊斯·李格尔《风格问题：装饰史的基础》，邵宏译（中国美术学院出版社，2016年）、[意] 廖内洛·文杜里《艺术批评史》，邵宏译（商务印书馆，2017年）、邵宏《设计的艺术史语境》（广西美术出版社，2017年）、邵宏《东西美术互释考》（商务印书馆，2018年），以及设计史论领域最重要的著作 [美] 乔治·库布勒《时间的形状：造物史研究简论》，郭伟其译，邵宏校（商务印书馆，2019年）；即将出版有邵宏《美术设计英文原典选注》（商务印书馆，2023年）。这些都是我在设计史论方面教学相长的成果。但最令我欣喜的是，《设计学概论（全新版）》于2021年获得"首届全国教材建设奖"（高等教育类）一等奖的殊荣；这更证明只有青年才俊参与和投入到年轻的设计学中来，才能保持设计史论研究与时俱进的可喜面貌。

　　按照教材编写"间隔三五年便须修订"的一般规律，现在本书又要迎来新修订的第五版。已退休两年的我向出版社提出不再担任主编一职，学校推荐设计学教授彭圣芳博士担任第五版的主编；编著者增加郑冰博士。相信学校如此安排中外文俱佳的年轻主编与编著者，一定会使本教材更切合教学的实际与学术的发展。是为至盼！

邵宏

2022年6月23日补记

第五版前言

2022 年 9 月 14 日，国务院学位委员会公布了《研究生教育学科专业目录（2022 年）》（以下简称新版目录）和《研究生教育学科专业目录管理办法》。"新版目录"中，对上一版《学位授予和人才培养学科目录（2011 年）》中独立出来的"艺术学"门类再次进行了调整。其中有关设计的学科设置变动较大。具体地说，设计学被"一分为三"，即 2011 年版学科目录中的一级学科"设计学"，被拆分为三个部分：

一处以一级学科"设计"之名存在于"艺术学"门类下，显示出设计类硕士、博士人才培养的实践导向，释放出艺术门类各学科（包括音乐、舞蹈、戏剧与影视、戏曲与曲艺、美术与书法、设计）专业博士学位即将成立的信号。

一处以研究"设计的历史、理论"为范域成为"艺术学"门类下同名一级学科"艺术学"的研究内容之一，保留了艺术学门类下学术型设计硕士、博士人才培养的少量空间，延续了上一版目录"艺术学理论"一级学科设置的思路。

一处以"设计学"（注明可授工学或艺术学学位）之名成为新设立的交叉学科门类下的一级学科，体现出对当前设计研究范域与方法的多学科性的肯定和强调，呼应了国家鼓励和引导学科交叉的提倡。

正因为"一分为三"，有学者认为这次设计学是"最大的赢家"，也有学者对经营十年的"设计学"被拆解表示惋惜。更多的学者则是在整个"艺术学"门类的调整中，对各一级学科的设置及其学理进行分析，对可能解决和产生的问题进行预判。很显然，新版目录有两方面的形成思路：其一是在鼓励专业型研究生教育发展的思路下，将专业学位与学术学位"混合编排"；其二是在鼓励交叉学科发展的思路下，引导设计领域的学科交叉向形成交叉学科"设计学"发展。可以说，新版目录是一个多方照顾的解决策略，即在国家研究生教育政策和科技政策的宏观背景下，对学科历史与现状、专业学位与学术学位，乃至"管理"与"学理"等诸方面的权衡和兼顾。学科专业目录对于学科建设和研究生培养具有指导性，其修订牵一发而动全身。因此，学科专业目录如何在尊重历史和面向未来中反映学理、适应管理，是至关重要的。"一分为三"的设计学，既面临着人才培养层次提升和规模扩张的机遇，也面临着学科知识体系分化和重构的挑战。

《设计学概论》自 1999 年初版至今已有 23 年的历史，作为一本伴随中国设计及其学科化发展的教材，本教材对学科知识体系和人才培养皆有贡献。从指导学科建设和研究生培养的学科设置来看，"设计学"（1305）是在 2011 年版的学科目录中才随"艺术学"升级为门类而成为一级学科。从 1997 年至 2010年，一直以二级学科"设计艺术学"（050404）存在于一级学科"艺术学"下，而 1997 年前则是"工艺美术设计"（050308）、"环境艺术"（050309）和"工业造型艺术"（0503S1）等多个二级学科存在于一级学科"艺术学"下。从指导本科人才培养的本科专业设置来看，"设计学类"（1305）专业在 2012 年版的本科专业目录中出现，并下辖 8 个本科专业。从 1998 年至 2011 年，一直以"艺术设计学"（050407）和"艺术设计"（050408）为专业名称存在于"艺术学"下，而 1998 年前，则有"工艺美术学"（050417）、"环境艺术设计"（050416）、"染织艺术设计"（050418）、"服装艺术设计"（050419）、"陶瓷艺术设计"（050420）、"装潢艺术设计"（050421）、"装饰艺术设计"（050422）、"室内与家具设计"（081505）等多个专业名称存在于"艺术学"下。学界常说，1998 年高等学校本科专业设置中以"艺术设计"取代了"工艺美术"，其实不完全准确。确切地说，在 1997 年已明确"设计艺术学"二级学科的前提下，

1998 年的《普通高等学校本科专业目录》是以"艺术设计学"取代了"工艺美术学",而以"艺术设计"统领了当时因产业蓬勃发展而兴起的"环境艺术设计""染织艺术设计""服装艺术设计""陶瓷艺术设计""装潢艺术设计""装饰艺术设计"和"室内与家具设计"等专业。也就是说,"艺术设计"在 1998 年本科专业目录颁布之前已是各应用领域的专业名称的通用"后缀",与"工艺美术"的名词性相比,"**艺术设计"倾向于动词,体现出一种实践性倾向。"设计艺术学"和"艺术设计学"在 1997 年和 1998 年在指导研究生培养的学科设置和指导本科人才培养的本科专业设置中的先后成立,则反映出艺术学界从各应用领域看到了设计的共性问题并以"设计"为中心建立理论性的知识体系的自觉,是设计学科化进程中的重要节点。如邵宏先生所记,广州美术学院尹定邦教授在早于此二三年的 20 世纪 90 年代中期(1995 年夏)便已提出了"设计学"的概念并主导展开了广东省高校"设计学研究"课题,是对设计学科化趋势的准确把握和预见。作为"设计学研究"课题的成果,包括本教材在内的系列丛书也在此后设计学科知识体系建构和人才培养过程中发挥了重要作用。

事实上,1995 年 12 月 18 日至 23 日在广州美术学院召开"全国高等美术院校设计艺术学科建设理论研讨会"也是与此呼应的事件。这次会议召集了全国 21 所美术和设计院校的 72 位主管领导、学科带头人和学者就设计学科和教育的问题进行了讨论,形成的共识就包括"设计学科的自身建设亟待加强",涉及专业名称、基础理论研究和课程设置等方面,并提到要"统编教材",尤其是设计概论和各类设计史等基础教材。会后,多名国内学者将这次会议与 1982 年的"全国高校工艺美术教学座谈会"(又称"西山会议")相提并论,足见会议在设计学科及其教育发展历程中的重要地位,以及对二三年后设计学科专业成立的直接推动作用。

2011 年,"设计学"随"艺术学"在学科目录中升格为门类而明确为一级学科，2012 年，本科专业目录也设置"设计学类"统领 8 个本科专业（至 2021 年发展为 12 个）。此时，作为一级学科和专业类别的"设计学"都已经去掉了"艺术"二字，而只是在本科专业中还保留有"艺术设计学"（130501）。"设计学"去掉"艺术"，并非割断与艺术的联系，而是试图摆脱一种对艺术的从属关系，并叙述一种与艺术的新关系。如我们所知，曾被称为"实用美术"的设计，其母学科是美术，或曰造型艺术。正是因为有更多与技术和社会的关联，设计才逐步从造型艺术的母体中独立出来。去掉"艺术"的"设计学"，是将艺术作为设计知识体系的一部分、作为设计学科诸多属性之一，将艺术作为与技术、经济、伦理等并列的诸要素之一种而纳入设计，这样使得艺术与设计关系似乎出现了反转。新的关系下，设计和艺术因为扮演不同的社会角色、各有其社会功能而彼此平等，而在知识体系上，反而是设计比艺术更为庞杂，显示出艺术与设计原有从属关系的倒挂。对此，结合现代艺术运动可以做更好的理解。今天的设计知识体系中的"艺术"很大程度上与现代艺术相关，但是现代艺术虽对"设计"具有特殊意义却不是"设计"的全部，而"设计"却几乎是现代艺术运动的全部。邵宏先生曾在佩夫斯纳的话语中窥见了"可用'设计'概括现代艺术运动"的真相，进而阐释了"设计的艺术史语境"。设计与艺术新的关系叙述，恰恰极好地印证这段历史，也为理解此观点提供了一条途径。

拥有更为庞杂的知识体系，是今天强调设计交叉性的原因之一。此次，新版目录在交叉学科设置"设计学"一级学科亦以此为据。但严格地说，设计知识体系的交叉性与生俱来，设计学研究方法的交叉性则是学科化的结果。时至今日，随着设计的学科化和应用领域的拓宽，设计的研究方法和知识体系更是庞杂到边界模糊，交叉成为一种自觉和趋势。一方面，学科化使得对研究设计的工具性方法更为倚重，除了史论研究的人文科学方法外，研究中管理学、心理学、认知科学和其他社会科学的方法运用皆为常见；另一方面，新技术和生活方式拓展出的新媒介、新物种和新领域，使设计在新的应用领域（如交互、体验、服务、组织等一切有形或无形的对象）中产生了新的科学问题，也需要跨界寻求解答。本来，设计学的"学科间性"就是学者以往讨论的焦点。当下，随着技术和社会的转型，尤其是工业化向信息化的转变，设计的内涵和外延发生变化，设计学科从内容到方法的跨界动向更引起学界的关注。Craig Bremner 和 Paul Rodgers 很详细地梳理过学界对设计学科性质的各种描述，包括：多学科（multidisciplinary）、复合学科（pluridisciplinary）、交叉学科（cross disciplinary）和超学科性（transdisciplinary），随后，甚至提出"无学科性"（undisciplinary）的概念。"无学科性"的提法发人深思：多方加持的方法和不断扩张的边界，使得设计在无所不能的同时也逐渐面目模糊，在被精心建构的同时也在被不断消解着……给"设计"一个合适的定义成为比研究设计更有难度的事，更对诸如《设计学概论》的基础理论的叙述提出了挑战。

其实，正如许多新兴的学科一样，设计学科中的交叉建立在近代以来知识不断分化和学科细分的基础之上，形成交叉的前提是分化。而 20 世纪下半叶以来，知识生产在高度分化的基础上又呈现出高度综合化的趋势，以致有迈克尔·吉本斯等归纳的知识生产的"模式 2"，即在应用环境中，利用交叉学科研究的方法，"强调研究结果的绩效和社会作用的知识生产模式"。设计的学科化正是在这股趋势中完成的，其知识生产堪称是"模式 2"的典型。学科划分是为学习、研究甚至管理的方便而产生，其在带来便利的同时也有其负面作用。因此，对于当前设计学的"一分为三"也不应做僵化的理解，更不宜掣肘于其间，仍应在尊重历史的基础上面向未来，在深度理解设计和解决设计问题的基础上有意识地探索能够贡献于人类知识的成果，而《设计学概论》的编写原则亦同此理。

作为《设计学概论》1999 年初版读者的我，受惠于此书甚多。多年之后，竟能在广州美术学院设计学诸位前辈大家的信任下，受命担任主编负责此书，自是荣幸与感恩。但更多的却是深感责任在肩，必须全力以赴。前辈大家不凡的识见与功力给予此书的高起点，将成为我和编写团队把此书继续做好的动力。

本次改版工作仍承蒙邵宏先生亲自指导，修订工作具体分工如下：

第一章 "作为学科的设计"，武鹏飞；

第二章 "设计：人类的第一行为"，武鹏飞；

第三章 "设计溯源"，邝慧仪、洪雯雯；

第四章 "现代设计"，洪雯雯；

第五章 "设计的现代分类"，邝慧仪；

第六章 "设计师"，廖呢喃、郑冰；

第七章 "设计批评"，廖呢喃；

"设计专业术语表"，缪智敏、郑冰编译。

彭圣芳

2022 年 9 月 16 日

目　录

作为学科
的设计

乔尔乔·瓦萨里《艺苑名人传》1568 年版第 16 页插图"瓦萨里像"。

　　设计作为一门学科，是以文艺复兴时期的艺术家瓦萨里（Giorgio Vasari，1511—1574）于 1563 年在佛罗伦萨所创立的设计学院（Accademia del Disegno）为标志的。当时，意大利文中的 **Disegno**（设计）除了有在中世纪后期所特指的"素描"之意，又增加了一个含义——设计。不过，等到 Disegno 作为学科名用英文中的 design 来表述，则要到 1837 年，英国成立公立设计专科学校（Government School of Design）。但长久以来，"设计"一词在汉语中并不作为学科术语。英文中的 design 在汉语里面长期被译作"图案"，直到今天仍有此义。1904 年 11 月，南京"三江师范学堂"开始设图画和手工课程，这正是文艺复兴时期意大利文 Disegno 的含义。今天作为现代汉语中的学科术语"设计"，是第二次世界大战以后日本学者从汉语中选定的汉字而确立的。尽管日语用汉字的"设计"来对应英文的 design，但日文中却用片假名 **デザイン** 来作设计的学科名。虽然"设计"这一术语在汉语里面长期缺失，可并不等于没有设计行为。古汉语里一直用"经营"来指设计行为，而"设计"一词在古汉语中是这样表述的："此儿具闻，自知罪重，便图为弒逆，赂遗吾左右人，令因吾服药，密行鸩毒，重相设计。"（《魏志·高贵乡公纪》）这个意思，仍存留在今天的粤语中。

皇家艺术学院

创立于 1768 年的皇家美术学院（Royal Academy of Arts），以法国 1648 年成立的皇家绘画与雕塑学院（Académie Royale de Peinture et de Sculpture）为楷模，首任院长为约书亚·雷诺兹爵士（Sir Joshua Reynolds）。在面对英国工业革命对设计需求时所显露的不足，促使政府于 1837 年创办了公立设计专科学校（Government School of Design），即现皇家艺术学院（Royal College of Art）的前身。

其历史沿革：
1837 年，公立设计专科学校；
1863 年，国立艺术进修学校；
1896 年，皇家艺术学院；
1967 年，皇家艺术学院获大学文凭授予权。

第一节

设计的理论阐述

设计作为一门新兴的学科，其产生是 20 世纪以来的事件，而有关设计这一人类创造行为的理论阐述，就一直以功能性与审美性为目标。因此，设计的理论阐述对象便与设计的功能性与审美性有着不可割裂的关系。

从学科规范的角度来看，由于设计在西方是自 20 世纪 70 年代以来才从视觉艺术中分离出来的独立学科，所以在此我们依据西方对视觉艺术理论研究领域的划分方式来划分设计的理论研究领域。我们一般将其分为**设计史**、**设计理论**与**设计批评**三个分支。通过学科方向的确定和对相关学科的认识，我们便能理解，研究设计史至少要熟悉科技史与艺术史，研究设计理论必然要涉及相关的工程学、材料学和心理学，研究设计批评同时也要了解美学、民俗学和伦理学的理论要求。

一、设计史

由于设计史与艺术史至为重要的关系，我们必须以艺术史研究的基础作为设计史研究的基础。在艺术史学史上有两位 19 世纪的巨人值得我们注意 ——戈特弗里德·桑佩尔（Gottfried Semper，1803—1879）和阿洛伊斯·李格尔（Alois Riegl，1858—1905）。正是这两位大师通过在艺术史领域作出的卓有成效的研究，而给 20 世纪的学者最终将设计史从艺术史中分离出来奠定了坚实的设计史研究基础。

德国建筑师与作家桑佩尔是将达尔文进化论运用于艺术史研究的第一人。他在 1860 年至 1863 年期间对建筑和工艺作了系统的和高度类型化的研究，出版了极富思辨性的两卷本巨著《工艺与建筑的风格》（ *Der Stil in den technischen und tektonischen ksten* ）。在该著作中，桑佩尔认为工匠们创造的装饰形式早于建筑的装饰，并着重探讨装饰与功能之间的适当联系。在艺术史观上桑佩尔认为艺术的历史是一个连续的、线性的发展过程；而风格的定型和变化又是由地域、气候、时代、习俗，更重要的是由材料和工具等各种因素所决定的，他的这种美学材料主义影响了欧洲许多艺术史家和建筑家。他强调艺术变化的原因来自环境、材料和技术，这直接影响了现代设计史研究的先驱希格弗莱德·吉迪恩（ Sigfried Giedion，1888—1968 ）写成著名的《空间·时间·建筑：一个新传统的成长》（ *Space, Time and Architecture, The Growth of a New Tradition* ）。桑佩尔关于材料在建筑和工艺美术中的重要性的理论也使他成了现代艺术运动的先驱，但也正是他这些机械的**材料主义理论**受到了李格尔的批评。

奥地利艺术史家李格尔在 1893 年出版了被认为是有关装饰艺术历史的最重要著作——《风格问题》（ *Stifragen, Grundlegungen zu einer Geschichte der Ornamentik* ）。这部著作的重要之处在于李格尔认识到装饰艺术研究是一门严格的历史科学，这一认识对后世学者将设计作为一门历史科学来研究有着根本性的启发。比桑佩尔更进一步，李格尔最终从价值上完全打破了**大艺术（major arts）**与**小艺术（minor arts）**的分界，将对传统小艺术的研究提高到了显学的地位。《风格问题》一书的副标题即为"装饰历史的基础"，因为在李格尔之前并没有人对装饰作过历史的研究。而桑佩尔试图用技术与材料理论解释早期装饰及艺术形式起源的做法又遇到挑战，因为当时的理论家们已经证明相同的艺术形式及早期装饰可以采用不同的技术和材料，这点便足以反驳机械的材料主义理论。李格尔正是要通过对装饰的历史研究来进一步说明机械材料主义美学的疏漏，并强调艺术作为一门心智的学科所必然有的精神性，李格尔将这种精神性称之为"自由的、创造性的艺术冲动"，即**"艺术意志"（Kunstwollen）**。

艺术意志

李格尔的艺术意志概念，在英语中的大致对应词是：artistic impulse，intention，intentionality，will 等，它指的是人类所具有的自主、自由的审美欲求。

将装饰艺术作为研究对象，李格尔试图针对桑佩尔及其追随者而说明艺术品是一种创造性的心智成果，是积极地源于人的创造性精神的物质表现，而不是像桑佩尔的追随者所认为的是对技术手段或自然原型的被动反应。艺术设计无疑要服从媒质和技术的多样可能性和要求，但李格尔总是坚持创造性的自主和选择的原则，认为这是艺术活动的根本所在。

桑佩尔对装饰风格的功能及材料与技术的机械材料主义阐述，及其引起的与李格尔的争辩导致李格尔在装饰研究方面系统地表明自己以艺术意志为核心的**形式主义**立场，这给后世学者就设计的功能性与审美性的探讨奠定了完备的理论基础。正是基于这个基础之上，才出现了 20 世纪的现代主义设计史家尼古拉斯·佩夫斯纳（Nikolaus Pevsner，1902—1983）和吉迪恩。

设计史在设计的理论研究领域里是一个极为年轻的课题，尽管设计的历史同人类的历史一样久远，可是对于设计史的研究只是近几十年的事情。直到目前为止，设计史仍然被视作与艺术史和建筑史有着最为密切的联系。

1933 年，曾担任英国艺术史协会主席的佩夫斯纳从德国移居英国之前所作的《美术学院的历史》（*Academies of Art, Past and Present*, 1940），就已经孕育了对现代设计的倡导；他在 1936 年出版的《现代运动的先驱者：从威廉·莫里斯到瓦尔特·格罗皮乌斯》（*Pioneers of Modern Movement: from William Morris to Walter Gropius*, 1936），1949 年由纽约现代艺术博物馆（MoMA）再版时易名为《现代设计的先驱者：从威廉·莫里斯到瓦尔特·格罗皮乌斯》（*Pioneers of Modern Design: from William Morris to Walter Gropius*, 1949），这一改变表明他把整个现代艺术运动看作就是"现代设计"。的确，该著作作为现代设计的宣言书一直为西方所有设计专业学生所必读。作为艺术史家，他不仅通过《现代设计的先驱者》开创了设计史研究的先河，更重要的是，他通过这部著作在公众的心目中创造了有关设计史的概念，进而影响了公众对于设计的趣味和观念。

佩夫斯纳从社会艺术史研究出发，最终将设计史独立出来而作专项研究，其所持的研究角度不仅影响了包括弗兰西斯·哈斯克尔（Francis Haskell，1928—2000）在内的一大批国际著名的艺术史家，更直接影响了像阿德里安·福蒂（Adrian Forty，1948—）这样的设计史家。哈斯克尔关于赞助人与艺术家的研究至今都为学者们称道并直接影响西方汉学界对中国艺术史的研究路径；而福蒂对设计与社会的研究完全可被看作是对佩夫斯纳的发展。此外，佩夫斯纳将类型研究引进设计史，从而大大地拓展了研究者的视野。作为设计史研究的先行者，佩夫斯纳向我们说明了既要将设计史作为专项研究，更要使这种专项研究建立于美术史、科技史、社会史、文化史研究的基础之上。这是因为设计本身就是社会行为、经济行为和审美行为的综合。

另一位设计史研究的开创者吉迪恩也是艺术史家，他曾直接受业于著名的艺术史家海因里希·沃尔夫林（Heinrich Wölfflin，1864—1945）。沃尔夫林对美术作品所做的形式分析以及对**"无名的艺术史"**的提倡，深深地影响了他的这位学生，使得吉迪恩后来致力于研究**"无名的技术史"**，坚持认为"无名的技术史"与"个体的创造史"具有同样重要的地位，都应当受到历史学家的关注。1948年，吉迪恩出版了他的设计史名著《机械化的决定作用》（*Mechanization Takes Command：Contribution to Anonymous History*）。在书中，吉迪恩强调现代世界及其人造物一直受到科技与工业进步的持续影响，对设计史的研究应当引入更为广阔的文化研究方法。因此，吉迪恩与佩夫斯纳一道被称为"20世纪最有影响的西方设计史家"，他们同时又是极有贡献的艺术史家和建筑史家。

二、设计理论

从传统上来讲，设计理论一直为它的母学科——艺术理论所涵盖，这是因为设计这一概念本身就是从艺术实践中引申出来的理论总结。设计作为艺术理论中的一个重要概念，在西方有着深厚的理论传统。

设计是我们三门艺术，即建筑、雕塑和绘画的父亲，它源于心智；从许多事物中得到一个总的判断：一切事物的形式或理念，可以说，就它们的比例而言，是十分规则的。因此，设计不仅存在于人和动物方面，而且存在于植物、建筑、雕塑、绘画方面；设计即是整体与局部的比例关系，局部与局部对整体的关系。正是由于明确了这种关系，才产生了这么一个判断：事物在人的心灵中所有的形式通过人的双手制作而成形，就称为设计。

——瓦萨里

"西方艺术史之父"瓦萨里将设计与比例关系联系在一起讨论，这有着相当悠久的历史传统，而且也是人类对自然和人自身观察的理论归纳。古罗马的百科学者老普林尼（Pliny the Elder，约公元 23—79 年）在他的《博物志》中对古代艺术家的评价就常常使用**"比例"**这一术语。在谈到希腊雕塑家米隆（Myron）时普林尼说："在他的艺术创作中，他运用了比波利克列托斯（Polykleitos）所运用的更多的性格类型，而且有着更为复杂的比例关系。"也是通过《博物志》我们才得知古希腊的波利克列托斯曾著有专门研究人体比例的《规范》。

在西方，一般以威廉·荷加斯（William Hogarth，1697—1764）的著作《美的分析》（*The Analysis of Beauty, Written with a View of Fixing the Full Fluctuating Ideas of Taste*, 1753）为最早的设计理论专著。作为画家的荷加斯敏锐地意识到**洛可可风格**的意义，并提出了线条的曲线美特征，而且对线条的组合作出了十分精辟的分析。此外，荷加斯还分析了以线条为特征的视觉美和以实用性为特征的理性美。曲线的视觉美是丰富的变化与整体的统一，实用的理性美是以最大限度地满足使用者的实用需要为目的（图 1.1.1）。继荷加斯之后，18 世纪有关设计的出版物

图 1.1.1 荷加斯,《美的分析》中的图例

荷加斯指出:"一切由所谓波浪线、蛇形线组成的物体都能给人的眼睛以一种变化无常的追逐,从而产生心理乐趣。"我们今天所谓的"曲线美"正源于此。

多数是关于图案的著作或论文,以及有关崇高和绘画性的论著。不过,现代意义上的设计理论著作都是从 19 世纪开始出现的,而且一般都归入两种类型。

第一种类型是以 1837 年成立的设计学校为中心的设计教育理论研究,其中最为重要的人物是欧文·琼斯(Owen Jones,1809—1874)和克里斯多弗·德雷瑟(Christopher Dresser,1834—1904)。琼斯给装饰设计理论界作出的重要贡献是他的那部经典著作《装饰的基本原理》(*The Grammar of Ornament*,1856)(图 1.1.2)。琼斯的方法来源于荷加斯,他坚持认为:"美的实质是种平静的感觉,当视觉、理智和感情的各种欲望都得到满足时,心灵就能感受到这种平静。"在书的结尾琼斯说道:"注意,装饰的形式是如此多样,其原理又是如此固定,只要我们从睡梦中醒来,我们是有前途的。造物主把万物都造得优雅美丽,我们的欣赏不应该有局限性。相反，上帝创造的一切既是为了给我们带来愉快，也是为了供我们研究。它们是为了唤醒我们心中的自然本能——一种尽力在我们的手工作品中模仿造物主广播于世的秩序、对称、优雅和完整的愿望。"作为一个功能主义者，琼斯所要强调的就是：任何适合于目的的形式都是美的，而勉强的形式既不适合也不美。

克里斯多弗·德雷瑟是琼斯的学生。1847 年进入设计学校学习，不久即以最有潜能的学生而引人注目。1854 年开始在设计学校讲授艺用植物学，并在 1856 年为琼斯的《装饰的基本原理》制作花卉的几何图案插图。在教学中他一直倡导将几何方式引入设计（图 1.1.3），所写的论著包括《装饰设计的艺术》（*The Art of Decorative Design*, 1862）、《装饰设计的原则》（*The Principles of Decorative Design*,1873）、《日本：其建筑、美术与美术工艺》（*Japan: Its Architecture, Art, and Art Manufactures*, 1882）和《现代装饰》（*Modern Ornamentation*,1886）。德雷瑟在这些著作里强调研究过去的（包括伊斯兰的）古典的装饰形式，将几何方式引入对自然形态装饰的研究。

第二种类型的设计理论是针对工业革命的影响作出的反响，其中最有影响力的人物是奥古斯塔斯·皮金（Augustus Pugin，1812—1852）、约翰·拉斯金（John Ruskin，1819—1900）和威廉·莫里斯（William Morris，1834—1896）。作为建筑师的皮金深切感受到工业革命造成的问题及其对欧洲图案的设计所造成的可悲的影响，于是在他的《尖顶建筑或基督教建筑原理》（*The True Principles of Pointed or Christian Architecture*, 1841）中提倡复兴哥特风格，而且反对在墙壁和地板装饰中使用三度空间表现法，推崇平面图案，要求装饰与功能一致。对于工业革命，拉斯金的批评更为激烈。他所著的《建筑的七盏明灯》（*Seven Lamps in Architecture*, 1849）这部关于建筑和装饰设计原理的书（图 1.1.4），所竭力达到的目的就是在工业化的英国恢复中世纪传统。拉斯金明晰地将手工制作的、无拘无束的、生机盎然的

图 1.1.2　琼斯，《装饰的基本原理》图版

图 1.1.3　克里斯多弗·德雷瑟，镀银茶壶，1879 年，J Dixon & Sons 公司生产

德雷瑟结合工业生产和新兴材料，创造性地将简单的几何形式引入设计。茶壶菱形的壶身中央有一个菱形的内空设计，而壶盖也巧妙地被设计为菱形壶身的一部分，材料上，壶身整体采用镀银材料，然而乌木制把手能够起到隔热防烫的作用，充分地体现出德雷瑟对于材料和几何造型设计上的匠心。

作品，与机器生产的、无生气的、精密的物品对立起来，即手工
制作象征生命，而机器象征死亡。

不管怎么说，有一件事我们是能够办到的，不使用机器制造的装饰物和
铸铁品。所有经过机器冲压的金属，所有人造石，所有仿造的木头和金
属——我们整天都听到人们在为这些东西的问世而欢呼——所有快速、
便宜和省力的处理，那些以难为荣的方法，所有这一切，都给本来已经
荆棘丛生的道路增设了新的障碍。这些东西不能使我们更幸福，也不能
使我们更聪明，它们既不能增强我们的鉴别能力，也不能扩大我们的娱
乐范围。它们只会使我们的理解力更肤浅，心灵更冷漠，理智更脆弱。

——拉斯金

拉斯金的信徒，莫里斯的这种怀旧情绪比拉斯金更甚。他试
图通过一系列措施来提高手工艺人的地位，并将手工艺与艺术相
提并论。其时，莫里斯试图通过所领导的艺术与工艺运动（The
Arts and Crafts Movement）提高工艺的地位，用手工制作来反
对机器和工业化。这场运动的第一条原则即是恢复材料的真实
性，每种材料都有各自的价值：木材的本来颜色或者陶器的釉
质。这种材料的真实性及其价值应该在所有的设计中得到尊重。
其次是强调设计家关心社会，通过设计来改造社会。莫里斯这种
设计理想，直到今天仍然影响着人们对设计的要求和对生活的
希望。

20 世纪初，现代运动的实践者们主要关注于艺术和建筑。
但是，设计作为新机器时代的主要方面，依然受到人们的重视。
勒·柯布西耶（Le Corbusier，1887—1965）在一系列的论述
中高度赞扬规模生产的意义和标准化的产品，他早期的设计理
念带有民主主义色彩和乌托邦式的理想，这与莫里斯的思想联系
紧密。

也是在同一时期，包豪斯设计学校的校长格罗皮乌斯（Wal-
ter Gropius，1883—1969）所提出的设计理论有着更为深远的影

图 1.1.4 拉斯金,《建筑的七盏明灯》
插图十，1849 年

此图取自阿布维尔、卢卡、威尼斯及比萨等地。拉斯金在"美感之灯"一章中，以水生植物"泽泻"为例，解释如何用抽象的手法使"泽泻"达到对比调和的要求，从而变成建筑装饰的纹样。

响。格罗皮乌斯读过莫里斯的著作，并且追随穆特修斯（Herman Muthesius，1861—1927）倡导标准化，这足以表现出他作为一个综合艺术家的设计师所具有的理论基础和设计理想。他正是试图以美术与工艺、建筑的融合来创造出新的造型艺术。今天人们所知的包豪斯历史只单纯地强调其设计的现代主义方式，对纯几何形态、原色、现代材料以及新工业生产技术的重视。事实上，由于格罗皮乌斯本人的综合艺术知识背景，包豪斯的教学与设计理论并不是如此单纯。格罗皮乌斯本人就深受英国艺术与工艺运动理论的影响，同时又认为机器是手工艺人工具的机械发展，他所主持的学校致力于现代主义，同时又总是受到表现主义艺术和理论的侵入；包豪斯既强调对自然形态的研究，又强调对传统大师作品的构图分析。这些因素构成了包豪斯所特有的教学方式，使这种特有的教学方式成为后来培养设计家、解决工业设计问题的理论基础。第二次世界大战期间，众多的设计理论家移居美国，这便开始了美国的设计理论发展时期。正是在这个时期，格迪斯（Norman Bel Geddes，1893—1958）发表了他著名的《地平线》（*Horizons*，1932）大力赞扬机器时代。

第二次世界大战之后，设计理论与商业管理和科学方法论的新理论相结合。第二次世界大战期间所发展起来的人体工程学（Ergonomics）得到广泛采用，它科学地考虑了人的舒适性和工作的效率（图 1.1.5）。20 世纪 60 年代，英国的阿彻（Bruce Archer，1922—2005）所著的《设计家的系统方式》（*Systematic Method for Designers*，1965）和《设计程序的结构》（*The Structure of Design Processes*，1968）将系统方法引进设计。阿彻正是试图打破传统的设计步骤，使设计过程更为简化和容易理解。也是在 60 年代，还出现了所谓的**"新新闻主义"（New Journalism）**，这是对**波普设计（Pop Design）**新美学的直接反应。新新闻主义的实践者包括沃尔夫（Tom Wolfe，1930—2018）和班纳姆（Peter Reyner Banham，1922—1988），他们有关设计的理论论述全部采用大众文化的语言和图像。他们关注

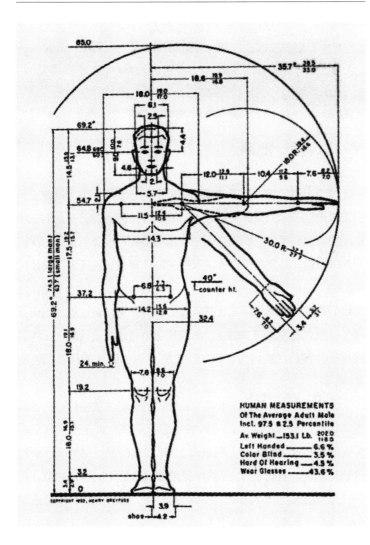

图 1.1.5 **亨利·德莱福斯（Henry Dreyfuss，1904—1972），《为人设计》插图，1955 年**
此为美国工业设计师德莱福斯著《为人设计》一书中探讨人体工程学的插图，由阿尔文·蒂利（Alvin R. Tiiley，1914—1993）绘制。德莱福斯认为在看待人与机器之间的关系时，要"使机器符合人，而不是人符合机器"。在蒂利的帮助下，德莱福斯提出了一种新的方法，来看待科技与人之间的关系。

于风格的社会意义和产品外观而不讨论设计的过程。此时，设计理论已成为折中主义的东西，其源流来自于罗兰·巴特（Roland Barthes，1915—1980）著作中的法国哲学传统，以及社会学、人类学和艺术史等学科的传统。在近 20 年里，设计研究和设计理论又从其他新兴的学科中受益匪浅，尤其是从对少数群体的研究中获益不少，如对妇女的研究直接导致设计学关注厨房设计和管理。20 世纪 90 年代以来，设计理论同设计行为一样，并没有就设计过程或设计美学提出某种单一的观点，因为在这方面的研究是多元发展的，而唯一共同的目标则是将设计尽可能放在最为广阔的社会背景中去研究。

三、设计批评

理论上讲，设计批评与设计史是不可分割的，因为设计史家的工作建立于他的批评判断之上，而设计批评家的工作基础在于设计史教育和经验。然而在实践上我们能够将设计与设计批评区别开来讨论，这是由于设计史家的关注点是设计的历史，设计批评家的关注点却是当代的设计品；由于两者的研究对象不同，使得我们有充分的理由将二者在实践上分离开来。设计批评的任务便是以独立的表达媒介描述、阐释和评价具体的设计品；设计批评是一种多层次的行为，包括历史的、再创造性的和批判性的批评。

设计批评中，历史的批评与设计史的任务大致相似，二者都是将设计作品放在某个历史框架中进行阐释，其区别只在于按今天的学科范围的划分：距当代 20 年以前的设计品为设计史的研究对象，而当代 20 年里的作品则是设计批评的研究对象。所以，任何研究当代 20 年里设计品的学者，都会按学科规范被称作设计批评家而不是设计史家，这是因为作品与评价文章之间的历史距离太短，使得学者的批评比设计史家带有更强烈的流行语调。但是，再创造性的设计批评和批判性的设计批评却不同于设计史。再创造性批评是确定设计作品的独特价值，并将其特质与消费者的价值观与需要相联系。批判性设计批评，是将设计作品与其他人文价值判断和消费文化需要相联系从而对作品作出评价，并对作品的评价制定出一套标准，将这些标准运用到对其他设计作品的评价中去，它的重要性在于对设计作品的价值判断。这些标准包括：形式的完美性、功能的适用性、传统的继承性以及艺术性意义。这些标准都是对设计的理想要求，在批评运用中基本上不考虑其合适与否，而是作为设计批评的理想标准。

就形式的完美性而言，**"设计"**（disegno）这一概念本身就是在文艺复兴时期作为艺术批评术语而发展起来的。作为艺术批评的术语，设计所指的是合理安排艺术的视觉元素以及这种合理安排的基本原则。这些视觉元素包括：线条、形状、色调、色彩、肌理、光线和空间；而合理安排就是指构图或布局。如果说从文艺复兴时期至 19 世纪，艺术批评家们在使用"设计"这一批评术语时，多少还强调它与艺术家视觉经验和情感经验的联系。19 世纪之后，"设计"一词已完成了个人视觉经验和情感经验的积淀，进而成为一个纯形式主义的艺术批评术语而广为传播。对现代设计来说，20 世纪初的形式主义艺术批评家毫无例外地成了现代设计批评的先声。正如沃尔夫林在艺术史研究上提出"无名的风格史"从而开了形式主义研究的先河，艺术批评家罗杰·弗莱（Roger Fry，1866—1934）和克莱夫·贝尔（Clive Bell，1881—1964）在艺术批评中所倡导的**形式主义**，他们高举的正是纯设计的旗帜。弗莱在《视觉与设计》（*Vision and Design*, 1920）一书中便提出艺术品的形式是艺术中最本质的特点，他着重于视觉艺术中"纯形式"的逻辑性、相关性与和谐性。而贝尔在 1914 年出版的《艺术》（*Art*, 1914）里引进的**"有意味的形式"**，是将形式与个人视觉经验及情感经验的联系程式化的一个最为重要的概念。贝尔用这一概念来描述艺术品的色彩、线条和形态，并暗示"有意味的形式"才是作品的内在价值。但是贝尔并没有能够规定出什么样的形式才是有意味的，他因此而给后世理论家的批评留下了伏笔。

　　20 世纪形式主义批评主要来自三个方面的影响：沃尔夫林对美术风格史的研究；贝尔在艺术批评中提出的"有意味的形式"；以及美国罗斯（Denman Waldo Ross，1853—1935）的《纯设计理论：谐调、平衡、节奏》（*A Theory of Pure Design: Harmony, Balance, Rhythm*, 1907）。事实上，罗斯于 1907 年发表的设计理论，又是从前辈桑佩尔、李格尔和琼斯那里发展出来的。罗斯将谐调、平衡和节奏作为分析作品的三大形式因素，并致力于研究自然形态转换为抽象母题的理论问题；其对抽象

博朗设计原则

迪特·拉姆斯作为功能主义的代表，他所提出的博朗设计十项原则影响了一代又一代的设计师。即：
1. 好设计要创新。
2. 好设计创造有用的产品。
3. 好设计有美感。
4. 好设计使产品一目了然。
5. 好设计不喧宾夺主。
6. 好设计是真诚的。
7. 好设计历久弥新。
8. 好设计贯穿每个细节。
9. 好设计兼顾环境。
10. 好设计就是尽可能少设计。

形式关系的思考暗合了康定斯基（Wassily Kandinsky，1866—1944）和毕加索（Pablo Picasso，1881—1973）的抽象艺术的出现。虽然没有足够的原始材料证明康定斯基和毕加索是否因为罗斯的设计理论影响而发展出了抽象艺术，但是康定斯基和毕加索对 20 世纪设计的重大影响则是有目共睹的。在 20 世纪设计的发展过程中，形式主义批评对设计的纯形式研究起到了推波助澜的作用。至 60 年代，纯形式主义批评更是盛极一时，在纯美术界和设计界都占据着极为重要的地位。

对设计功能的讨论，在设计批评中有着极为悠久的传统。早在公元前 1 世纪，罗马的建筑师和工程师维特鲁威在《建筑十书》一书中便清楚地表明，结构设计应当由其功能所决定。在 18 世纪，英国经验主义者又提出"美与适用"理论，与维特鲁威的观点遥相呼应。此时，维特鲁威的理论追随者洛吉耶（Marc-Antoine Laugier，1713—1769）在他的著作《论建筑》（Essai sur l'architecture）中就反复强调建筑设计的基础是结构的逻辑性，并将维特鲁威所描述的建筑类型作为古典建筑的范例，从而倡导建筑设计上的新古典主义。到 1896 年，芝加哥学派的建筑大师沙利文（Louis Sullivan，1856—1924）发表了他的论文集《随谈》（Kindergarden Chats），其中的名言："**形式永远服从功能，此乃定律**"（**Form ever follows function. This is the law**）随即成了 20 世纪功能主义的口号。稍后一些，激进的反装饰理论家阿道夫·卢斯（Adolf Loos）发表了一篇檄文——《装饰与罪恶》（Ornament und verbrechen，1908），全篇文章的内容后来被压缩成一句口号：**装饰就是罪恶**。卢斯所提倡的美学与他之前的新古典主义传统一脉相承，并且借助传统上的理论支持，使得功能主义观点迅速传播开来，对后来的工业设计影响甚广，尤其是在第一次世界大战之后的包豪斯，功能主义几乎被滥用而成为建筑中"**国际现代风格**"和设计中"**现代风格**"的代名词。

功能主义理论在设计中具有代表性的体现主要是英奇·舒

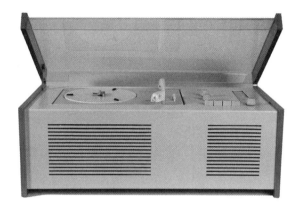

尔（Inge Scholl，1917—1998）在其丈夫、平面设计师奥特·埃舍（Otl Aicher, 1922—1991）的支持下于 1953 年在德国乌尔姆（Ulm）创办的设计高等学校（Hochschle für Gestaltung），该校宗旨便是继续包豪斯设计学校的未竟事业。这个宗旨使得该校在短时间内因其在工业设计方面严谨、规整和纯粹的方式而闻名。乌尔姆设计学校最成功之处在于通过教与学促使设计活动与战后德国工业建立起稳固的联系，尤其是该校与博朗（Braun）公司成功的合作。博朗公司聘请了马尔多纳多最为得意的门生拉姆斯（Dieter Rams，1932—）作为该公司的设计师。拉姆斯给博朗公司设计了极有特点的家用产品，尤其是风格化的唱片机和剃须刀成了战后德国工业设计的象征（图 1.1.6、图 1.1.7）。但是功能主义理论在 20 世纪 60 年代受到波普设计的挑战，之后又面临后现代主义设计的冲击。不过，乌尔姆设计学校对设计思想和设计理论的影响至今，尤其是在日本设计界随处可见。

　　在设计批评中对传统继承性的讨论，集中地表现为设计中的**历史主义**理论。设计中的历史主义形成于 19 世纪，以遵从传统为特征。在当时的氛围中，学者们出版了大量的有关传统设计方面的书籍，借以整理和研究传统设计图样。其中最为著名的是欧文·琼斯的《装饰的基本原理》。该书给制造商和设计师提供

图 1.1.6　拉姆斯和古格洛特，SK4 唱片机，博朗公司生产，1956 年

这款被称为"白雪公主的棺材"的唱片机，是博朗公司设计师拉姆斯与古格洛特（Hans Gugelot，1920—1965）设计的经典产品。这是一款功能主义设计的典型案例，它体现了 20 世纪 50 年代中期开始，博朗公司与德国现代工业所倡导的功能性与科技性相结合的设计理念。可以说拉姆斯是博朗最具影响力的设计师，也是战后德国设计复兴的关键人物，他的许多设计产品，如咖啡壶、剃须刀、收音机和计算器等均被纽约现代艺术博物馆（MoMA）珍藏。

图 1.1.7　拉姆斯，剃须刀，博朗公司生产，1962 年

了大量风格各异的图样，其中有伊丽莎白时代装饰风格，庞培时代、摩尔人的装饰风格和墨西哥阿兹特克人的装饰风格的图样，这些风格同样迎合了装饰设计师的大量需求。在 19 世纪的建筑设计中，哥特式成了建筑师的灵感源泉，他们不满足于结构的模仿而是力图重造中世纪的力量和精神。在现代运动的过程中，任何对历史主义的偏爱都引起前卫派的不满。直到战后大众文化的发展，才使得借鉴传统这一设计行为在批评界得到认可。之后，历史主义思潮融入后现代主义运动，成为 20 世纪 90 年代以来设计界的特征。迈克尔·格里夫斯（Michael Graves，1934—2015）设计的伯班克迪斯尼总部大楼（Team Disney Burbank）正是对这种历史主义设计的反讽（图 1.1.8）。人们也愈来愈习惯于看待设计界复古怀旧的情绪，以及在设计中间隔越来越短的复旧频率。如今我们正可看见设计界和批评界对 20 世纪 60 年代迷幻色彩和图案的回归。今天，历史主义在设计的多元化发展时代扮演着重要的角色，从前激进的传统虚无主义已经没有多少市场。设计批评中的历史主义思潮恰恰是在维护传统和继承传统这一大旗下，给今天多元发展的设计提供了多元的传统。

与历史主义对待传统的态度极为相似的另一种设计思潮是**折中主义**。折中主义所主张的是综合不同来源和时代的风格。尽管作为贬义词的折中主义用来评价设计中的某种倾向大有可商榷的余地，但是，在当初这个词被用来描述从视觉文化中选择合适的因素加以综合这一设计行为时，并没有我们所以为的贬义。19 世纪，面对由学者们提供的关于西方和东方美术历史的概况，西方设计界视野大开。作为建筑师、设计师和东方主义者的欧文·琼斯向设计界呼唤，用富于智慧和想象力的折中主义态度来回应滚滚涌来的传统资源，当代的设计师们大可以在如此丰富的传统资源中汲取灵感。安东尼·高迪（Antoni Gaudí，1852—1926）设计的圣家族大教堂是典型的折中主义建筑（图 1.1.9）。

尽管折中主义受到现代运动强硬派的指责，但是它仍然成为20 世纪设计界的主题。因为折中主义设计能够提供选择的自由，

图 1.1.8 迈克尔·格里夫斯，伯班克迪斯尼总部大楼，1986 年，加利福尼亚州
古典的神庙母题被简化，厄瑞克特翁神庙优美的女像柱被小矮人替换，这是后现代建筑对古典主义的反讽。

图 1.1.9 安东尼·高迪，圣家族大教堂，1882 年开始修建，巴塞罗那
圣家族大教堂是典型的折中主义建筑，其哥特式风格元素综合东方的自然母题和动植物的形式，结构上呈现独特的风格，常被视作西班牙晚期哥特式、加泰罗尼亚现代主义，或新艺术运动风格的代表性建筑。这座设计于折中主义盛期（1883—1926 年）的建筑至今仍在建造。

这点对当代设计家有着极大的诱惑力，像古典的家具与现代主义的高科技装饰材料和平共处，便是当代室内设计中折中主义的典型例子。在设计批评中有关设计作品艺术性问题的讨论，是伴随设计逐步从美术中独立出来而展开的。现在的设计史著作里常常提到的 19 世纪**"唯美运动"**（aesthetic movement），便反映了当时的人们对设计的艺术性要求。尽管按照一般的说法："唯美运动"是刻意创造的一个术语。但是，这一术语用来说明 19 世纪晚期英国社会的设计趣味却有着特殊的意义。正是由于当时的人们已经相当成熟地认识到设计与纯美术的不同之处，所以才有了对设计的特殊的艺术性要求。

在有关设计的艺术性问题讨论中，"趣味"这一概念与"美"有着同等重要的位置。在 19 世纪的"唯美运动"以及 20 世纪的现代运动中，有关趣味的批评常常与设计功能发生联系，尤其是现代运动的设计家对材料本身的偏爱和选择，表明新的设计趣味与其相关理论已被当时的人们奉为圭臬。随着后现代主义的兴起，趣味在其更为传统的意义上再次引起讨论。尽管如此，趣味仍然是一个极易引起争论的问题。传统的美学也很少在大学课堂上讲授，这是因为有个潜在的难题：好的趣味与坏的趣味是由社会环境所决定的，因此趣味有着极强的社会和政治因素。许多人觉得好的趣味来自富有和良好的教育，这当然并非事实。好的趣味由文化所决定，但是在 20 世纪 60 年代，这种观念又受到根本的责难。波普设计就是要表明，艺术家与设计师正是要抛弃传统的趣味标准以迎合大众美学趣味。第二次世界大战后的一段时期里，高雅艺术与通俗艺术一直保持着相应的界线，但是自 20 世纪 90 年代以来，这种界线已被跨越；其标志就是高雅的歌剧咏叹调成了 1990 年世界杯足球赛的主题曲。由此说明，所谓高雅与通俗之分在当代已显得毫无意义。不过，长时间被学者有意回避的"趣味"问题自此再次成了热门的话题。

第二节

设计研究的现状

在今天，设计已经成为视觉文化中极为突出的一部分，而且是一个相当重要的政治和经济课题，因此而受到大众媒介的高度关注。事实上，设计在许多不同的议事日程上都处于十分重要的位置；所以，试图说明设计在当代社会所扮演的角色及其发展趋势是一件很困难的事情。正是由于这么一种情形，才出现了令人感兴趣的景象：对当代设计学施加影响的诸多观念，都不是直接来自设计领域。由此可见，设计研究是一个开放的系统，除了从自己的母学科——艺术学理论那里继承了一套较完善的体系之外，它还要广泛地从那些相关的学科获得启发、借用词汇、吸收观点和消化方法。这便是当今设计研究的现状。

一、当代西方设计思潮

1. 符号学理论

普通符号科学——它有各种名称：符号学（semiotics, semiology）或语义学（semasiology），这些术语来自希腊语的 sema（符号）——在人文科学的广阔地平线上也只不过是一片巴掌大小的云彩。如今，这片云彩急速增大，雾霭滚滚而来，大有淹没人们曾经熟悉的各种轮廓清晰的分界之势。这些分界之一就是图案和符号之间的分界，即单纯装饰性和象征性之间的区别。如果把一切都看作了符号，那么重新解释这个被研究美术的人使用了很长时间的普通旧术语的重要性便非同一般了。

　　——恩斯特·贡布里希爵士（Sir Ernst H. Gombrich,1909—2001）

---

20 世纪初，"美国实用主义之父"皮尔斯（Charles Sanders Peirce，1839—1914）、奥地利哲学家维特根斯坦（Ludwig Wittgenstein，1889—1951）和瑞士语言学家索绪尔（Ferdinand de Saussure，1857—1913）的符号学研究对现代设计产生了巨大的影响和冲击。20 世纪 60 年代，设计学研究者开始对符号学发生兴趣，并将它看作是理解视觉世界的方法。根据符号学的理论，人类的思维和语言交往都离不开符号，而人的意识过程就是一个符号化过程，思维无非是对符号的一种组合、转换、再生的操作过程。符号是人类认识事物的媒介，符号作为信息载体是实现信息存贮和记忆的工具，符号又是表达思想情感的物质手段，只有依靠符号的作用人类才能实现知识的传递和相互的交往。简言之，人类的意识领域就是一个符号的世界。当代设计学借助符号学的方法使自己由技术–数学或美学–数学的理论过渡到一种具有普遍性的理论。它不仅涉及到技术的物质性、功能性和审美状态的数值规定，还涉及设计对象的产生、使用和适用与传播功能。

德国哲学家马克斯·本塞（Max Bense，1910—1990）对符号学在设计领域里的应用作了开拓性研究。本塞按照符号学理论将世界分为四种对象：自然对象、技术对象、设计对象和艺术对象；四种对象分别通过三种参量来规定：固有性、确定性和预期性。设计对象不像自然对象那样是现存的，而是被建构的。它像技术对象那样是可以预期的，也就是说它是按计划制成的，但是它不完全像技术对象那样是由其技术功能的自然规律所决定的。设计对象如同艺术对象那样，具有审美的内涵或其审美性质具有非确定的性质，但却不要求具有艺术对象的不可重复性；设计对象的特点在于它的可重复性。人们从设计对象可以被规划、实施和应用这一观点出发，区分出三个阶段，即规划阶段、实施阶段和应用阶段。西方设计界从 20 世纪 50 年代开始将符号学方法用于建筑设计。一些设计师意识到建筑艺术是一种语言，将建筑造型视为符号和信息载体。门、窗、柱、隔墙等是建筑语言的单元，由这些单元而组成短语、句子，从而具有多层次和多义性。建筑语言的形成有一个由深层结构向表层结构转化的过程，其深层结构正是建筑的功能要求，而造型形式则是建筑语言的表层结构。建筑语言所传达的各种意义便是建筑功能作用的结果，其深层结构被概括为：①建筑是人类活动的容器；②建筑是气候的调节器；③建筑是某一文化的象征；④建筑是对资源的利用。其表层结构，即建筑形式则是功能的表现者。建筑的应用也是一种文化传播，在这一传播过程中，设计师是信息发送者，大众则是信息接受者，作为建筑符号的造型正是通过空间这一渠道传播信息。要使建筑的符号体系为公众所理解，就需要发送和接受双方具有一定程度上相通的符号贮备。人们总是用联想的方式将所熟悉的建筑与不熟悉的现代建筑作隐喻式的比较，由此而获得对建筑符号的译码。

符号学理论无疑给人们提供了一种极有启发的分析方法，使人们可以尝试用它来探求视觉世界。意大利哲学家艾柯（Umberto Eco，1932—2016）使用符号学的方法分析建筑；法国哲学家罗兰·巴特用它分析设计作品（图 1.2.1）；设计师们也开始认为符号学可以帮助他们理解消费者的意愿和需求。然而就目前而言，关于符号学的讨论大多限于理论的争辩，设计家们还难以真正理解其理论意义，也难以将其理论运用于设计实践。这也正是设计学研究的意义所在。

2. 结构主义

结构主义理论是一种社会学方法，其目的在于给人们提供理解人类思维活动的手段。最著名的结构主义倡导者是法国人类学家列维-斯特劳斯（Claude Lévi-Strauss，1908—2009），他是法国知识运动的重要成员之一，法国知识运动主要关注社会学、人类学、语言学和设计学。列维-斯特劳斯在几十年的学术生涯中主要研究他所称的文化人类学，涉及原始社群中的社会结构、神话结构、思维结构和历史结构等方面。在《结构人类学》

图 1.2.1 PANZANI 公司广告

罗兰·巴特认为：植根于行为习惯的知识使我们拥有解读海报中符号的能力。半开的网兜中散落出来的面条、罐头、西红柿等传递出产品新鲜的信息，丰富的颜色能唤起人们对用这产品烹饪美餐的欲望。而且，画面中对黄、红、绿的集合使用，隐含着意大利的意思。

（*Structural Anthropology,* 1936）中，他曾讨论过装饰纹样的形式结构问题，并试图从社会结构的某些特点中找到解释。在《野性的思维》（*La Pensée Sauvage,* 1962）中，他用结构主义方法探讨过艺术的特性。

> **画家总是居于图式（scheme）和轶事（anecdote）之间，他的天才
> 在于把内部与外部的知识，把"存在"和"生成"统一起来；在于用他
> 的画笔产生一个并不如实存在的对象，然而他却能够在其画布上把它创
> 造出来；这是一种或多种人为的和自然的结构与一种或多种自然的和社
> 会的事件的精妙结合。美感情绪就是结构秩序和事件秩序之间这一统一
> 体的结果，它是在由艺术家而且实际上还由观赏者所创造的这个东西的
> 内部产生的，观赏者能通过艺术作品发现这样一个统一体。**
>
> **——列维-斯特劳斯**

对当代设计产生重大影响的两位法国结构主义哲学家是福柯
（Michel Foucault，1926—1984）和罗兰·巴特。

福柯提出"无意识结构"概念，认为这种先验的结构早在婴
儿、神话、宗教仪式中无意识地存在着，它是一种静止的、孤立
的、纯粹同时态的结构，这种无意识结构几乎隐藏在一切文化形
态之中。任何知识从本质上讲都只有"无意识结构"。当今对福
柯理论的研究已成为后现代主义运动的重要部分，而设计研究也
试图运用福柯的理论将设计置于更为广泛的文化背景中去讨论。
尽管福柯本人的著作并不讨论具体的设计对象，但是设计理论家
们认为福柯的理论实际上是对设计以及在社会中的作用进行文化
情景研究。像一个玩具设计师，理所当然地应当学习福柯关于家
庭结构的理论，只有将设计对象放在家庭结构中考察，其最终成
品才会适应相应的情景并被接受。

罗兰·巴特的著作对设计师们有着巨大的影响，他享有传奇
式地位的《神话》（*Mythologies*, 1957）一书，用符号学的方法
讨了神话利用设计方式来传播的途径，认为设计最有能力将
神话付诸持久、坚实和可触的形式，并最终使设计成为现实本
身。在巴特那里，所谓神话就是指图像与形式的社会意义。该书
收集了一系列论大众物品的论文，这些论文涉及玩具、广告、汽
车等，其中最有名的一篇是讨论雪铁龙 DS 型汽车（图 1.2.2）。

**图 1.2.2 伯通尼（Flaminio Berto-
ni，1903—1964）和勒费
弗尔（André Lefèbvre，
1894—1964），雪铁龙 DS
19 型汽车，1956 年生产**

巴特在《神话》中如此评论雪铁龙
DS 型轿车："这是人性化的设计，而
女神型轿车也许标志着汽车神话的改
变。直到现在，这部绝住的轿车已有
了更多古罗马斗兽者的力量；此时的
女神型变得既更为超然也更为客观，
尽管对新狂热有着某种迁就（例如那
个中空的方向盘），它现在更为普通
平常，与器皿设计的升华更合拍，人
们在当代家居设备的设计中也能见到
这种升华。仪表板看起来更像是现代
厨房里的工作台而不是工厂里的动力
室：亚光的薄遮光板，波纹状的金属
薄板，白色的小型挡位控制杆，极简
的指示灯，互不关联的镀镍部件，所
有这些都意味着对动态的一种控制，
设计成舒适的而不是展示的氛围。人
们明显从关注复杂多变的速度转向于
钟情驾驶的乐趣。"

巴特认为，不应当从视觉设计的观点来看待大众文化，而应该
认识到大众文化揭示了当代社会潜在的框架结构。他力图从设
计的世界里推导出图像与形式的意义，用他的话说就是图像与
形式的神话。他试图理解左右社会的一种框架结构，从这点来
讲，他的理论体现出结构主义观点；他将设计看作是一系列可
以进行形式分析的文化符号，就这点而言，他又表现出新的符
号学特征。

受巴特的理论影响，英国设计史家像阿德里安·福蒂出版
了著名的《欲求之物：1750 年以来的设计与社会》（*Objects of
Desire: Design and Society Since 1750*, 1992）。在该书的导言
中，作者开宗明义地批评了那些将"社会背景"作为设计史的点
缀物的做法，主张将设计史当作社会史来研究，要研究设计如何
影响现代经济的进程，反过来，现代经济又是如何影响设计（图
1.2.3—图 1.2.6）。现代经济发展中令人难以解释的重要方面之一
就是观念在此发展中的作用，意即人们对所处的世界作何思考。

福蒂认为，设计在这一特殊的观念领域里占有显著的位置，
而只有根据结构主义理论，设计的作用才能在现代经济社会和观

念领域中得到明晰的分类。结构主义者认为，所有社会中，因人们的信仰与人们的日常经济相冲突而导致的矛盾，只有通过发明神话才能得以解决。设计不像那些短暂的媒介宣传，设计能够使神话变为恒久的、坚实的、可触的形式，因此设计可以使神话看来如同现实本身。传播神话的传统工具是故事，而今天却由电影、报刊、电视和广告所代替。在福蒂看来，社会正是利用设计来表现社会的价值。从前的设计史所给予我们的印象是：知名设计家所具有的创造力，对设计品的纯美学体验，现代主义运动的"形式服从功能"的信条，这些正是设计史们所制造的神话。这些神话最致命的一点是回避了设计在社会中的作用，从而使大量的设计品被忽略。借助结构主义理论，正是要回答设计与社会的关系问题。

图 1.2.3　派伊"单元系统"接收器，1922 年
最早的收音机是赤裸裸的技术元件装配。

图 1.2.4　"博福特"（Beaufort）收音机箱，1932 年
早期的收音机采用过传统家具的式样。1932 年 8 月 27 日。

图 1.2.5　收音机"安乐椅"，1933 年
一些制造商将收音机设备装入其他家具中，将其完全隐藏起来。1933 年 2 月 25 日。

图 1.2.6　收音机箱设计，1932 年
收音机设计的另一种方法是使用"现代的"形式，表明产品属于未来，这种方式最终也更受欢迎。1932 年 9 月 17 日。

3. 解构方法

解构方法（Deconstruction）也是从符号学引申出来的一种分析方法，它所要解构的是社会模式和大众传媒中有关性别、地位的流行套语。对待图像，解构方法企图揭示其多层面的意义。按照解构主义理论，我们可以运用科学的符号学原理来分析图像，并且分别说明其视觉的、文化的，以及语言的意义，这一分析过程被解构主义理论家称之为解码（Decoding）。80 年代后期的年轻设计家们对于"意义的多层面"问题产生了极大的兴趣，但是他们对纯理论上的解构方法还缺乏研究，因为设计作为一种直觉的行为，还无法简化为某一套科学原理，这是由设计的艺术特质所决定的。1978 年，朱迪丝·威廉逊（Judith Williamson，1954—）在她的著作中就用解构的方法分析广告的意义，她的著作《对广告的解码：广告中的观念形态及意义》（*Decoding Advertisements: Ideology and Meaning in Advertising*, 1978），便是将解构主义理论运用于平面设计理论分析的最初尝试。

法国社会学教授鲍德里亚（Jean Baudrillard，1929—2007）是后现代主义最著名的理论家。他曾用解构方法探求广告与消费文化对当代社会的影响，尤其对所谓原创性提出挑战。他认为，在一个运用新技术、通过电视与传真不断制造信息和图像的时代里，所谓真实性已经在本质上毫无意义。客观的"真"与"假"问题是一个伪问题，因为在一个新的物理世界里，主观的判断注定要影响客观的事件，因此，真理只存在于观者的眼里和心里。

鲍德里亚的这种观点受到了 20 世纪 80 年代以来设计家们的极度赞扬，这些设计家自由地从各种来源盗用图像，盗用早先已有的、存在于各种文化中的图像成了创作新作的一种通常方式。鲍德里亚称这种做法为"借用"（borrowing）而不叫"盗用"（stealing），他因此而给"借用图像"以正名，从而改变了"设计必须永远是原创的或新颖的"这么一种观念。由于他给"借用图像"提供了一个更为机智和公允的说法，因而成了新一代设计家的崇拜偶像（图 1.2.7）。

按照鲍德里亚的理论：我们的文化是一个四面有镜子的房屋，其主体就是图像及映像；这些图像和映像由有关我们的信息所制造，这些信息就是我们的希望、野心、恐惧、爱慕和渴求。这些信息被重组为空幻的事实，从而被作为产品、广告、新闻而传播。我们对于自己的映像半信半疑，这种"半信半疑"，也成了我们的一部分。这个"我们"又在那个镜子屋里再次映像，反复呈像。由此，"现实"消失了，真与假也随着现实的消失而消失。因此用鲍德里亚的话说，我们将永远无法将现实与它通过传媒而引致的统计量、模拟的投射分离开来。

图 1.2.7 蒙狄尼（Alessandro Mendini，1931—2019），普鲁斯特座椅，1978 年

后现代主义以矛盾、重叠的艺术手法处理作品，它们往往与过去发生联系或把过去的元素糅合在其中。普鲁斯特椅"借用"了洛可可的造型风格、维多利亚设计中的舒适感和手工艺人的精湛技艺。

受鲍德里亚的影响，多默（Peter Dormer）1990 年出版了《现代设计的意义》（*The Meaning of Modern Design*, 1990），他用更为精致的解构方式分析设计的意义。多默并不同意鲍德里亚所谓"我们无法区分真与假"的说法。多默认为，我们是被迫承认事件的复杂性和当代文化的复杂性，但是许多人有足够的智慧不必待在鲍德里亚的镜子屋里被重复的映像所迷惑，他们要在屋子外面搜寻是谁建造了镜子屋。根据多默的分析，设计分为显性设计和隐性设计两种。显性设计是风格设计，隐性设计是工程设计。显性设计的目的在于引导消费，而隐性设计决定设计品的功能。因此，风格设计家实际上是处于制造商、工程师及应用科学家与消费者之间的中间人，三者之间的关系有赖于共同的价值观念。如果制造商获取利润，设计师取得收入，消费者的自信受到尊重，那么三者便有了共同语言；他们对设计品的风格、材料及价值的看法便达成一致。这种一致体现为常规的趣味、确定的阶级和相应的时尚，这些正是文化史的阶段性特征。

解构主义理论自 60 年代后期由法国哲学家德里达（Jacques Derrida，1930—2004）在其《论语法学》（*De la Grammatologie*, 1967）一书中确立，之后便作为一种批评类型被理论家们用于对一切研究领域里方法论问题的全面探讨。一般认为，解构主义揭露传统的偏见和自相矛盾，注重详细解读，具有浓厚的哲学兴趣。就德里达而言，其对西方哲学和艺术的形而上学及本体论模式的批评本身，就注定要影响其追随者对美术学和设计学的方法进行全面理论。德里达本人在 1978 年就写过《绘画的真实》（*La Verite en Peinture*, 1978）一书，试图用解构方法解读绘画。正是受德里达的影响，之后才有朱迪丝·威廉逊对广告的解构式分析，鲍德里亚对产品与传媒的解构主义研究，普雷齐奥西（Donald Preziosi）对美术学的解构式批评，以及波得·多默对设计的概念所作的解构主义讨论。

4. 混沌理论

混沌理论来自于自然科学界。按照通俗的解释，混沌理论是要向我们说明，我们才刚刚开始理解自然界的复杂性，即自然现象及其事件的连锁反应。譬如，在一个大陆上的蝴蝶扇动翅翼，就会影响另一个大陆的气候变化（即所谓蝴蝶效应）。简单原因可能导致复杂后果，这是混沌理论研究所提供的一条重要信息。许多看起来杂乱无章、随机起伏的时间变化或空间图案，可能来自重复运用某种极简单而确定的基本规则。通过重复使用简单而稳定的规则，就会得出绝不平庸的时间演化或空间图案。混沌理论不是要把简单的事物弄得更复杂，而恰恰是为寻求复杂现象的简单根源，提出新的观点和方法。混沌理论是由 20 世纪 60 年代的哈佛科学家们发展起来的，有关这一理论的最有名的著作是哈佛大学的科学家曼德尔布罗特（Benoit B. Mandlbrot）1980 年写的《自然的实用几何》（ *The Practical Geometry of Nature* ）。

在 20 世纪 80 年代，将混沌理论的概念运用到设计领域成了一种时髦的事。"创造性的混沌"这一术语在 80 年代开始流行，并成为一种态度，用来反对将设计看作是单一和有秩序的观点。1983 年，伯曼（Marshall Berman）写作了《固定之物烟消云散》（ *All That Is Solid Melts into Air,* 1983 ）。在此书中，伯曼分别读解了歌德的《浮士德》、马克思的《共产党宣言》、陀思妥耶夫斯基的《死屋手记》及其他一些书籍，并试图"研读"空间和社会环境——小城镇、大建筑工地、小坝和发电厂、帕克斯顿（Joseph Paxton，1803—1865）的水晶宫、奥斯曼（Haussmann）的巴黎林荫道、圣彼得斯堡的景色、摩西（Robert Moses）的穿越纽约的公路，他的这种多元化方法向设计家们表明设计家应当努力探求混沌的文化潮流。事实上，与任何试图给事物以秩序和结构的方式相比，混沌的思维方式能给人提供更为丰富的观念。而创造性的混沌理论在设计作品中的反映已经具有了国际性的意义，如日本建筑家、日本设计师桢文彦的作品，美国建筑师弗兰克·盖里（Frank Gehry，1929— ）设计的酒吧；在欧洲，像

图 1.2.8 桢文彦，螺旋体，1985 年，东京
螺旋体采用不同的几何形式作为基本元素，建筑的外部以拼贴方式设计，且大量使用铝板、玻璃和金属墙砖。桢文彦认为，他的螺旋体是城市意象的隐喻：使城市本身被人为地切成碎片化环境，而城市正是在这种肢解中获得了生命。

英国的建筑师扎哈·哈迪德（Zaha Hadid，1950—2016）和意大利设计群体阿基米亚（Alchymia）和孟菲斯（Memphis）的作品，其中创造性的混沌也随处可见。但是，对设计史研究者而言，创造性的混沌不是一场设计运动，而是后现代主义所提出的多元主义理论的一个方面（图 1.2.8）。

5. 绿色设计与可持续设计

绿色设计来自旨在保存自然资源、防止工业污染破坏生态平

衡的一场运动。虽然它迄今仍处于萌芽阶段，但却已成为一种极
其重要的新趋向。绿色设计源于 20 世纪 60 年代在美国兴起的
反消费运动。这场反消费运动是由记者帕卡德（Vance Packard）
猛烈抨击美国汽车工业及其带来的废料污染问题而引发的。帕卡
德早在 1957 年便出版了《潜在的说客》（*The Hidden Persuad-
ers*）一书。该书公布了他对美国新兴的超级市场及电视广告的观
察结果，其中详述了家庭主妇在超级市场里眨眼的频率，指出家
庭主妇们在超级市场已进入迷蒙状态，变成了"消费国的受骗
者"。在 70 年代，相似的批评在对多重设计的呼唤中得到响应。
所谓多重设计，实际上是指批评者要求设计家能够因时因地提供
更多的设计以供选择，而不是说服或强迫人们接受单一的设计。
就设计消费者而言，他们在作出恰当的选择时主要出自其对保护
环境和自然资源的考虑。到了 80 年代，"绿色设计"已成为出
版界的热门话题，其概念也不仅限于对环境和生态的关注，已然
上升为一种伦理消费的问题。与此同时，基于对人类生存环境的深
入思考和讨论，设计行为不得不面对与社会环境、生态环境和谐共
生的问题，那么，设计也自然成为当时的热议话题，也是可持续发
展（sustainable development）绕不开的论题之一。

可持续设计（Sustainable Design）是指设计物理对象、建
筑环境，及服务时，遵循经济可持续、社会可持续和生态可持续
的设计理念。"可持续发展"这一概念是在 1987 年世界环境与
发展委员会发表的《我们共同的未来》（*Our Common Future*）
中得以普及的，文中指出"可持续发展是既满足当代人的需要，
又不对后代人满足其需要的能力构成危害的发展。"1993 年 6
月，国际建筑师联合会（UIA）和美国建筑师协会（AIA）共同
签署了《可持续未来的合作宣言》。在宣言中他们共同主张将环
境与社会的可持续性作为设计工作的核心，开始探索可持续设计
的基本原则与标准。当然，在"可持续性"这个词出现之前，这
样的行为便早已出现。例如，因纽特人发明的"冰屋"（Igloo），
有着典型的可持续发展的属性，他们选用被风吹而成的雪块，作

为最佳的建筑材料。这些经过有序的切割制成的雪砖，能够紧密地堆积并通过冰晶相互粘接。由于雪是极好的绝缘和隔热材料，依靠特殊的建筑结构，即使室外环境冰雪交加，但室内仅靠体温也能保持一个舒适的环境。

今天，人们要求设计家避免使用非生物降解塑料或使用重新利用的产品，来考虑其设计的长期意义和材料特征。当然，一些环保观念今天看来都过于简单，比如，生产不吸墨纸张的一些程序比生产白纸程序所产生的有害废料要多出两倍，同样的困惑也影响了时装工业对绿色纤维的探求。所有这些境况都需要更多独立的信息。目前流行的所谓"生态平衡"一词，是一种评估方法，它主要考虑能源消耗、回收、原材料使用、污染和废弃物等方面的因素。这种方法试图全面详细地描绘出各种材料对环境的整体影响。全球的能源问题、环境问题迫使设计师必须应对能源的可持续发展，特别是利用可再生能源和提高能源使用效率。2007 年，瑞士设计师拉古路夫（Ross Lovegrove，1958— ）在日本夏普太阳能（Sharp Solar）的技术支持下设计了著名的太阳树街灯（图 1.2.9）。"太阳树"采用低功耗的 LED 灯照明，并采用日光供电，十片花型的太阳能面板不仅能为街道照明，也能在阳光明媚的白天吸收太阳能，并储存在电池之中，这样即使在阴天下雨的时候，太阳树街灯也能保持一定的照明时间。并且它还可以根据环境的光照条件自动调节 LED 灯的开关和亮度。可以说，太阳树街灯是利用可再生能源的典型案例，也是设计师通过设计行为促进可持续发展的艺术作品。

6. 信息技术

信息技术主要是指信息的获取、传递、处理等技术，它主要是应用计算机科学和通信技术来设计、开发、安装和实施信息系统及应用软件。对于设计学而言，计算机技术和通信技术这两大领域的发展，已经改变了 20 世纪以来设计的过程和生产。

用工业设计的术语来讲，微电子技术的革命已较好地改变了

**图 1.2.9　拉古路夫，太阳树街灯，
　　　　2007 年**

太阳树街灯的造型和色彩令人联想
到 19 世纪的新艺术运动，拉古路夫
将街灯的灯柱设计成花茎的形状，如
同自然生长一般，末段"长出"十片
花形街灯，为灯下围坐在灯座上的人
们提供舒适的照明。这件兼具经济
性、实用性，以及艺术性的可持续设
计作品，是为维也纳应用美术博物馆
（Museum of Applied Arts, Vienna）
设计的，并于 2007 年 10 月 8 日首次
亮相于维也纳设计周（Vienna Design
Week）。

传统的"功能决定形式"观念。在理论上，至少微电子技术使形式得以解放，设计家现在孜孜以求的是寻找发展人机界面的新途径。他们所要探索的是要在人与机器之间发展出一种清晰、亲切、富有人情味的语言。人机界面的进一步友好，即人-机接口问题解决得更好，会大大拓展以计算机技术为支柱的信息技术的应用范围。

从设计的角度来看，正是由于现代信息技术的运用，它不仅减少了公务旅行的开支，更重要的是大大加速了产品开发和销售的速度，使资金周转率大为提高，社会资源得到更充分更合理的利用；它还能打破企业间竞争和合作的地域限制，使全球性企业可以把自己的研究开发部门、加工基地、销售总部分设在世界各地，而各部门的信息系统如同在一个办公室里那样方便。也是由于现代信息技术的运用，使得知识形态的生产力更迅速、更广泛地传播，并得到充分的利用。设计师们可以通过由计算机和通信技术支持的数据库很快获取最新的设计参数、图纸和工艺文件，使社会劳动生产率大大提高。

总之，新技术革命的浪潮将人类推进到信息时代，新兴的微电子技术将成为这场革命中的主角。以微电子技术为基础，作为信息时代支柱的计算机技术，其应用领域将更加广泛，从而使人类不必用主要劳动去从事延续人类自身所需的物质生产，而以更多的劳动去创造精神文明，去从事科学、艺术、文化、教育等事业。到那时，设计中的所谓"功能与形式"，其内涵亦将与现代有着根本的差异，至少"功能"这一术语也不会仅仅囿于对人类物质需求的指谓，它也一定会指向人类对高度精神文明的追求。

二、中国设计思想概述

1. "经营"与"造物"

在古代汉语中，与西方"设计"相似的概念是**"经营"**和**"造物"**。"经营"作为中国古代艺术及建筑理论中一个极为重要的概念，一直为古代艺术家和理论家所讨论。正如瓦萨里所说"设计是三项艺术的父亲"，而早瓦萨里近七百年的"中国艺术史之父"唐代张彦远（815—876）在《历代名画记》中就声言"至于经营位置，则画之总要。"（《历代名画记·论画六法》）张彦远通过对谢赫"六法"的再阐述而完成了"经营"这一概念从建筑理论移入艺术理论的工作，并且使之成为身后千余年里中国艺术理论里最为重要的一个概念而为人们津津乐道。

至于"造物"的概念，其初见于《庄子·大宗师》"伟哉夫造物者，将以予为此拘拘也。"意为"创造万物"，实在似与英语中对"设计"一词的定义"发明和创造"（to invent and bring into being）如出一辙。于是有后世"营"与"造"连缀成词，且赫然成为宋李诫所撰之书名《营造法式》。

我国早在春秋战国时期便出现了现存最早的设计理论，主要有《周礼·冬官考工记》《墨子》和《庄子》。作于春秋时期的齐平公五年（公元前476年）的《考工记》（佚人，又说为战国时期齐作品），载述的主要是当时的工艺和分类。书中对"工"的解释是：

> 知者创物，巧者述之守之，世谓之工。百工之事，皆圣人之作也。炼金以为刃，凝土以为器，作车以行陆，作舟以行水，此皆圣人之所作也。天有时，地有气，材有美，工有巧，合此四者，然后可以为良。

这里对"天、地、人"之间的协调关系及其对"良器"的决定作用，与我们今天对设计师的"绿色设计"要求甚为一致。是书又将攻治木材的工匠分为七类，攻治金属的工匠分为六类，攻治皮革的工匠分为五类，画色装饰的工匠分为五类，雕琢磨光的工匠分为五类，制作陶器的工匠分为两类。而书中所记青铜冶炼"六齐"之说，切合合金配比规律，又为世界上最早的合金配比经验总结。

2．中国传统设计著述

中国自秦始皇统一之后的公元前 221 年始，在设计实践上的变化是：从度量衡直到马车和战车的尺寸，一切都标准化了；有关设计的理论思考，也大致沿着具有本民族特征的思维轨迹而进行着。这种情形直到 1582 年意大利耶稣会传教士利玛窦（Matteo Ricci，1552—1610）到达澳门，并在 1601 年来到北京，才逐步出现改变。也就是说，17 世纪在耶稣会传教士进入中国后，中国的设计及其理论便逐渐与西方的设计理论融汇在一起了。这种融汇的情形我们会在 18 世纪的西方设计理论中见到。而在与西方设计理论相汇之前可视作有关设计的理论著述，最重要的是东汉王充的《论衡》（约公元 97 年）、北宋沈括的《梦溪笔谈》（1086）、宋李诫的《营造法式》（1103）、明王圻父子编的《三才图会》（1609）、明计成的《园冶》（1634）和明宋应星的《天工开物》（1637）。

我们从景观设计的角度来看待王充（公元 27—约 97）的《论衡》，会在其中发现对当时盛行的堪舆术的记载和批评。如"四讳篇"中，"俗有大讳四。一曰讳西益宅。西益宅谓之不祥，不祥必有死亡，相惧以此，故世莫敢西益宅，防禁所从来者远矣。"该著此类记述甚多，对于我们研究古代中国"风水理论"在建筑和造园中的地位和价值，具有十分重要的意义。

沈括（1031—1095）的《梦溪笔谈》涉及制图、建筑、冶金等设计领域的篇幅极大；例如，指南车的设计和制造技术最早就是在《梦溪笔谈》里得到详细的描述。所以该著可以视作中国古代设计理论的坐标性著作。

《营造法式》是北宋时期将作少监李诫（？—1110）组织编撰，由官方颁行的一部建筑设计学专著，该著全面总结了隋唐以来的建筑经验，对建筑的设计、规范、工程技术和生产管理都有系统的论述，是我国和世界建筑史上的珍贵文献。其后的元《鲁班营造正式》和清《工部工程做法则例》，都是大致参照这本书体例。

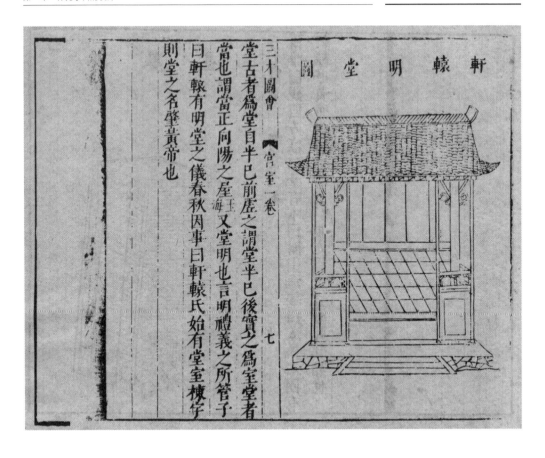

图 1.2.10 《三才图会》轩辕明堂图

　　明王圻（1530—1615）与其子王思义（生平不详）合编的《三才图会》，被李约瑟称做"最有趣的一本小型百科全书"。"三才"即"天、地、人"，该书汇辑古今著述中有关天、地诸物图形和人物画像而成。此书内容广泛，上自天象，下至地理，中及人物，精而礼乐经史，粗而宫室舟车，幻而神仙鬼怪，远而卉服鸟章，重而珍奇玩好，细而飞潜动植。先列图像，次为说明；绘图精细，文字说明亦简明扼要，是我国古代第一部大型的图像汇集（图 1.2.10）。

　　明代，对于中国设计理论发展史来说是一个十分重要的时期。我们如此重视这一时期的理由是：一方面，它是中国历史上最伟大的航海探险时代，也是在这时，欧洲人开始进入中国沿海，由此出现了前所未有的中西设计实践和思想的相互影响和融合；另一方面，独具中国传统思想、具有体系意义的设计理论，开始以专著的形式出现。计成的《园冶》（图 1.2.11）和宋应星的《天工开物》（图 1.2.12—图 1.2.13）就是在这种背景下产生的。

计成生于万历十年（1582），卒年不详。按他自己的说法："崇祯甲戌岁（1634），予年五十有三，历尽风尘，业游已倦，少有林下风趣，逃名丘壑中。久资林园，似与世故觉远，惟闻时事纷纷，隐心皆然，愧无买山力，甘为桃园溪口人也。"这种表白，正是他著《园冶》的心境。

计成对造园的系统阐述，实际上与他儿时的艺术训练有关。他"不佞少以绘名，性好搜奇，最喜关仝、荆浩笔意，每宗之"的叙述，证明他对山水画有相当的造诣。换言之，他对园林景观的审美理解，来自少时对山水画的审美训练；而他对造园的理论总结，也与传统的山水画论有着直接的联系。

宋应星（1587—约1666），万历举人，崇祯十七年（1644）弃官回乡。崇祯七年（1634）任江西分宜的教谕时，著《天工开物》一书，初刊于崇祯十年（1637）。全书按"贵五谷而贱金玉"的顺序编排，分为十八卷，共六万余字。

《天工开物》一书曾被认为受到耶稣会传教士的影响，但李约瑟先生经仔细研究后不同意这种看法。相反的情形是：该书在17世纪即传入日本，到1781年，日本刊印是书即广为传用，于是有了江户时代的"开物学派"；日本的近代科技研究，赖以依据的蓝本就是《天工开物》。18世纪时，该著相继传播到朝鲜半岛和欧洲，一百年后便轰动整个欧洲大陆。就设计理论的影响史研究而言，《天工开物》的传播具有划时代的意义。也是以《天工开物》为标志，东西方的设计行为和思想都再也不可能互不相干地独自存在了。

3.《畴人传》

从学科史的意义来讲，清代乾隆年间朱琰（生平不详）撰述的《陶说》六卷（初刊于1774年），可以视作世界上第一部设计史类的专著。而清代阮元（1764—1849）撰写的《畴人传》

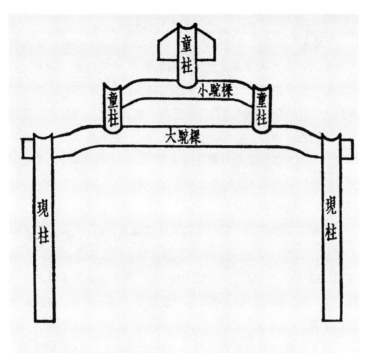

图 1.2.11 计成,《园冶》插图"五架过梁式"

图 1.2.12 宋应星,《天工开物》中的试弓定力

图 1.2.13 宋应星,《天工开物》中的耕犁

（1799），则是世界上第一部有关设计师的传记。

"畴人" 在古代中国指的是从事天文、历法、仪器、星占等术业的人，古人讲"家业世世相传为畴"，说的就是"畴人"所从事的术业多为子承父业。阮元撰《畴人传》历时四年，书中记录自上古至乾隆末年的二百四十三位天文、历法、算学家，另有三十七位西洋学者。内容涉及历代天文、历法、推算资料、论天学说、仪器制度以及算学等方面。星占之学则未予收入。《畴人传》的刊行标志着中国历史上有了第一部纪传体科技史和第一部科学家和设计师传记。

清朝后期的罗士琳又撰《畴人传续编》六卷（1840），人物收至道光初年。1886年，诸可宝撰《畴人传三编》七卷，人物收至光绪初年。光绪二十四年（1898），黄钟骏更撰《畴人传四编》十二卷，此《四编》收录标准放宽至包括一些主要占星家和其他学者。

以上三部续书仿阮元体裁，共收六百余人。不过，"艺术"和"工艺"的说法还没有在那时的汉语中流行，更不谈"设计"的概念了。但阮元等人的努力，本质上正是为我们今天称为"设计师"的人物树碑立传；因此，它在史学史的意义上完全可与唐代张彦远的《历代名画记》媲美。

另有晚清文人陈作霖（1837—1920）写有一篇"中国机器学家考"，亦可见当时西学东渐之风影响到旧式文人对传统文化中设计师地位的看法。

与西方设计史学家吉迪恩的活动几乎同时、且显然受到西方现代美术思潮影响的，是《中国营造学社汇刊》在20世纪30年代为确立中国建筑史而作出的重要贡献。该刊从1932年3月出版的第三卷第一期开始，到1936年9月出版的第六卷第三期，陆续发表了由曾任译学馆监督、后创立中国营造学社的光绪举人朱启钤（1872—1964）辑录、古典文学家梁启雄和建筑学家刘敦桢校补的《哲匠录》，其中包括营造类、叠山类、攻守具、造像类等四大类，"肇自唐虞，迄于近代"有突出贡献的历史人物四百余人。该书意欲"一洗道器分途、重士轻工之固习,"为"凡于工艺上曾著一事、传一艺、显一计、立一言若,以其于人类文化有所贡献"诸匠立传。

不过,从 20 世纪的 40 年代末到 80 年代初的改革开放以前,与此时西方学者对中国设计史论的研究相比较,我国学者的研究相对滞后。正如我们知道的,现代汉语中对应于英语"design"的"设计"一词,出现在 80 年代初期。在艺术教学中,真正重视"设计"的意义,要到 80 年代后期才开始萌动;也是在这个时期,田自秉先生出版的《中国工艺美术史》(1985),弥补了长期以来设计史教学的空白。

课后回顾

一、名词解释

1. 佩夫斯纳   2. 《美的分析》
3. 形式主义批评   4. 功能主义批评
5. 历史主义批评   6. 折中主义批评
7. 可持续设计   8. 《畸人传》

二、思考题

1. 设计是如何变成一门学科的？它的研究对象是什么？
2. 现代意义上的设计理论著作是从 19 世纪开始的，它分为两种类型，分别是什么？
3. 理论上讲，设计批评与设计史是不可分割的，试探讨设计批评与设计史之间的关系。
4. 博朗公司的成功得益于功能主义的设计理念，请简述博朗设计原则。
5. 试论述西方现代设计的六种思潮。

第二章

设计：人类的
第一行为

路易斯·沙利文和丹克马尔·阿德勒，担保大厦，
1896 年建成，纽约。

　　从最广泛的意义上讲，人类所有生物性和社会性的原创活动都可以被称为设计；但是我们所要讨论的是以成品为目的，具有功能性、艺术性、一定的科技含量和确定的经济意义的设计，是有明确限定的狭义的设计。当代学术研究的普遍做法认为：试图对某一学科概念作一成不变的界定，既危险也无意义。因此我们在本章不企图对"设计是什么"或"设计不是什么"作一个一劳永逸的判断，以免陷入无休止的语词争辩之中。因为，在相应语境中出现的概念，不能接受超时空的定义。事实上，学科的确立和发展都基于一种"默认的前提"。我们可以对"设计是什么"争论不休，但是在面对实在的设计品时，人们的态度会趋于同一，即起码会将它作为设计来看待，这正是所谓默认的前提。基于这种"默认的前提"，对话双方才能处于相同的语境中而展开实质性的讨论。由此可见，我们讨论设计，讨论人类的第一行为之时，首先，应对其从物质层面分析设计的内涵，这一点集中地体现在功能需求之上；其次，当设计品在满足人类最基本的功能需求的基础上，我们会对其精神上的价值提出更多的要求，也就是说设计不得不考虑心理需求；另外，在现代的商业活动中，设计扮演的角色愈加重要，而设计行为本身是提升产品高附加值的有效手段。

第一节

功能需求的设计

生命在其表现方式中是可以被认识的，形式永远服从功能，此为所有有
机物与无机物，所有自然物与超自然物，所有人类事物与超人类事物，
所有头脑、内心、灵魂的真实表现的普遍法则。此乃定律。

——路易斯·沙利文（Louis Sullivan，1856—1924）

对于设计师而言，之所以产生设计的冲动，是因为设计师发现了人对于对象有着某种需求，而这种需求往往是出于功能或形式的目的而产生的。围绕功能与形式之间的关系，无论是探讨设计理论的设计理论家，还是作为设计实践者的设计师都对其进行过一定的探索，这些探索对今天而言，仍然具有可资借鉴的意义。19 世纪是世界工业化进程中设计飞速发展的百年，拉斯金作为英国艺术与工艺运动的理论先驱，敏锐地觉察到工业化机器大生产对设计的冲击是空前的，机器大生产下工业产品丑陋的造型设计，使得拉斯金深感不安，他认为"对那些被英国工业生活中的绝望和单调包围着的人们，设计发明是不可能的……工人的聪明和智慧达到很高的程度——无论是从感觉的精确上说还是从目光的犀利上说；但工人通常都缺乏设计的能力。"因此，拉斯金主张设计应回归"自然"，从哥特式风格中汲取养分，从而提升设计的艺术水平。而在德国的设计从业者看来，这一问题同样是困扰着**德意志制造联盟（Deutscher Werkbund）**，穆特修斯（Herman Muthesius，1861—1927）与凡·德·维尔德（Henry van de Velde，1863—1957）关于设计标准化问题的论战，几乎是整个欧洲设计领域共同的话题。穆特修斯主张顺应机器化大生

产的时代潮流，而批量生产必然要求标准化的生产方式，这是产品追求趣味与风格的前提。然而，无论是从功能的角度，还是从形式的角度去讨论设计，究其根源，设计发展的动因与人的现时需求息息相关。

一、现时需求与设计

无论是设计行为的出现，还是设计师作为一个社会角色的形成，都是基于不同历史时期的现时需求而产生的。人类作为食物链顶端的消费者，总是不断地追求更为经济、便捷、安全的消费品，但每一种新消费品的出现，总会刺激旧有消费品的改变，进而产生新的需求。因此，人的欲望便是设计作为人类的第一行为不断发展、创新的动力。但是，就现时需求而言，可分为两大类，一类是发明新的消费品来创造需求；另一类则是通过改良消费品，来满足人类日益精微的享受性需求。于是，我们将第一类实践者称之为发明家，而第二种情况成就了今天的设计师。那么，作为设计师应该如何应对人类不断发展变化着的现时需求？

首先，每一个设计对象多多少少都有改善的空间，因此，对象总是在不断改变，以适应不断发现的缺点。优秀的设计师是对生活体察入微的发现者，更是对现时需求极为敏感的改良者。正如大卫·佩伊（David Pye，1914—1993）所言"所有器具的设计都含有某种程度的失败，不是在设计的过程中放弃某些要求，就是向各种要求妥协，而妥协本身就隐含某种程度的失败……"

雷蒙·罗维（Raymond Loewy，1893—1986）作为 20 世纪 30 年代美国最活跃的工业设计师，他的成功与其对生活敏锐的观察力不无关系。西格蒙特·基士得耶（Sigmund Gestetner）是个英国办公室设备制造商，他在 1929 年与罗维在机器设备设计上的合作堪称经典。基士得耶早期的办公室影印机看起来像个丑陋的工厂设备，机器的滑轮和传送带暴露在外，四只突出的管状脚起支撑、稳定之用，除此之外一无可取（图 2.1.1）。罗

图 2.1.1 基士得耶影印机，1920 年代

图 2.1.2 罗维为基士得耶设计的复印
机，1929 年

维能够与基士得耶合作是因为他的一张草图，图中的秘书被机器
突出的脚绊了一跤，手中的纸张漫天飞。于是，罗维将机器重新
设计，消除了旧机器设计的缺陷：修饰笨拙的线条、遮住丑陋的
滑轮和传送带，以及让影印机的脚紧贴着机身，以预防意外发
生。重新设计后的机器于 1929 年底引进市场，罗维说"在工业
设计被当成是有意识的行为之前，一般都承认这是美国工业设计
的首例"（图 2.1.2）。

其次，人们对于器物的需求，虽然在微观上存在着个体的
差异，但大体上是一致的，而形成此种需求的形式往往是多样化
的。阿德里安·福蒂在其《欲望的对象物》中就指出"我们可以
用意欲呈现社会特征来解释袖珍刀的男女款式的分类，但却不能
用同样的理由来解释为何女士们需要 17 种款式的选择，而男士
甚至有 39 种选择之多。"他认为第一种原因是商家所提供的多
样化选择为满足消费者不同个性的需求。而第二个原因就是制造
商期望通过产品式样的调整来增加销量。除此之外，制造商和设
计师最初可能并不确定应该用怎样的形象表达每个社会群体的属
性，这是形式多样化的第三个原因。**朋克（Punk）**现象可以说是
设计多元化在后现代主义浪潮下的一个重要组成部分，它与流行
文化密切相关，挪借消费主义文化的多元意义和象征。在产品广

告中，借鉴朋克运动中叛逆的反主流文化，正如飞利浦公司所生产的翠瑟电动剃须刀，针对青年市场推出可供选择的色彩丰富的外壳。这种商业设计手法直到今天仍被各大企业采用。2013 年 9月 11 日苹果公司在其发布会上推出苹果产品线上首款塑料多彩的产品 iPhone5C。这是一款依靠多色外壳设计再次激活其被替代者 iPhone5 的销售潜力，以此迎合时代潮流和用户需求的一种改变。尽管 iPhone5C 不是最热销的一代，但这样的设计理念确实增加了消费者选择 iPhone 的选项。如今，iPhone 在产品型号、内存、颜色等方面为消费者提供了更加多样的选择，满足了不同的目标人群多元化、差异化、个性化的消费需求，甚至于 iPhone13 被媒体称为"适合所有人的 iPhone。"（图 2.1.3）

图 2.1.3 iPhone13 拥有六种色彩可供选择（左图）；这一代 iPhone 提供有 iPhone13、iPhone13mini、iPhone-13Pro 和 iPhone13Pro Max 四种型号（右图），2022 年

再次，设计本身是一种尝试拉近对器物的现时需求与其理想状态的过程。正如克里斯多夫·亚历山大（Christopher Alexander，1936—2022）所言，设计师如同"中介者"，人们将对器物的现时需求告知于"中介者"，"中介者"不断实现器物的升级。在设计中，每一个个体都可以发现器物所存在的缺陷，但作为中介者的设计师，应作为器物缺陷信息的整合者与管理者而存在。优秀的设计师，不仅需要在其设计中更好地反映这种信息，更需了解所设计的对象的设计发展史。这有助于设计师明了

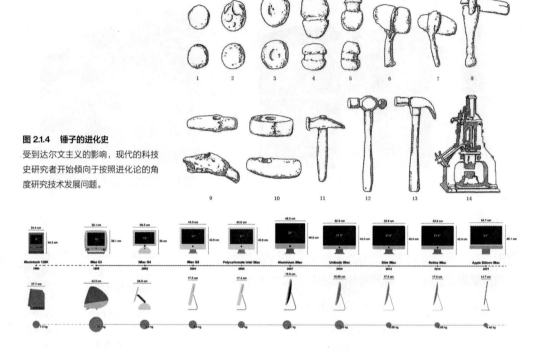

图 2.1.4 锤子的进化史

受到达尔文主义的影响，现代的科技史研究者开始倾向于按照进化论的角度研究技术发展问题。

图 2.1.5 iMac 的进化史

2021 年 4 月发布了搭载有 M1 苹果芯片的 iMac，在这款芯片的作用下，iMac 不仅实现了在其软件工作效率的全面提升，而且它的机身重量仅仅 4.48kg，机身厚度 11.5mm，极尽轻薄之能事，可以说苹果的造型设计在极简主义设计上几乎做到了极致。

生产技术沿革的本质，以及现代复杂科技的运作。乔治·巴萨拉（George Basalla，1928—）在其《技术发展简史》中指出"世世代代的人们不经预先思考或设计，就选择了最适合某种任务的物品，而拒用那些适用性差的物品，从而渐渐地就修正了留用下来的物品。……导致人造物的变化沿着一条渐变的轨迹展开；就连工匠们也没有意识到，他们导入的小小改进措施有着多么深远的意义。"诚然，无论是我们在惊叹工业文明下机器的无所不能，还是在自然历史博物馆中感慨原始打制石器粗糙的工艺，都不会将此二者联系起来，但是，在巴萨拉为我们描述的锤子进化史中，詹姆斯·内史密斯设计的巨型蒸汽锤由粗糙的磨制石器发展而来的进化谱系是那么的清晰，正是基于这样的创造力，使得冶炼精钢成为可能（图 2.1.4）。就设计师而言，也许并不一定要用如此方式分析每一页设计任务，但设计师在制定设计方案时，其思维活动往往与养殖动物、种植植物的人惊人的一致。如果我们将

iMac 的进化史按照这样的方式呈现，不难发现苹果公司的产品造型理念，正是在于追求轻薄的造型，而不惜妥协一切，2002年之后苹果设计逐渐由多元化设计走向极简主义设计的轨道（图2.1.5）。器具的升级，设计的发展，正是在这样的进化中使得设计师一步步接近理想状态。

二、设计发展的动力——科技

人类对器物功能的需求总是不断地改变，设计就需要同时改变以满足人类的欲望。在这一过程中，最为重要的动力源自科技的发展。随着工业时代的到来，科技进步激起了人类创造力的爆发，在这个过程中设计师扮演了至关重要的角色。第一件销售量超过百万件的产品是"索涅特椅"。奥地利设计师米歇尔·索涅特（Michael Thonet，1796—1871）是世界名牌家具 Thonet 的创始人，出身德国工匠家庭的他大约从 1830 年就开始试验木料弯曲工艺，当时他的工场就有 100 名雇工，并已经按劳动分工进行工作，制作高级细木工家具。他著名的弯圆形体"索涅特椅"作为咖啡馆椅在 1851 年伦敦万国博览会上大获成功后，便从 1859 年开始由他设在摩拉维亚的工场批量生产。该产品截至20 世纪 30 年代已销售 5000 万件。这一业绩显然是由于索涅特发明了弯木与塑木新工艺而引起的直接成果（图 2.1.6）。

因此，技术包括生产用的工具、机器及其发展阶段的知识，它是生产力的一种主要构成要素。设计是设计人员依靠对其有用的、现实的材料和工具，在意识与想象的深刻作用下，受惠于当时的技术文明而进行的创造。技术形成了包围设计者的环境，无论哪个时代的设计和艺术都根植于当时的社会生活，而由于环境状况的种种改变，也就改变了设计者进行工作所使用的材料。随着技法、材料、工具等的变化，技术对设计创造产生着直接影响。设计是在工业革命后开花结果的，这使我们不可避免地思考设计与科学技术之间深刻的关系。

图 2.1.6 索涅特，No.14 型索涅特椅，1859 年生产

1840 年索涅特利用研制蒸汽木材软化法（这种方法一直沿用至今），将硬木材弯曲成流线型，并设计了胶合板弯曲的工艺，以手工制作了一些优雅高贵纤巧轻便的椅子。因此，他被推荐至维也纳宫廷，为列支敦士登、施瓦岑贝格皇室制作家具。No.14 型索涅特椅是其经典之作。

1785 年詹姆斯·瓦特（James Watt，1736—1819）发明蒸汽机，彻底改变了人类的技术世界。以此为分水岭，社会生产能力空前提高，科学技术的研究也呈现出新面貌。我们知道，能源和动力一直是生产力发展的主要支点。直到 18 世纪，人类劳动一直依靠自然动力，如风力、水力、畜力等，然而蒸汽机发明以后，机器就成了一种崭新的动力机械。蒸汽机被应用于火车机头、轮船，并被广泛应用于纺织业、机械制造、采矿、冶炼等各个领域，使得生产技术和社会结构产生了深刻的变化。随着机器时代的到来，设计也发生了戏剧性的变革。首先是设计与制造的分工。在此之前，设计者一直作为手工作坊主或工匠进行创作，集设计者、制造者甚至销售者的工作于一身，而手工生产活动也常常以行会的形式组织起来。18 世纪，建筑师首先从"建筑公会"中分离出来，使建筑设计成为高水平的智力活动。随着劳动分工的迅速细化，设计也从制造业中分离出来，成为独立的设计专业。正如亚当·斯密（Adam Smith，1723—1790）在他著名的《国富论》中所说，由于市场扩大和技术革新，劳动分工使制造业更加有利可图，因此分工成为批量生产的基本特征，并随着工厂体制的发展而巩固下来。设计师可以向许多制造商兜售自己的图纸，而担任制造角色的广大体力劳动者——工人，则变成了设计师体现设计意图的工具。机器生产同时导致了标准化和一体化产品的出现。此外，新的能源和动力带来新材料的运用。各种优质钢材和轻金属被应用于设计，建筑业也采用**标准预制单元构件**（如 1851 年"水晶宫"万国博览会展厅，1889 年埃菲尔铁塔的设计），表明铁已由传统的辅助材料变成了造型主角。钢筋混凝土的发明使高层建筑成为可能，工厂林立的大城市的涌现表明设计已进入了钢筋混凝土的时代。

　　以科学技术为基础的工业革命导致了 20 世纪初各种设计思潮的产生，同时为设计的发展打开了广阔前景。事实总是这样，科学技术一进步，就创造出与其相应的日常生活的各种机器和工具，接着又凭借这些工具和机器不断改变着人们的生活方式。都市形态也是一样，随着交通工具的发达，建筑技术的进步，人们不得不在过去想都未想过的新城市形态中生活了。例如西门子电梯的发明，立刻带来了摩天大楼的设计；**福特生产流水线**的发明，令汽车变成了大众消费品，从而使中产阶层分散到了城市郊外，进而改变了城市环境的规划与布局。福特生产流水线对设计的影响还不止于此，由于大批量生产依靠庞大的均匀的市场，消费者必须愿意购买标准化产品，这就要求生产厂家对市场拥有控制力。伴随流水线和福特主义在食品、家电、家具、服装等各行业的推广，广告设计从 20 世纪 20 年代起甚嚣尘上，而 CI 设计也有了特别的重要意义。

　　一种新材料的诞生往往给设计造成重大影响，例如轧钢、轻

赛璐珞动画

在 19 世纪，制作动画的复杂之处，在于如何能够在保持动作流畅性的同时，尽量减少需要绘制的画面数量。因此，到 1914 年，市面上出现多种新型的动画技术。在这些技术中，以伊尔·赫德（Earl Hurd，1880—1940）的技术最为实用：将运动的物体和背景分别绘制在不同的透明胶片上，然后在专用的摄制台上叠加在一起拍摄，这样同一张背景就可以使用很多帧，每一帧画面只要重画运动的角色即可。使用这种分层技术制作出来的动画，叫做"赛璐珞动画"（Cel Animation），也就是我们今天所说的"传统动画技术"的基础。分层不仅可以减少绘制的帧数，还可以实现透明、景深等不同的效果。

金属、镀铬、塑料、胶合板、层积木等。毫无疑义，塑料是对 20 世纪设计影响最大的材料。最早的塑料是赛璐珞，作为一些昂贵材料如牛角、象牙、玉石的代用品而应用于商业。就设计史而言，这种昂贵的材料却刺激了一种动画制作技术的发展——**赛璐珞动画**。这种技术使得制作同真人影片相同长度的动画长片在人力和财力上成为可能。在 1920 年代至 1930 年代，各大制片公司开始纷纷投资动画产业，动画片在技术上得以飞速发展。到了 1950 年代，赛璐珞动画技术日渐成熟，有了一套完整的制作流程。在动画产业几乎完全数码化的今天，赛璐珞动画已成为动画产业上一个时代的代名词（图 2.1.7）。

20 世纪初，美国人发明了酚醛塑料，并用易变的高分子树脂状物质造出阻燃的醋酸纤维、可以自由着色的尿素树脂等，拉开了塑料工业的序幕。这种复合型的人工材料易于成型和脱模，且成本低廉，因此很快在由电器零件到收音机外壳的设计中应用开来。塑料在 20 世纪 30 年代已建立起了它的工业地位，并且被工业设计师们赋予了社会意义，成为"民主的材料"。著名画家、雕塑家、实验艺术家和设计教育家拉兹罗·默奥里－纳吉（László Moholy-Nagy，1895—1946）便以塑料为造型中介，配以光，由于由光到色和由色到光的手法在这种透明均质的彩色可塑性媒介物中独具魅力，因此纳吉在他的舞台设计和电影设计中采用了这种光的表现手法，显示了塑料美学上的潜力。第二次世界大战末期，聚乙烯、聚氯乙烯、聚氯丙烯、有机玻璃等塑料都被开发出来，塑料赢得了"战争的神奇材料"之名。它们大受工业设计师的青睐，被用于各种产品上，如电话机、电吹风、家具、办公用品、机器零件以及各种包装容器。新型塑料多样化的鲜明色彩和成型工艺上的灵活性，使许多产品设计呈现出新颖的形式，与先前标准化的金属表面处理和工业化形成强烈对比，因而更适宜设计的个性发挥和产品符号的灵活运用。因此，塑料成为战后的热门设计材料，而 20 世纪 60 年代亦被称为**"塑料的时代"**。由此我们可以看到，新材料的出现总是鼓励着设计师进行新的形式探索。

图 2.1.7　白雪公主和七个小矮人，迪士尼影片公司，83 分钟，1937 年

《白雪公主和七个小矮人》是第一部完整的赛璐珞动画长片，迪士尼在 1934 年开始制作，其动画师便是伊尔·赫德。为使动画的动作流畅自然，它采用**全动画技术（full animation）**，每秒 24 帧，每一帧都需绘制，所绘张数达到了惊人的 200 万张，在当时的制作费用达到了将近 150 万美元。

　　与再现和复制技术有关的机器的相继诞生使视觉传达的领域不断扩大。历史上最早出现的是印刷术。印刷术使得书籍的大量复制成为可能，由此使发展教育和科学所需的知识普及成为可能，这便是近代文明的基础。1839 年，法国画家达盖尔（Louis Jacques Daguerre，1799—1851）与石版印刷工尼埃普斯（Joseph Niépce，1765—1833）合作发明，最后由达盖尔完善的摄影术，使得视觉图像的传达和表现迅速拓展，由此翻开了现代视觉传达史的第一页。1881 年，由美国的一位摄影师艾夫斯

（Friderick E. Ives，1856—1937）发明的照相铜版印刷法用于商业生产，从此使摄影进入了广告设计之中并成为今天照相设计的基础。也是以摄影为基础，1895 年，法国的卢米埃兄弟（the Lumière brothers）发明了电影（图 2.1.8）。电影又导致了另一种传达媒体——广播和电影合为一体的电视的出现。1920 年代至 1930 年代，由于收音机、电视机等多种新媒体的使用，加之大量的信息要求，广告产业迅速发展。伴随着传达技术的不断创新，视听觉中如投影、电子音乐和幻灯的组合，照明板形成的映像，音响的视觉化，用激光进行的传达等，极大地丰富了视觉设计的表现手法，同时大大地扩大和深化了视觉传达领域。

新兴的信息技术引起设计生产及设计模式划时代的变革。如果说现代主义设计运动是对工业革命的反响，那么后现代主义设计便是对信息技术的反响。信息技术以微电子技术为基础，而微电子技术最先得益于 20 世纪 40 年代末晶体管的发明。晶体管使电子装置的小型化成为可能，从而为后来的自动化小批量生产以及在信息处理中起关键作用的计算机开辟了道路。小批量生产为设计走向多样化提供了可能。它是以可变生产系统为前提的．这就需要可编程控制器的支持，如数控切换生产线等。计算机也被纳入了生产系统（CAM）。由于小批量多样化的实现，产品的形式得到解放，设计可以按照市场的不同需求来进行创作。后工业时代的设计把消费生活的类别、风格输入到生产过程中，其技术要求更加智能化，更加灵活，以适应不同消费者的文化背景，逐步顾及生产产品的社会条件。在各种形式的设计制作中，计算机的帮助更显而易见。计算机辅助设计（CAD）由 20 世纪 50 年代麻省理工学院的科学家发明，当时只能用于投资成本极高的设计，如航空航天设计、工业自动化等，然而自 20 世纪 80 年代以来随着计算机的普及，CAD 软件已成为广大设计师的常用工具。它强大的数据库可以迅速获得最新的设计参数、图纸和工艺文件。计算机使平面设计师可以自由地"借用"无数的图像资料，并且可以集编辑与设计于一身；它使建筑设计师和环境设计

图 2.1.8 卢米埃兄弟执导的电影《水浇园丁》的招贴海报，1895 年

《水浇园丁》是卢米埃兄弟导演的一部法国黑白无声电影，时长 45 秒，首映于 1895 年 6 月 10 日，此招贴也是世界上第一幅电影招贴。

师更直观地工作，免于制作费时费力的模型，大大提高了创作的自由度。计算机使产品设计师更有效地解决人机问题，更可能顾及心理和感觉因素，设计出富有人情味和人性的产品。它甚至改变了产品的开发及销售模式。

软件技术不仅改变了设计的过程，而且改变了设计的概念。传统的设计概念是以设计与生产的分离为前提的。今天在计算机的帮助下，设计师可以直接了解他的设计品效果究竟如何，因此使设计获得了传统手工艺生产的某些特质，即强调产品的使用，操作上的便利，功能上的灵活性以及使用者特殊要求的适应性。对于各种计算机辅助设计而言，最重要的是使用者对它的感受。消费者的体验和理解成为真正的、有意义的行为，设计师着重在消费者的感觉系统做文章，而非产品的物质系统。基于这种系统，软件设计者力求提供一个人人都能介入的系统。也就是说，设计的最终目标和终端成果，并不是某种具体设计品，而是一种效果，有设计者和设计涉及的对象（人、自然）参与的活动形成的氛围。由于计算机技术的高度发达，传统的设计观念已从有形的物质领域扩展到了无法触摸的程序领域。

三、功能需求所导致的审美需求

19 世纪以来，探讨功能与形式的关系，似乎是现代设计和设计理论发展的常设命题，直到包豪斯将科技与艺术有机地结合之后，现代设计师们才将此二者的对立面放下，进而发现了更多因功能需求而导致的审美需求的设计，具有强大的生命力。事实上，机器化大工业生产与传统手工制作之间的矛盾，正是造成第一次世界大战后美国设计与欧洲设计形成鲜明的风格差异的根源。

20 世纪 20 年代晚期的经济危机席卷整个世界，市场的饱和状态，以及低迷生产动力，使得资本家不得不应对生产过剩的问题。在美国，广告业为资本企业的生产过剩问题提供了一个解决方案，他们对消费者工程学的关注，为美国的工业设计打下了基础。这时，艺术家和手工艺人对材料和工艺进行了诸多独创性的试验，从而更为自由大胆地扩展了应用材料和技术的范围。这些试验既能顺应机器大生产的要求，也可以将其带入手工制作的领域，以应对一个较为狭窄的市场。而欧洲在经历过战争的摧残之后，工业受到极大地破坏，以最快的速度和效率恢复工业生产和人们的生活才是当务之急。德国的集体主义设计方法与减轻经济压力联系在了一起，他们针对如何处理设计、新材料工艺和工业生产之间的关系，进行了很多尝试，而这些常识都得到了政府的支持，也就形成了勒·柯布西耶早期具有民主主义色彩的设计观念。他认为建筑有必要使用预制建筑材料，而那些去个性化的实用家具和产品也应以规模化生产推向市场，以满足人们的需求。

其实，设计师在设计时大多都是从功能的角度出发的。只是基于不同的背景和基础才产生了不同的审美倾向。在两次世界大战之间，美国工业设计特别热衷于流线型风格，而这场风靡一时的**"流线型运动"**正是从交通运输领域展开的，其目的也是从功能的角度出发的。此时，经工程师的风道测试实验证明泪滴型外观——头部呈圆形、逐渐向尾部收缩，可减少风的阻力，提高

陆路和海路运输的速度，并且节省燃料。蓓蕾内燃机制造公司
1934 年设计的新型伯灵顿西风列车，其内燃机采用子弹头式弧线
型前身，为提高时速缩短了车厢之间的距离（图 2.1.9）。这种流
线型外观逐渐被机动车、船舶和飞机设计所采用，进而波及诸如
钟表、吸尘器、铅笔刀等日常生活用品的设计之中，并被企业家
激发出巨大的商业价值。然而，随着流线型风格在设计类别上的
不断地拓展，其功能主义的初衷也逐渐转化为式样主义的审美需
求，这和美国 1920 年代至 1930 年代的消费主义文化息息相关。

　　然而，对于美国三十年高度商业化的样式主义设计，现代
艺术博物馆持反对意见，并于 1934 年举办了题为"价格低于十
美元的实用产品"的系列巡回展览。之后，在 1940 年举办了
一场名为"家居产品的有机设计"的竞赛。在此次竞赛中，埃
罗·沙里宁（Eero Saarinen，1910—1961）和查尔斯·埃姆斯
（Charles Eames，1907—1978）设计了一把椅子，他们选用泡
沫橡胶填充并浇铸成胶合板，以织物为表面装饰，使得这把椅子
在竞赛中脱颖而出（图 2.1.10）。基于功能需求所导致的审美需
求，在欧洲被赋予更多质朴化的内涵，因为欧洲是第二次世界大
战的主战场，颇受战争摧残。与此同时，欧洲人，特别是英国市
民，在战争中所激发的爱国主义情结使他们有了节俭的传统，而
现代设计的实用主义风格便获得了广阔的市场。高登·拉瑟尔

图 2.1.9　克莱斯勒 Airflow 小轿车，
1934 年
克莱斯勒 Airflow 流线型的车身设计
在 1930 年代是全新的世界潮流，而
背景为 1934 年设计的太平洋联盟流
线型快车。

图 2.1.10　埃罗·沙里宁和查尔斯·埃姆斯，扶手椅，1940 年，纽约
这把椅子采用胶合板模压成型、泡沫填充与织物表面，为现代艺术博物馆"家居产品中的有机设计"展览所设计。

（Gordon Russell，1892—1980）设计的一套功能性的家具，便是在英国贸易部的赞助下展开的。他以经济性为出发点，选用受政府严格控制的原材料，同时也照顾到了生产中技工短缺的现状。这套家具主要是为因战争而流离失所的难民，以及新婚夫妇设计的（图 4.3.7）。

　　总之，出于功能需求的设计，并不一定指向功能主义的设计风格，它所导致的审美需求受到不同文化和环境的影响，因而所呈现的形式也不尽相同。我们在实际的设计行为过程中，也许功能需求是每个设计师的初衷，但设计师所要表达的审美主张，或者说设计品所要满足的审美需求，也许并不全是为功能服务的。由此看来，功能需求大多涉及器具层面的设计，除此之外，人更多是源自心理的需求，那么基于心理需求的设计会生发出哪些设计行为呢？

第二节

心理需求的设计

一旦人类获得了模仿的本能，用湿陶土得意地塑造一只动物就并非是件太复杂的事情，因为原型——活生生的动物——已经存在于自然之中。可是，当人类第一次尝试在平展的表面上描画、雕刻或涂绘同样的动物时，他们自己便是正在参与一种真正的创造活动。如此这般，他们便再也不能复制三维的实体原型了；相反，他们必须自由地发明轮廓线或边缘线条，因为现实中并不存在轮廓线。

——阿洛伊斯·李格尔（Alois Riegl，1858—1905）

设计的冲动并不能仅仅归结于人对功能的需求，相反，设计生活中更多的设计行为源自某种心理需求，尤其是装饰。"装饰的起源"在 21 世纪的今天无疑是个背时的话题，但**"空白恐惧"（horror vacui）**这一概念自 20 世纪以来便成了西方视觉艺术领域的一个时髦术语。最早将这一概念用于讨论装饰艺术的，应该是形式主义理论的先驱人物之一阿洛伊斯·李格尔；李格尔在他那部名著《风格问题：装饰历史的基础》（1893）中，针对装饰艺术的起源首先提出了"空白恐惧"概念。

一、空白恐惧

"空白恐惧"这一概念最早由古希腊哲学家亚里士多德提出；他在《物理学》中的表述是"自然界憎恶真空"（Nature abhors a vacuum）。他使用这个概念时是想说明，空间必须是一个物质的连续体，自然界到处是充实而没有真空的，比如说将一物体取走后其原来的空间就被空气充满；将水泵的活塞提起就会被水充满。更有意思的是他还举了这样一个例子：抛出的石块之所以能继续前进是因为自然为防止石头后面出现真空，空气便流向石块后面；在空气流动过程中，对石块有一个冲力，这个冲力就维持石块的运动。于是自亚里士多德时代一直到 19 世纪的黑格尔都认为："空间总是充实的空间，绝不能和充实于其中的东西分离开。所以，空间是非感性的感性与感性的非感性。"当然，我们不必纠缠于这种黑格尔式的回文句；但我们起码应该知道，"空白恐惧"在很长的时间里一直是物理学的概念；其原义是"真空恐惧"。也是在由黑格尔《艺术哲学》中所开创的世界艺术史的领域里，这个物理学的"真空恐惧"概念就变成了"空白恐惧"。第一位完整表述这一概念的便是阿洛伊斯·李格尔。

就学者们目前所能判断的，用骨头、鹿角和石头制作的雕刻和凹刻物品同时出现在旧石器时代晚期。人们倾向于将再现性圆雕的居先视为技术的反映，因为工具制作本身就是一种雕塑形式，其源头会比旧石器晚期的艺术生产早得多。像威伦多夫（Willendorf）的"维纳斯"这样的圆雕首次出现在公元前30000 年之后奥瑞纳－葛拉夫特（Aurignacian-Gravettian）时期的某个时候，而凹刻线描则稍晚些出现于大体相同的时期。浮雕不再被视为一个中间阶段，而是对在佩里戈尔（Perigordian）晚期或之后梭鲁特（Solutrean）时期里已为圆雕和素描所确立的观念与技术的一种融合。整个旧石器时代的圆雕在年代上早于发展绘画艺术之前；发达、彩色的洞穴绘画更晚些，它们尤其在马格德林（Magdalenian）时期盛行。

线条是人类发明的一种认识世界的抽象工具，人类一旦掌握了这一工具，便将空白恐惧转变成了填空的欲望，也就是填充构图中可用空间的一种倾向或偏好；无论这一空间是装饰性还是非装饰性的，人们急欲借助附加的或者附带的元素来填充可用的空间。就造型艺术而言，空白恐惧也就是装饰的欲望，它最初表现为人类装饰艺术中的几何形母题——同心和连环圆形、回纹、三角形、锯齿纹和方格图案等。空白恐惧这一心理现象成为解释原始艺术的装饰冲动的有力依据。

其实，要理解空白恐惧这一现代心理学的概念，我们可以用汉语中的成语"面壁思过"来作比拟性的解释。据《景德传灯录》等书记载，南朝梁武帝时，天竺国的高僧达摩从海外来到中国。他先来到梁都金陵，和梁武帝萧衍讨论佛教哲理，发现萧衍并不能领会玄机妙理。于是，达摩便渡江北上，来到嵩山少林寺修行。在嵩山，他整整用了九年时间，终日面对着石壁静坐。相传他的身影印入石壁中，如果谁想把它从石壁上擦掉，它反而显得更清晰，人们因此都说他的精诚可以贯穿金石。达摩通常被视为达摩祖师、达摩老祖，被视为中国文化的佛教禅宗的"初祖"。在这个故事里，达摩所面对的石壁就是空白，而面对空白是需要极大的毅力和勇气的，因为无边的空白（边框这一视知觉心理学概念就是这样产生的）能够产生莫名的恐惧，一般的人会采取涂鸦的方式以消除这种恐惧（原始绘画的起源），而达摩却用了九年时间最终竟使自己成为了空白上的母题。

到了 20 世纪上半叶，由于格式塔心理学（gestalt psychology）理论的影响，现代学者已然接受了造型艺术源于空白恐惧的说法，有学者更是将其与传统的游戏说联系起来。

人们经常不无理由地把艺术和游戏联系在一起。尤其在分析艺术活动的早期表现形式和讨论艺术起源的热点问题时，我们的结论与调查儿童游戏时得出的结论非常相似。儿童玩游戏，家养的动物也玩游戏——儿童还没有被迫去为生存而奋斗，家养的动物也不再需要为生存而奋斗。游戏只不过是用愉快的、过剩的、自愿的行为去摹仿并替代严肃的、必需的、迫切而艰难的行为。游戏与艺术活动都起源于闲暇，由于日益增长的精神可动性（mobility）即空白恐惧，单调乏味的状态使得人们需要让不再受约束的各种形态自由移动，需要用一系列的音符填补时间的空白，需要用一系列的形状填补空间的空白。

——马克斯·J. 弗里德伦德尔（Max J. Friedländer，1867—1958）

按照格式塔心理学的说法：空白 = 基底（ground），母题 = 图形（figure）；一般情况下，无论是图形大于基底，还是基底大于图形，它们的关系是清晰可辨和不易颠倒的。但是，当希腊瓶绘画家从早期在红陶基底上用黑色描绘图形的黑像式（black figure），转而在约公元前 530 年用黑色涂绘基底而预留出红色图形的红像式（red figure）时便已表明，智慧的希腊人已经十分明白**图形—基底（figure-ground）**关系的相对性特征。对这种相对性的理解，实际来自纺织技术中阳文图案与阴文图案的相互可替换过程。也是沿着有关图形与基底的相对性这一思路，中国的宋元之际出现了彻底颠覆图形–基底概念的阴阳太极图；太极图使得在一图共存的两个图形互为基底。也恰恰是这种互为基底的装饰纹样概念，引导着 20 世纪画坛中独树一帜的荷兰版画家埃舍尔（M. C. Escher，1898—1972）执着于采用装饰艺术中"二方连续"和"四方连续"的方式，对具象图形做互为基底的艺术实验（图 2.2.1）。至于第二次世界大战后在绘画艺术中出现并影响到几乎所有设计领域的极简主义（Minimalism），其题材就是空白恐惧。所以难怪有人面对极简主义绘画时批评道："一张白纸或一块画布产生的是空白恐惧，而不会产生好的想法。"当然，只要在白纸或画布上面画上一笔，便构成了图形–基底的关系；而构成这种关系之后就需要相应的原则来评判。

二、对称心理

面对空白恐惧最好的消解方式是**涂鸦（graffiti）**，并由此产生出涂鸦的若干原则；不过，这些原则都是原始人类的心理反应。

最初出现的一种心理反应就是对称；对称证明是所有装饰艺术的内在基本原则，它从艺术活动之初就根植于人类心中。对称图形在中国传统工艺中表述为**二方连续**和**四方连续**两大类：二方连续图形是指一个单位图形向上下或左右两个方向反复连续循环

图 2.2.1 埃舍尔，带有骑士的规律性
平面分割（regular division
of the plane）研究，墨汁
和水彩，1946 年

埃舍尔这种规律性平面分割研究类似
于中国的阴阳太极图，旨在探索图
形−基底关系的图案设计规则，这直
接影响了平面设计师对于壁纸设计以
及平面设计的认识。

排列，产生优美的、富有节奏和韵律感的横式或纵式带状图案，
亦称花边纹样（图 2.2.2）。设计时要仔细推敲单位图形中形象的
穿插、大小错落、简繁对比、色彩呼应及连接点处的再加工。二
方连续图形广泛用于建筑、书籍装帧、包装带、服饰边缘、装饰
间隔等。四方连续图形是指一个单位图形向上下左右四个方向反
复连续循环排列所产生的图案。这种图案节奏均匀、韵律统一、
整体感强。设计时要注意单位图形之间连接后不能出现太大的空
隙，以免影响大面积连续延伸的装饰效果（图 2.2.3）。四方连续
图形广泛应用在纺织面料、室内装饰材料、包装纸等上面。

　　不过，西方基于几何学理论对于对称图形的传统讨论要复杂
一些。在装饰艺术中，李格尔将对称界定为一种构图方式，其中
图案的基本构成元素在空间上围绕或横跨轴线重复或移位一次

图 2.2.2　花瓣纹彩陶钵，高 12 厘米，口径 19 厘米，河南博物院藏

该陶瓶为仰韶文化庙底沟类型，属于二方连续纹样。

图 2.2.3　旋纹尖底彩陶瓶，高 26.8 厘米，口径 7.1 厘米，甘肃省博物馆藏

该陶瓶属马家窑文化马家窑类型，陇西县吕家坪出土。施黑彩，颈部绘平行条纹，肩、腹部绘四方连续旋涡纹。

或多次。这类动作会包括围绕一固定点作 120 度或 180 度旋转（旋转、反向对称），几何学上统称**旋转对称（rotational symmetry）**；而横跨轴线的反射（两侧、纵向对称），简单地向前移位（平移），或是更复杂地运用这些基本图式包括多次重复（横向对称，放射状对称），以及不同类型的组合（平移反射，交替反向对称和反射，以及组合平移和纵向反射），这些都可统称**作轴对称（axial symmetry）**；更大的图案会依据全向的不同重复轴（repeating axes）而构成满地一式（All-over）反向对称，或满地一式反射。当然，就装饰艺术而言，这些原则与中国的二方连续和四方连续也大致相同。

对称心理的第一个装饰原则应是**填腋原则（Postulate of Axil Filling）**。腋部（Axil）指的是由向内卷曲的螺旋线，或由相会或分叉的曲线形如花瓣、卷须或螺旋形所形成的锐角或空隙。由于空白恐惧所导致的心理诉求，艺术家就要用合适布局的附加元素即填腋物（Axil Filler），通常是植物或花卉，来填充由螺旋形内转结构或两个接近的拳曲或内卷元素所形成的腋部。达到这一目的的可以是一个简单的几何形式、独立的植物元素或是更复杂的植物程式化形式，如棕叶饰（Palmette）和莲花（Lotus）（图 2.2.4）。要填充由繁复和并置的花瓣所形成的腋部这种倾向

图 2.2.4　弗伦茨·塞尔斯·迈尔（Franz Sales Meyer）的《装饰手册》（A handbook of Ornament）中有关棕叶饰的插图，1898 年

无疑是埃及装饰设计的基本原则。他针对埃及棕叶饰两个涡卷间腋部中的小弧形锥提出，这个填充物本身不是圆花饰的一部分。相反，它只是流行于古埃及艺术中一个原始艺术原则的表现，而且是埃及艺术基本的程式化概念之一，即填腋的原则。埃及人程

式化的感受力要求，只要两条分叉的线形成空角，就须得填上母题。这个原则无疑应追溯到空白恐惧现象，而这一心理现象又植根于作为所有原始艺术内驱力的装饰冲动。在古王国的艺术里极少有这样的例证，因为在早期墓室中保留下来的文物绝大多数是再现性的。用于填腋的母题，其最丰富的来源是新王国时期的天顶装饰。这里，单个的母题仍然保留着原来的象征意义，但出于填满表面的特定目的，它们显然依据装饰的和艺术的考虑来布置。在古老的莲花直叶侧面的基本布置中，同样的倾向仍然清晰明显：萼片的腋填上花瓣，而这些花瓣的腋又被更小的花瓣所填充。按照李格尔的说法，没有螺旋形的装饰，也就没有了装饰性填腋的频繁需要。不过在今天看来，他对这些图案里中心填腋物的纯粹形式主义解释忽略了自然中相似物的证据。

除二方连续和四方连续外，还有**无限连续（Infinite Rapport）**的构图方式；并认为无限连续一开始便以棋盘和菱形图案出现在几何风格里。但是，它们并不比早期带花状（即二方连续）的分区（registers）高级。只有在那些母题发展到超出了几何阶段，无限连续才变成我们的关注对象。就我们所知，它最先出现在埃及新王国的底比斯（Theban）天顶装饰上。这一装饰的基本结构，当然由蜿蜒的螺旋形组成，但中间的填充物通常是动物或植物母题。李格尔指出它流行于埃及、古代近东、罗马、古代晚期和伊斯兰装饰中。其中图案的基本元素（基本部分）以整体放射状对称方式环绕多重、交叉、规律间隔的反射轴（axes of reflection）不断重复。这种构图方式在早期迈锡尼和埃及那里表现为满地一式螺旋形图案，那是一种运用重复的 180 度旋转轴的相关构图类型。而在**阿拉伯式图案（Arabesque）**装潢和总体的伊斯兰表面装饰的结构中，它是一条非常必要和根本的原则（图 2.2.5）。通常，一个简单的元素——即使是混合元素——规定整个装饰概念的基础：或重复或分隔，以便建立相互关联的连续图案。当然，这一原则在几何图案中早已为人所知且得以遵守：网状的方形和菱形就是最早的这类尝试。不过，李格

**图 2.2.5 伊斯兰宫殿中的阿拉伯式
图案，阿尔罕布拉宫的狮
子院（下图为局部），西班
牙格兰纳达，1377 年**

伊斯兰教严禁偶像崇拜，为了填补建
筑的空白，他们发明了阿拉伯图案。
这是一种线性的表面装饰，它以几
何、植物和书法的形式为基础，通常
呈现出流线型和旋涡状的特征。

尔没有提到，这一原则也包括在中国的四方连续图案如中国窗格
的图案设计里；即戴谦和（Daniel Sheets Dye）所谓的重复图
案（Repetitive patterns）。而伊斯兰艺术家的重要成就，是在其
植物卷须装饰中将无限连续这一法则确立为主导原则。

李格尔是第一位对阿拉伯式图案作出具体形式分析的艺术史家。他认为阿拉伯式图案是一种植物卷须（Tendril）装饰，它与古希腊罗马卷须之间有着渊源关系。李格尔指出，古代装潢与阿拉伯式图案装饰作对比，其根本差异就是卷须线的表现方式。在古代装潢中，独立的卷须线清晰地并置并与背景分离开来，而在阿拉伯式图案装饰里，卷须线随意相交且相互反复对角穿插。卷须线条的相互交叉，还形成阿拉伯式图案卷须的另一特点：它们在整体图案里按规定间隔创造出封闭的多边分格（polygonal compartments），这些带有弧线边的分格里含有内花卷须（internal flower tendrils）。阿拉伯式图案卷须程式化的这种反写实、抽象化倾向，一方面促进了几何形交织环形带（interlaced bands）丰富和精巧的发展，另一方面又促进了阿拉伯式图案卷须线条的交替相互穿插。阿拉伯式图案与古代装饰之间的基本区别更多地在于花饰（blossoms）附着于卷须的方式上。

三、图案类型

就中国的装饰母题类型而言，我们可以对其纹样的图案类型作一个溯源式的描述。现代考古学被正式引入到中国是发生在1921年的事件。那年，瑞典地质学家、考古学家安特生（Johan Gunnar Andersson，1874—1960）发掘河南省渑池县仰韶村遗址，并发现了仰韶文化（公元前5000年—前3000年），由此拉开了中国田野考古的序幕。其后又到甘肃、青海进行考古调查，发现遗址近五十处。他对周口店化石地点的调查，促成了后来北京人遗址的发现。根据现行有关中国纹样史的著作，我国纹样的开创时期大致始自距今七八千年的新石器时代。但如果从原始人类萌发装饰意识的时间来考察，确切地说，我们应当将距今约一万一千年的山顶洞人遗留的一些有孔的兽牙、海蚶壳和磨光的石珠作为起点。因为，正是这些他们佩戴的、毫无实用意义的装饰品告诉我们，山顶洞人已经能遵循成行布置饰件的基本艺术原则。而装饰的发展恰恰是从三维圆雕转换到二维平面装饰的过程。然而，当原始人掌握了打磨钻孔技术之后，自然也懂得运用凹刻的线条。一旦人们掌握了线条，线条本身便自然而然地成为了一种艺术形式，且被使用时也不须与自然中的任何特定原型有直接的关联。当然，并非任何不规则的简单涂划都能声称是艺术形式，因为线性形状的制作要遵从对称与节奏（symmetry and rhythm）这些基本的艺术法则。其结果是，直线条变成了三角形、方形、菱形、锯齿形图案等，而曲线条则产生了圆圈、波形线、螺旋线。这些都是我们从平面几何那里知晓的形状；在艺术史的研究中，它们一般被称作几何图案（图 2.2.6）。因此，完全或主要运用这类图案的风格被称为**几何风格（Geometric Style）**，这是图案类型的第一大类。

另一大类的图案，我们称之为**纹章风格（Heraldic Style）**。纹章风格的装饰原则就是两边绝对的对称，即依据相向配对（opposed pairs）作对称组群（symmetrical grouping）的布置。这种设计方式适合处理成对的动物，以及植物甚至人物面部的正面。这一类风格的图案我们可见于仰韶文化的人面鱼纹陶器、陕西神木石峁遗址出土的距今 4000 年左右的石雕人面像，以及良渚文化（约公元前 3300 年—前 2200 年）神人兽面纹玉器上。到了汉字已经相当丰富的商代（公元前 1618 年—前 1110 年），我们在青铜器上所见的饕餮纹（又有称为兽面纹），也是典型的纹章风格（图 3.2.10）。由此，有学者从八个方面将商周青铜器上的饕餮纹，与良渚文化玉器上的兽面纹作比对，并认为二者在形式上有着某种承袭的关系。这种理解在风格学上是言之成理的。因为，纹样传播的载体是器物；器物则是随着人类的迁徙而传播的。其实，在面对仰韶文化时安特生便认为：中国黄河流域史前阶段的彩陶文化因素源于中东和近东地区，经中亚草原传入中国。也是以仰韶村的发掘为标志，有关东西文化交流的争论也随之掀起高潮。不过，中国的考古学家从一开始就对"中国文化西来说"表示怀疑和反对。但无论是"中国文化西来"抑或"中

图 2.2.6　锯齿菱格纹彩陶罐，高34.5 厘米、口径 17 厘米，甘肃省博物馆藏，新石器时代

该陶罐施黑、红彩，口内绘垂弧纹，颈部绘一周锯齿纹，腹部用黑、红复彩绘二方连续的大菱格纹，内填十字纹和圆点纹，是典型的几何式风格的装饰纹样。

国文化西传"都表明，在公元前的两千年发生了首次东西方文化即三维器形和装饰纹样的碰撞和融合。

　　第三类风格是**植物装饰**（vegetal ornament）。李格尔认为：花在艺术上讲是植物中最重要和完美的部分。其次是蕾，它通常是尖状的，因而很适合用作加冠元素（见图 3.3.1 阿蒙神庙的莲蕾柱头）。第三个重要的部分是叶。而在装饰发展的晚期，茎成为植物图像中一个非常重要的元素。因为正是这个部分实际联结起不同的花、蕾和叶。茎能使植物母题连贯地填满表面，无论它们是在一个分区内布置成诸多饰带，还是铺满整个饰面。在古代埃及艺术中，茎很少表现为写实的，它主要是一种线性的几何元素。因此，茎一开始便能采用各种波浪形式和拳曲形式，这些形式为所有曲线形状和纯几何形状提供了基础。他重点讨论的是每种风格里的花、蕾和叶，它们在填充装饰的饰面时是如何联结起来的。从中让我们把握到一条连续不断的历史脉络贯穿始终，从最早的埃及时代直到希腊化时期，彼时希腊人将这种发展推向顶峰，他们既使每一母题各部分的形式美臻于完善，又创造出整合各母题的最具审美愉悦的方式，即运用"美的线条"（line of beauty），或称富有节奏动感的卷须（tendril），这一装饰观念是希腊人独特的成就。而对应于这种发展的，就是从汉代的卷云纹、魏晋时的忍冬纹、唐代的卷草纹（日本称作唐草纹）、明代的缠枝花，直到近代称作香草纹的演变。事实是，中国的这一装饰纹样的源头也是来自希腊。但其传播的途径并非如人们所想象的"先为印度犍陀罗义化所吸收，后随佛教东渐传入我国"。还有许多偶然的器物输入都可能成为纹样传播的渠道，因为在此之前我国已与古罗马发生了直接的联系。

　　按照日本学者中野澈的说法，纹样和器形的变化以每百年为一单位，并同其时代的宗教和生活紧密结合，而又深深扎根于文化之中。支配古代图案最强烈的力量是宗教，从原始到古代，宗教不仅左右工艺，而且影响着人类的全部生活。但是到了秦汉时代，宗教力量似乎受到削弱。从汉代画像上可能清楚地看到在天上连绵的流云画面。乘龙羽人和瑞兽在云间回翔，当时称其为云相。汉代所有的瑞兽图案中，龙虎辟邪之类都有翅膀。乘着云气的神人也从腋下伸展着翅膀。展翅升天，凌空翱翔，这种构想大概是受到西域的影响。作为一种形象，也许是西北的游牧民族带进来的。但云相的图像化则是中国文化的独创，也似乎与龙凤有着密切的关系。

　　西方学者普遍认为，棕叶饰与枣椰树这一自然类似物之间有着基本的联系，然而这种关系常常被程式化的过程所遮蔽。而始于公元前五世纪晚期的古典时期希腊艺术中的**莨苕叶饰（Acanthus）**，其程式化则源于棕叶饰。待到莨苕叶饰由李格尔所谓的卷须——一种程式化的藤蔓装饰相联结（在希腊化晚期和罗马帝国早期得以完善）时，在更大的表面上自由而艺术地使用卷须装饰便有了可能。不久，这种卷须装饰便传入到了中土和阿拉伯世界。卷须装饰在阿拉伯世界叫作"阿拉伯式图案";在彼时的中国分别叫作"梅花纹"
(图 2.2.7)和"缠枝花纹"(图 2.2.8)。虽然它是一种在时间及空间
都已遥远的现象,但却是从同一源流发出的两个支流。

当然,西汉时期(约 206—208)的画像砖和青铜器上的
"缠枝花纹"或"卷草纹",都只是随后而来的大波涛的前奏曲。
待到佛教传播到中国,汉亡而进入魏晋时代。新的宗教传播而
来,就不仅仅是带来了教义和经文,还有佛寺、佛像、佛具及随
之而来的各种技术。传教者和他们带来的生活用具之类,会有数
不清的事物同时传来。可以说与佛教一道,印度及丝绸之路周围
各国的文化也势不可挡地流入中国,西方的"卷须装饰"亦即中
国称作的"卷草纹"也就乘其大潮而来到了中国。忠实模仿西来
图案的时期为 8 世纪初期之前的事,而在唐文化迎来成熟期的 8
世纪中期,卷草纹也开始发生变化。石榴卷草纹的叶成为变化更
多的葡萄。从石榴果裂开的葡萄串下垂,从莲叶出现石榴的葡萄
果实。这种混合而成的卷草纹完全覆盖了 8 世纪的工艺品。并
从其中衍生出了宝相花(图 2.2.9)。宝相花形成于 8 世纪中叶,
持续到唐末。但因其是各种卷草纹交杂中产生的花纹,不能以具
体的印象描写。也没有固定的形式,且常常富于变化。果实为葡
萄、石榴或两者的混合。比如葡萄是有裂纹、无裂纹或羽毛状复
叶。花是以莲花或牡丹作为主体。

到了后来的六朝时期,卷草纹成为工艺、佛教雕刻、装饰建
筑的主要纹样。此时莲花扇状叶石榴纹样已占主导地位。而作为
纯粹的审美对象,中国的工艺图案是在宋代伴随花鸟画的出现才
开始与宗教分离开来。不久,中国画的题材都几乎成为所有器具
的装饰母题。亦即至迟自宋代始,在中国的造型艺术体系里,艺
术与工艺就几乎无法分离了。不过,也是从这一时代开始,中国
绘画艺术中与书法联系紧密的文人画传统开始萌发,但是文人画
的观念迥异于彼时西方的绘画概念,倒是更接近彼时中国人对装
饰的态度。

图 2.2.7　梅花纹，汉代画像砖，河南
　　　　洛阳周公庙出土

图 2.2.8　缠枝花纹，汉代画像砖，四
　　　　川万县出土

图 2.2.9　宝相花铜镜，直径 23.3 厘
　　　　米，唐代
此镜为花瓣形，钮外有宝相花纹饰环
绕。在盛唐时期，铜镜上的植物纹饰
摆脱点缀地位成为主要题材。

第三节

设计附加值

一、设计与经济发展

英国前首相撒切尔夫人在分析英国经济状况和发展战略时指出，英国经济的振兴必须依靠设计。1982 年，首相府直接举办了由企业家、高级管理人员、工业设计人员参加的"产品设计和市场成功"研讨班。撒切尔夫人曾多次邀请全国企业界和工业设计界的代表人物座谈，探讨英国经济复兴和工业设计现代化的战略。她这样断言："设计是英国工业前途的根本。如果忘记优秀设计的重要性，英国工业将永远不具备竞争力，永远占领不了市场。然而，只有在最高管理部门具有了这种信念之后，设计才能起到它的作用。英国政府必须全力支持工业设计。"撒切尔夫人甚至强调："工业设计对于英国来说，在一定程度上甚至比首相的工作更为重要。"英国的经济战略是相当明确的，它的设计业在 20 世纪 80 年代初期和中期迅猛地发展，为英国工业注入了大量活力。英国设计以其高度的逻辑性，对消费者愿望的理解和销售系统之间的结合为英国赢得了市场。也是在这一时期，英国设计界涌现出许多精英，如特伦斯·康兰（Terrance Conran，1931—2020）、迈克尔·彼得斯（Michael Peters，1941— ）、罗德内·费奇（Rodney Fitch，1938—2014），以及五星设计联盟（Pentagram）等。不少优秀的设计家同时又是企业家。康兰1956 年创立康兰设计小组（Conran Design Group），后来又指导零售联号，并成立了"产地"（HABITAT）联号店以推广其设计业务。到 1980 年代，康兰已控制了英国城市主要街区的最佳地段。在英国，设计业赢得了"让总裁听话"的地位；它不仅推动了工业，并且拯救了英国商业，设计使政府和企业尽快地获得赢利（包括巨额的不断增长的设计咨询费）。1980 年代，英国仅在陈列环境设计和零售店方面就获得了大批设计业务，为商家和设计集团自身带来了大量利润。

第二次世界大战以后，日本经济百废待兴，日本政府从 50 年代引入现代工业设计，将设计作为日本的基本国策和国民经济发展战略，从而实现了日本经济 70 年代的腾飞，使日本一跃而成为与美国和欧盟比肩的经济大国。国际经济界的分析认为："日本经济＝设计力"。日本的现代设计不仅继承了本民族的工艺义化，更能够吸收欧美成功的设计经验，顺应现代设计发展的潮流，而且逐渐形成了简约、淳朴而不失民族风格的特征。对于战后的现代设计而言，包豪斯和乌尔姆两所设计学校的影响是毋庸置疑的，而日本设计深受这种设计思潮的影响。Walkman（随身听）是索尼公司在 20 世纪 70 年代末设计的一种极具创新意义的产品（图 2.3.1）。它在设计上，不仅使得音乐突破了时空的限制，让人们可以随时随地享受音乐，而且改变了音乐产业和文化产业。可以说，Walkman 是索尼公司有史以来最成功的品牌，全球总计销售了超过 4 亿部 Walkman 便携音乐播放器，其中 2 亿部是盒式磁带播放器。

设计作为经济的载体，作为观念形态的载体，已成为一个国家、机构或企业发展自己的有力手段。1980 年代以来，设计已为许多国家政府所关注。全球化的市场竞争愈演愈烈，为适应世界经济新的动力带来的国际竞争，许多国家和地区都纷纷加大了对设计的投入，将设计放在国民经济战略的显要位置。亚洲四小龙的经济起飞，正是依靠对设计的巨大投入以及对日本经验的借鉴。1980 年代开始，这些地区和国家都成立了现代工业设计指导委员会或研究中心，全面推行和实施现代工业设计，并且从劳动力密集型转向高科技开发型。香港地区在 1970 年代设立香港综合性工艺学院，投下巨资培养专门的设计人才，并成立香港设计革新公司，为企业界改进设计。台湾当局大力从日本引入现代

图 2.3.1 索尼 Walkman TPS-L2，88 毫米 ×133.5 毫米 ×29 毫米，重约 390 克，1979 年

Walkman TPS-L2 是世界上第一款低成本立体声盒式磁带随身听，于 1979 年 7 月 1 日发布，售价为 150 美元。Walkman 本身是个日文单词"**ウォークマン**"，在此之前，索尼本来计划将其命名为"Soundabout"和"Stowaway"，以便在欧洲和北美销售。但"Walkman"还是获得了大部分用户的喜爱，一直沿用至今。

工业设计，台湾当时的"行政院院长"曾亲自听取日本工业设计专家的演讲。当局还投入 1.2 亿美元作为资助和奖励的专款，鼓励现代工业设计上取得重大业绩的设计师与企业。新加坡政府开办了设计培训中心和设计展览中心，大力资助设计的推广开发。韩国设计的发展也极迅速，为韩国商品在国际市场上赢得了竞争地位。国际经济专家总结亚洲四小龙的成功经验时，将设计归为最重要的决定因素之一。1980 年代以来，上述四地已产生了许多设计巨头。由设计顾问公司发展成大型的国际股份有限公司，截至 1990 年已有四百多家；公司从业人员不仅包括产品设计师、平面设计师、室内设计师等，还包括市场分析专家、产品经理以及公共关系专家。设计在经济运行中起着深刻的整合作用。

1990 年代的市场竞争明显取决于设计竞争，因此无论是国家还是企业纷纷都把设计作为跨世纪的经济发展战略。世界上规模最大、效益最佳的国际集团公司都提出"设计治厂"的口号，将设计视为提高经济效益和企业形象的根本战略和有效途径。计算机的广泛运用又极大地方便了设计比重的提高。1990 年代以来的市场竞争主要是文化的竞争，而文化竞争又取决于设计的竞争。当代企业是现代社会商品生产和经营的经济实体。以生产及营销适合于社会需要的高效益优质名牌为中心，逐步形成和不断完善员工素质开发、经营战略开发、企业形象开发、售后服务开发、潜在市场开发领先的集约经营的组织体制、运行机制和发展格局。而设计不仅物化了一个企业文化的基本精神，而且具体地规范了企业文化的运行模式，将企业职工与市场和社会内在地、有机地结合起来。

一个公司只有设计取得领先才能够赢得市场。市场研究的目的就是把握设计与消费的结合点。企业只有在了解消费者和市场动向的前提下，才能正确制定广告政策、销售政策，决定市场需求。正如撒切尔夫人所说的："优秀的设计是企业成功的标志……它就是保障，它就是价值。"日本企业更直接地提出"设计治厂"的新企业发展战略，日本政府也制定了"设计立国"的新经济发展战略，以及"创造市场，引导消费"，"更新及销售生活模式"等发展目标。欧美的跨国公司也从设计入手调整其产品结构、营销方式以及组织机构。据美国 1990 年的统计，如果在工业设计上投入 1 美元，则其产出就会增加 2500 美元，可见设计的经济回报率之高。又据日本的日立公司统计，他们每年工业设计创造的产值占全公司总产值的 51%，而技术改造所新增加的产值只占总产值的 12%。

美国国际商用机器公司（IBM）的产品售出价历来高出同类产品市场价格的 25%，却保持了极大的市场份额及客户忠诚度，其原因在于公司向用户提供了以设计更新和开发为中心的高文化服务。IBM 公司不仅通过 IBM 产品使用方式的设计更新和开发带动了使用性能的设计更新，而且以此带动了整个公司的生产、销售和服务。80 年代初，由于计算机庞大的体积，几乎所有的计算机都属于实验室，所以，很多公司开始致力于将计算机体积缩小，IBM 便是其中一家。但是，竞争者苹果公司率先设计出第一家庭计算机 Apple II，IBM 面临着巨大的市场压力。为了在最短的时间研发出可与 Apple II 抗衡的个人计算机，IBM 成立了"西洋棋项目"（Project Chess）积极研发个人计算机，也就有了著名的 IBM PC（图 2.3.2）。由于公司在设计服务上的极大投入，IBM 获得了不断超越同行竞争者的技术优势和经济效益；由于设计直接促进了当前及计划中各种计算机的销售，反而减少了不断更新和开发计算机设备和技术的研究经费。就这样，IBM 通过高品位的设计服务开发带动高科技的潜在市场开发，创造出可观的和超额的综合经济效益。

二、作为产品附加值的设计

设计是创造商品高附加价值的方法。从消费层次来看，人的消费需求大体分为三类层次，第一层次主要解决衣食等基本问题，满足人的生存需求；第二层次是追求共性，即流行、模仿，满足安全和社会需要。这两个层次的消费主要是大批量生产的生活必需品和实用商品，以"物"的满足和低附加值商品为主。第三层次是追求个性，要求小批量多品种，以满足不同消费者的需

图 2.3.2　搭载微软 MS-DOS 的第一部 IBM 个人计算机 IBM 5150 PC，1981 年

求。前两个层次解决的是人有我有的问题，而第三个层次则满足人无我有、人有我优的愿望；这种"知"的满足，必然要求高附加价值的商品。80 年代以来，许多国家都跨入了设计时代；设计时代的到来，意味着世界经济正由"物的经济"向"知的经济"发展。从某种意义上来说，设计时代意味着附加值的时代。

商品的附加价值，是指企业得到劳动者协作而创造出来的新价值。它由销售金额中扣除了原料费、劳动力费、设备折旧费等后的剩余费用及人工费、利息、税金和利润等组成。附加价值问题我们在生活中时常遇到。同一商品，名牌的价格与非名牌相去甚远。一些国产商品到了国外贴上名牌商标或换上包装便身价倍增的现象，都是附加价值的作用。消费者不仅仅依靠显而易见的商品功能选择商品，还要根据其视觉上的新颖度和社会阶层的标记属性来作出购买决定，而设计师正是将这些"附加价值"注入到商品中去。事实上，商品的价值有多种。例如一款重新设计的香水限量上市时，它除了使用价值以外，还具有"稀有价值"，此外还有"观念价值""设计价值""信息价值"等。因此，高附加价值不仅仅是从功能方面考虑，还必须将功能（Function）、材料（Material）与感性（Sensitivity）三者统一考虑才行。一般来说，F.M.S. 值越高则附加价值越高。

那么，企业如何提高商品的附加价值呢？首先，在商品需求量可观的情况下，严格控制供应数量，这是小批量设计创造高附加价值的方法，更是饥渴营销常用的策略。Nike Air Yeezy 系列运动鞋的稀有度和高价格无疑是因设计而创造的高附加价值的极端案例了。2009 年，美国运动用品公司耐克开始与美国著名说唱歌手肯伊·威斯特（Kanye West）合作，Nike Air Yeezy 项目正式启动（图 2.3.3）。在耐克和威斯特众多粉丝、消费者的热拥下，Nike Air Yeezy II 于 2012 年 6 月 9 日以每种颜色限量 5000 双的形式发布。虽然售价仅为 245 美元，但因其庞大的消费群体，而被热炒至超过 4000 美元的高价，可谓"一鞋难求"。其次，企业通过优良的 CI 设计也可以创造高附加价值。一旦 CI 形象成功树立，名牌、名人、名品、名地便保证了高附加价值的实现。著名企业还常常利用其名牌商品，再设计、开发配套的系列产品。这样，新产品容易一举成功，同时也具有高附加价值。再次，设计作为创造附加价值的手段，还能提高信息的价值，将最新信息寓于设计符号之中。设计往往结合了最新的科技成果，运用新材料、新技术、新工艺来开发新产品。它还可以将传统与现代相结合，把握市场的文化脉搏与经济信息，针对不同消费层的消费心理和经济状况，开发出适应不同消费者的商品。这都是设计创造高附加价值的表现。此外，设计的艺术内涵是创造高附加值永远的保证。1970 年成立于日本东京的时尚品牌三宅一生（ISSEY MIYAKE INC.）的成功，正是基于其坚持设计艺术美的理念。三宅一生（1938—2022）崇尚自然而简约的设计理念，将日本民族服饰的传统工艺融入时装设计，他对服装面料近乎苛

图 2.3.3　Nike Air Yeezy I "格莱美原型鞋"，2008 年

在 2008 年的格莱美颁奖典礼上，肯伊·威斯特着一双全黑的 Nike Air Yeezy 原型鞋登场表演，而这双稀有度极高的运动鞋在拍卖会上以 180 万美元成交，成为史上最贵的球鞋。

刻的创新要求，使他得到"面料魔术师"的美誉（图 2.3.4）。安藤忠雄（1941—）评价"三宅对于探索每片布料的可能性有着毫不倦怠的不懈热情与坚持。"艺术的想象和直觉最后落在商品的附加价值上，优秀的设计提高商品的附加价值；反之，拙劣的设计则有损于附加价值。当今高度发达的信息交换使得很多高科技成果很快成为全人类共有，因此创造高附加价值的商品竞争主要依靠设计竞争。设计在附加价值问题上突出地表现出其价值手段的功能。

　　设计的价值意义还表现在设计的价值工程上。价值工程寻求的是功能与成本之间最佳的对应配比，以尽可能小的代价取得尽可能大的经济效益与社会效益。提高设计对象的价值，正是价值工程的根本任务和目的，可以说价值工程是一种设计方法。设计的价值工程寻找出最佳资源配置，如俗话所说的"好钢用在刀刃上"。例如高级宾馆的设计，它的大堂、国际会议厅、总经理办公室等，一定是用最上等的建筑材料和装饰材料；而一般职员的工作室、内部图书室等，建筑师则会考虑相应次级的选料。产品的设计中，生产它的工艺、工程、服务也追求一种综合配置，它

图 2.3.4   三宅一生，紧身胸衣，1980 年

20 世纪 80 年代的时装设计师大多采用柔软的布料进行设计，而三宅一生却选择坚硬的工业材料，这源于设计师对战后广岛现状，尤其是对女性受核辐射影响下的一种反思。

的各个组成部分也是力求最佳配比。如果一台电视机的显像管寿命是 15 年，那么它的其他元件的寿命也应与之相对应，以免造成资源的浪费。日本的产品设计在"废弃律"方面是最典型的代表。这便是通过以设计对象的最低寿命周期成本实现使用者所需功能，以获得最佳的综合效益。设计师必须具有对于经济性的敏感。在任何设计中，设计师都应树立提高功能成本比的思想。凡为获取功能而发生费用的事物，均可作为价值分析的对象。设计的价值分析保证了以最小的投入获得最大的效果。设计作为一种措施还可以解决成本上的难题，从而受到企业和消费者的欢迎。

三、作为经济体管理手段的设计

设计作为管理手段，最典型的莫过于**企业识别系统（Corpo-rate Identity**, 简称 CI）及其设计和塑造企业文化的作用。企业识别是指一个企业、公司或工厂在公众（诸如客户、投资人和员工等）心目中的整体形象。维护和构建这一识别，以使其符合并有助于实现企业愿景是公司公关部门的首要任务。其可见的呈现方式主要依靠品牌推广和使用商标。企业识别系统由**企业设计（Corporate design,** 商标、制服、企业标准色等）、**企业传播（Corporate communication,** 广告、公共关系、资讯等）和**企业行为（Corporate behaviour,** 内在价值、规范等）三部分组成。

我们知道，设计不仅参与经济运作，甚至影响我们的思维。回顾一下历史就会发现，不仅是当代的公司、机构，过去的帝国、军队、宗教组织等，都是以设计为手段向机构内部人员及外界公众传达某些固定信息。古代罗马人每当征服一个国家或民族并将其纳入罗马帝国的管辖时，总是要在当地建造一些非本地风格的罗马式建筑物，其意义在于使臣服民族随时可以意识到罗马的法律和政府高于一切；同时又向远离国都的罗马征服者传达这样的信息：别忘了他们属于罗马，防止他们与本地居民融合，甚至被同化。

当今许多公司跨越的空间很大，甚至覆盖不同的国家和语言区域，它们在统一管理上总是存在一定的困难；这时，设计可以成为解决问题的某种措施。当代遍布全球的跨国公司无不运用了这一手段。这些公司在许多国家实施的设计政策，与当年天主教西多会（Cistercian）教士利用早期哥特式教堂统一基督教世界的思路是异曲同工的。企业识别系统对内部员工强化公司意识和公司个性，对公众则达到了广告效应。设计应用于现代机构管理的一些具体方法，在有丰富设计顾问经验的沃利·奥林斯（Wally Olins, 1930—2014）所著的《企业个性》（*The Corporate Personality*, 1978）一书中有详细载述。

如果没有设计的帮助，公司的性质、机制和发展格局在人们的头脑中可能是不定型的，而通过企业识别系统，公司的个性无论是对公司员工还是对公众都明确化了。CI 设计不仅应用于跨国界的公司管理，对于那些兼并和融资的大公司也不失为一种有效的管理方法。举一个设计界经常援引的例子：伦敦交通公司（London Transport）的发展便极大地依赖了设计的帮助。伦敦交通公司成立于 1933 年，是一个由 165 家曾经完全独立的交通运输公司合并而成，其中 73 家已经由它的控股公司伦敦电动地铁公司（UERL）兼并，而剩下的 92 家要真正地融入新成立的公司，管理上存在极大的困难。当初 UERL 也曾为此大伤脑筋，最后依靠了爱德华·约翰逊（Edward Johnson）等设计师一系列的成功设计而将不同的公司统一到了旗下。新成立的伦敦交通公司副董事长兼总裁弗兰克·皮克（Frank Pick，1878—1941）对设计策略在商业及管理的意义有非常深刻的了解。新公司为了防止过去那些独立公司的职员之间发生争端，必须树立起新的团体意识。合并前每个公司都有各自的公司意识，有自己的员工制服、标识、规则及工资制度等，新公司于是以更强有力的识别系统取而代之，使每一个伦敦交通公司的员工都以自己和公司的关系为荣，而服从新的管理体系。新公司的一切都通过识别系统向员工和公众说明"这是伦敦交通运输公司的一部分"。如优雅的四季制服，地铁入口、公共汽车站、站牌、火车车厢等，无不成功地突出了整体系统而非单个部分的存在（图 2.3.5）。皮克的设计政策不仅使公司顺利地达到了合并统一，有效地管理了众多不同背景的员工，而且成功地吸引了广大公众，使伦敦人乐于旅行、乘车的人次量远远高于过去 165 家公司的总和。伦敦运输公司的经验后来被许多集团公司参照、借鉴，为设计的经济管理角色写下了意味深长的一页。

图 2.3.5　伦敦交通公司公共汽车检
　　　　票员的冬季制服，1933 年
各个独立的公司于 1933 年与伦敦交
通公司合并时，新的制服设计有助于
使这种合并变得顺理成章。

四、生产和消费中的设计

1. 设计与生产

　　生产是经济领域中最基本的活动。生产者、生产工具、劳动对象和生产成果都是生产要素。设计与生产的关系是设计与经济关系的具体化，是其关系最生动的体现之一。

　　设计是生产的组成部分。工厂要开发新产品，第一步就是设计新产品，经过调查测试、艺术想象、局部技术更新、经济核算、生产试验、市场试销等，然后才进入批量生产。工厂要改良旧产品，首先需要设计。工具、设备、机械生产的第一步也是设计。此外，生产厂房的建设第一步仍是设计。做好这第一步，便为后面打下了基础，否则会影响后面的生产，如果中途再纠正、弥补，那就很被动，损失也就太大了。所以，设计师是生产者，设计活动是生产活动，而且是对整个生产举足轻重的生产活动。

设计为生产服务。设计首先为工厂建设服务；其次为产品的改良和创新服务；第三为提高生产效率与效益服务。具体来说包括：充分发挥生产人员、技术、设备、管理的优势，避免或弥补这些方面的不足；合理地使用质优价廉、能优化产品质量的原材料；在明确目标市场、战胜竞争对手、控制生产成本与提高产品附加值的基础上，改进与完善产品设计，为企业的生存与发展服务。在汽车发明以前，交通运输的低效率问题一直是工业化进程的一大阻碍，而真正给世界装上轮子的人是亨利·福特（Henry Ford，1863—1947）。1913 年，作为福特汽车公司创始人的他，受到芝加哥屠宰场的启发，开发了世界上第一条**生产流水线**（图 2.3.6）。这种生产方式的创新设计，使福特 T 型车的装配速度大为提高，缩减近八倍的时间（此前每台车需要 12.5 小时装配，如今仅需 93 分钟），且减少了人力资源的需求量，T 型车的售价也随之下降。到 1914 年，福特公司所生产的汽车比其他汽车公司生产汽车的总和都多，一跃成为汽车制造业的领头羊。福特产品的成功，归因于劳动力管理的科学方法及有效地控制成本，而后者主要是通过机械化、标准化的零部件生产实现的。这意味着福特公司将组装速度的提高，与零部件的精确性和统一化紧密地结合在一起。

设计师要向生产人员学习。由于精力所限，很少有设计专家同时又是生产专家。但可以肯定地说：不精通比较先进的工厂，设计不出更先进的工厂；不精通先进的生产，设计不出先进的产品。如果不顾一切硬着头皮设计，也只具有设计探讨的意义，而不具有生产实施的价值。对于为生产设计的设计师而言，从学生时代就要开始接触各种工艺，因为艺术本身并不能教授，但工艺可以。包豪斯的教学大纲便明确要求：所有的学生都要在作坊、实验室和实践场所接受彻底的工艺训练，包括木工工艺、金属工艺、制陶工艺、印刷工艺，以及材料学、价值工程学、生产管理、簿记、合同谈判等课程。由于生产的门类纷纭复杂，生产的

图 2.3.6 福特 T 型车的流水线，1913 年

福特公司所设计的流水线都是经过不断实验而完成的，此图为福特公司实验将 T 型车的车身装配在底盘上。

技术日新月异，生产管理也面临层出不穷的难题，因此设计师终身都有需要学习的新课题。于是向企业家、工程师、经济师和一般工人学习，就成为设计师的日常工作需要。

生产部门必须认识设计。生产系统的所有人员从企业家、工程师到一般工人，为了企业的强盛都应进行正确认识设计的教育，形成企业共识。在充分肯定设计是重要的生产力的基础上，调整好设计与生产的关系，发挥设计在生产中的先锋作用。以松下幸之助为代表的日本企业家在 20 世纪 50 年代就指出："今后是设计的时代"。松下幸之助的认识对日本经济的兴旺发达是有重大贡献的。

生产部门只有正确认识设计，才会充分支持设计。在设计的启动阶段，要把新的科学技术成果变成可以生产的产品，或者把优秀设计成果变成产品的竞争力或附加值，这就需要人力、物力与时间的投入。这是创造的投入，也是风险投资。充分的支持可望得到丰硕的成果。在设计审定阶段，需要企业家、设计师、工程师以及经济师、营销专家、生产主管、社会行政主管等共同参与及协作，从各个方面考量以对设计方案作出客观和科学的评价。在设计的实施阶段，即大批量的生产阶段，更需要所有部门的通力协作。总之，设计必须通过生产才能得到实现。

2. 设计与消费

消费是经济领域的又一基本活动，它指使用物质资料以满足人们物质和文化生活需要的过程，也包括使用物质资料满足生产、工作、国防等需要。消费是人们生存与发展不可缺少的条件，是社会再生产的一个环节。设计与消费的关系也是设计与经济关系的具体化，也能够最生动地体现出二者之间的关系。

首先，消费是设计的消费。设计是物的创造，消费者直接消费的是物质化了的设计，实际上就是设计人员的劳动成果，而不仅仅是某一个设计人员的劳动成果。仅以日用品为例，它们除了经过产品设计和工业生产，还要经过传达设计而后到达购买者——即消费终端。也就是说，消费者除了消费其产品设计外，同时还消费了它的包装设计、展示设计、广告设计等；而这些设计的成本最后都会包含在商品的价格之中。每一个消费者都同时消费着多种形式的设计。全中国有十几亿消费者，全世界有60多亿消费者，他们的衣、食、住、行，工作、娱乐，无不与设计息息相关。这么多的消费者每天消费的物质资料，都是由难以数计的设计提供的。设计形成了包围着我们的物质和文化环境。

第二，设计为消费服务。消费是一切设计的动力与归宿。设计为消费服务，除了设计生产的目的是消费之外，设计还可以帮助商品实现消费、促进商品流通。商品进入消费圈需要传达设计，通过一定的视觉化手段，达到更清晰、更有效地展示产品的目的，同时刺激销售。商品的保护、储运、宣传、销售需要大量的设计投入。当设计作为商业行为来服务于消费者时，首先要确定产品所服务的消费群体，而这个群体是以阶层的形式出现的。肥皂作为一种商品，直到19世纪80年代末以来，其设计并未针对某些特定阶层的消费者，往往以长条状供应给杂货铺，就像奶酪一样，被切成小块，按重量卖给顾客。然而，利华（W. H.
Lever）的"日光"牌肥皂改变了这一现状，它开始迎合工人阶
级的喜好。利华将一款肥皂用高含量的棕榈油代替牛脂，更易产
生泡沫，并宣传"这款肥皂会自我洗涤"。他期望这款肥皂会成
为工人阶级家庭的必备品。为了区别于市面上的肥皂，增加品
牌的辨识度，他将每块肥皂的重量确定为一磅，均以仿羊皮纸
包装，印上其品牌字样"日光"。在广告上，利华也煞费苦心地
对准工人阶级市场，其巧妙的广告语在火车站、路边广告牌和
报纸上随处可见，但始终都是针对工人阶级顾客而设计的（图
2.3.7）。

在当代信息社会，消费圈的设计投入总量远远大于对生产的
设计投入。设计是以消费为导向的。第二次世界大战后设计的多
元化趋势，生产的小批量多样化，都是为了适应消费的要求。设
计为消费服务，意味着设计要研究消费，研究消费者，了解消费
心理、方式和消费需求，研究开发合适的新产品，改进包装等。无
论是产品设计还是传达设计，都是围绕消费而进行的。20 世纪 90
年代，法国的房地产开发有一种潮流，由购买者先行设计出或指出
他所需要的房屋样式，再由设计师和开发商建造房屋，依照购买者
的购买力选用建筑材料。社会经济愈是发展，设计的消费者导向也
就愈明显。

第三，设计创造消费。设计可以拓展人类的欲望，从而创造
出远远超过实际物质需要的消费欲。一部家用汽车使用功能完好
如初，但车的主人可能因渴望得到另一种新的车型而放弃对它的
使用。T 型福特汽车在 1923 年出产 167 万辆，而 1927 年骤减
到 27 万辆，原因在于：此时美国 89% 的家庭都已拥有了汽车；
人们在作一般性考虑的同时，还具有想与他人不同的欲望。福特
的对手通用汽车公司，便是紧紧扣住风格化设计作为销售手段，
制订了一年一度的换型计划，在车身的多样化上下功夫，设计出
适应不同经济收入和不同身份的车型。由于经常性地改变车的外
部风格以强调美学外观，大大地刺激了消费者的购买欲望。出于

图 2.3.7 "日光"牌肥皂广告设计，1887 年

当利华的产品有了品牌形象之后，才可能进行广告宣传。这类广告都是针对工人阶级顾客设计的。广告语："这就是我们洗衣服的方式。"

对新奇的追求，消费者很快想换新车，而从意识上就把旧车"废弃"了。"流行"概念扩大了人的消费欲（图 2.3.8）。所谓由流行到过时便是商品走向精神上的废物化的过程。也就是说，伴随新设计的不断产生，人们会有意地淘汰旧有的商品，即使它们在物理上还是有效的。这从客观上便扩大了消费需要总量。此外，

图 2.3.8　凯迪拉克 6 2 系轿车，
　　　　1959 年

哈利·厄尔（Harley Earl, 1893—1969）
为凯迪拉克车型装上高高扬起的尾
鳍，成为五六十年代汽车式样设计的
标志，也空前地提高了通用汽车公司
的市场份额和影响力。

消费的多层次要求会导致对同一类商品有不同附加值的诉求，设
计的高附加值便是适应满足各种消费层次的心理需要，包括变化
需求的必然结果。汽车设计在 100 年的时间里，使全世界的汽
车拥有量超过 5 亿辆；这在相当程度上是设计创造了大量的消
费需要。

　　设计是最有效的推动消费的方法，它触发了消费的动机。我
们对超市都有一个共同经验，本来进超市只准备买几件物品，结
果却推着满满一车东西走出来，远远超过购物单上所列出的。超
市里琳琅满目的商品从包装、货柜陈列到营销方式，都是为扩大
销售而设计的。进入超市的人往往有种身不由己的感觉，不断地
"发现"自己的需要，不知不觉中消费起预算以外的商品。设计
能够唤起隐性的消费欲，使之成为显性。或者说，设计发掘了消
费需要，并制造出消费需要。当代广告语言学认为，我们身上根
本就不存在一种所谓"自然的"和"生理的"需要，任何需要都

是外在事物创造出来的，因而它是社会性的。实际上，人类物质消费本质上是一种精神消费和文化消费。正如阿尔都塞（Louis Althusser, 1918—1990）在他的名著《意识形态与意识形态国家机器》中援引马克思的说法：英国工人阶级需要啤酒，法国工人阶级需要葡萄酒；人类需要本身就是某种文化的体现。因此，并不是设计要靠消费的需要决定和解释，而是人类各个时期不同的需要须由外在的事物来作说明。广告设计就是这些外在的事物之一。朱迪丝·威廉逊（Judith Williamson）在她的广告研究经典著作《广告解码》（Decoding Advertisement, 1978）中指出，广告在人们生活中起着能动的构造作用。广告不仅刺激和创造了人的消费需要，而且广告和消费在某种意义上确定了人的身份，确定了人本身。人赖以确定自我的方式就是在与外在事物的求同，因此实际上这些外在事物规定了我们的性质。西方社会中一个常见的现象就是人是以其消费对象来划分等级的，而人又是被广告创造出消费欲望的。对社会的深层心理分析使我们默察到，设计创造消费的能力不仅源于企业对经济效益的追求，而且深深地根植于社会心理同构之中。

课后回顾

一、名词解释

1. 雷蒙·罗维
2. 索涅特椅
3. 赛璐珞动画
4. 塑料的时代
5. 流线型运动
6. 空白恐惧
7. 填腋原则
8. 宝相花
9. 商品的附加价值
10. 企业识别系统

二、思考题

1. 设计师应该如何应对人类不断发展变化着的现时需求？
2. 就风格而言，图案类型一般分为几种？各自有怎样的特征？
3. 设计是企业管理不可或缺的要素，请简述设计对企业管理的重要意义。
4. 企业如何提高商品的附加价值呢？
5. 请简述设计与生产之间的关系。
6. 请简述设计与消费之间的关系。

第三章

设计溯源

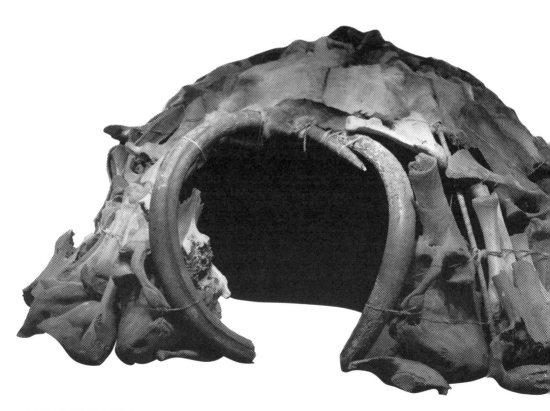

猛犸象骨搭建的房屋复原模型。

人类，只有人类，能创造自己想要的环境，即今日所谓的文化。其原因在于，对于同此时此地的现实相分离的事物和概念，只有人类能予以想象或表示。只有人类会笑；只有人类知道自己会死去。也只有人类极想认识宇宙及其起源，极想了解自己在宇宙中的位置和将来的处境。

——L.S. 斯塔夫里阿诺斯（Leften Stavros Stavrianos，1913—2004），《全球通史》（第 7 版修订版）

大约从公元前 12000 年的旧石器时代末期始，人类的外貌特征和智力水平与现代人已经相差无几。我们这个物种——智人，有与现代人几乎相当的大脑容量，这对于所有类人物种的生存都至关重要。石器时代，直立人及相关的类人物种的双手都获得了解放。解放了的双手、可以竖起的拇指和容量较大的大脑使得不同的人类物种可以制造更为复杂的工具和武器，这些弥补了人在体力和速度方面相对于与之竞争的大型食肉动物的明显差距。

人类设计行为的发生是伴随着"能够制造工具的人"的出现而开始的；而设计行为的持续发展又与未曾中断过的人类文明历史一样悠久。按照当代许多研究者的说法：我们有理由认为，设计这一人类生物性与社会性的生存方式，开始于对石器有意识、有目的的加工制作。

人类农业和文明的起源发生在新石器时代。在那一个时期，分布于全球大部分地区的一些人类社会跨越了人类历史上一大分水岭，他们掌握了定居农业，学会了饲养牛、羊、马等动物，这二者对于人类的发展极为关键。这些革新促成了剩余食物的出现和人口的增长，从而为真正意义上的城镇的勃兴和人类社会职业分工的扩大提供可能。

第一节

史前设计：距今约 250 万年前—约公元前 3500 年

　　对于史前的"设计"而言，我们可以追溯至新石器时代，"设计"的特征集中在如何使用和制造工具上。旧石器时代的人学会了说话、制作工具和使用"火"。而新石器时代人的进步体现在：一、不再用打制法，而用磨制法制作石头工具；二、更多地依靠农耕和畜牧来获取食物，不再仅靠采集与狩猎。早期的设计行为正是在这样的基础上出现的。

一、石器

　　现代考古学上，一般把人类使用石器的史前时代称为石器时代，后者又按石器制作工艺的完善程度分为**旧石器时代（Paleeolithic Period**，距今约 250 万年前至 1.2 万年前）和**新石器时代（Neolithic Period**，约始于距今 1.2 万年前，结束于距今 7400 多年至 2000 多年不等）。旧石器时代的人类利用压制法从石核上打制出所谓的"石刀"，并以此制作出各种工具，以及制作工具的工具。新石器时代的人类已经掌握了磨制技术，从而可以设计更为复杂的器物，人类开始定居，并享用坚固的房屋、舒适的用具和精美的装饰品。值得一提的是，此时的人类已经可以通过钻孔技术制作出各种乐器（图 3.1.1）。

　　西方史前时期的设计，也经历了从旧石器时代到新石器时代漫长的发展过程。目前所知人类最早的石器是 1977 年在非洲埃塞俄比亚的哈达尔（Hadar）地区发现的，年代距

图 3.1.1　贾湖骨笛，新石器时代，贾湖遗址出土

贾湖骨笛以丹顶鹤的尺骨锯去两端关节孔钻成，长 22.7 厘米。笛身有 7 个规则排列的小孔，据此推断制笛人运用打小孔的方法调整个别音孔的音差，反映出贾湖人有朴素的音阶与音距的意识。实验证明，贾湖骨笛不仅能够演奏传统的五声或七声调的乐曲，而且能够演奏富含变化音的少数民族或外国乐曲。

今约 270 万—250 万年。在旧石器时代晚期出现的多种文化中，石器主要用石叶制作，有端刮器、雕刻器和钝背刀等；骨角器较为发达，出现了鱼叉、骨针、标枪、投矛器等新工具。雕刻器的发明使许多设计品在这一时期得以产生。在中国，最早的石器可以追溯到 170 万年前的云南元谋人。旧石器时代晚期，北京周口店的山顶洞人，已经能够使用磨光和钻孔的技术对石、骨和兽牙进行加工。狩猎工具与武器的设计中，石块和木矛一直是最主要的器具。从山西沁水等地旧石器文化遗址出土的石镞表明：大约在 3 万年前，中国的先民已经设计发明了弓箭。打制的石器毕竟过于粗糙，不便于使用。经过长期探索，大约在 1 万多年前，人们开始进一步把石块磨制打造成石斧、石刀、锛、石铲和石凿等工具。磨制技术使器形更加规整，尖端与刃口更加锋利，更加符合使用的要求。磨制石器极大地促进生产力的提高。史学家称之为"新石器革命"，人类的祖先也从此踏入了新石器时代。到新石器时代晚期，人们又设计了木耒、石耜、骨耜和石犁等农具。发展到"耕锄农业"的阶段，农业生产得到很大提高。值得一提的是，在"刀耕火种"时代，人们设计出石刀、石斧、石锄之类的农具，他们待作物成熟后用石镰或蚌镰割下谷穗，再用石磨盘、磨棒或石碾加工。

　　石器设计的道路非常漫长。人们的设计创造力在无数次的实

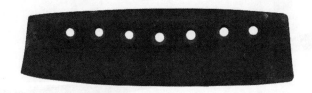

图 3.1.2   新石器时代的"七孔石刀"，
         南京出土

践中得到了提高，从而能够不断设计创造出各种合乎实用功能的
石器工具。经过不断地观察、揣摩和实践，人们对形式感的把握
和造型的能力逐渐提高，人们的审美意识也得到了初步的启蒙和
发展，发现并掌握了诸如对称、节律、均匀、光滑等多种形式美
的规律，且自觉地应用于设计活动中。例如湖北江陵出土的新石
器时期的石铲，半圆弧形的铲口与圆肩微弧的铲底呼应，并与铲
两边的直线和铲中的圆形钻孔形成对比，整体造型均匀而和谐，
显得格外优美。又如南京出土的"七孔石刀"（图 3.1.2），设计
制作也非常简洁悦目。新石器的设计，在追求实用功能的同时，
兼具有明显的形式美意义。从纯功能性设计到对美的设计的自觉
追求，我们的祖先将设计文明向前推进了一大步。

二、玉器

中国的玉器产生并发展于新石器时代晚期，就材料而言，玉
并不具备实用价值，但中国人很早便认识到玉有着独特的审美价
值与象征意义，这种理解一直影响着中国艺术发展。另外，藏于
美国弗瑞尔·赛克勒美术馆（Freer Sackler）的《仓颉玉碑》上
出现了已知最早的玉石文字，其与之后的甲骨文之间有着怎样的
渊源，我们不得而知。在已知年代最早的河姆渡遗址第四层和半
坡遗址中（约 7000 年前），人们发现的玉器都是管、珠、耳坠
等首饰。而红山文化（约 5000 年前）出土的玉器，其中主要是

图 3.1.3 兽面纹玉琮，新石器时代晚期，良渚文化，浙江余姚反山出土

成批的动物造型饰件，如玉龟、玉鸮、玉蝉、玉猪、玉龙等。这些饰件的器身大小仅 3～4 厘米，却都钻琢有小圆孔用于穿线以备佩挂，因此它们可以被称为饰玉。

到了距今约 3000 年的时候，长江下游（今江苏、浙江）的先民们发展出以精湛的制玉工艺为主的良渚文化。自 20 世纪 70 年代以来，由于考古学者们卓有成效的工作，从而确立了新石器时代环太湖地区马家浜–崧泽–良渚文化在整个中国文明起源中的重要位置。良渚文化在玉器设计上的主要贡献是将源于陶器的三大纹样母题：圆和弧边三角图案、鸟形象及螺旋纹，运用并组构成玉器上的"神人兽面像"。而玉琮上的"神人兽面像"，不仅是良渚文化中玉器的主题纹样，还是良渚文化鼎盛时期观念形态的集大成者（图 3.1.3）。它反映出并构建了良渚文化的精神领域，那就是礼玉的体系：圭、璧、琮、璜、璋等；它与此前出现的饰玉体系一道构成中华民族特有的玉器设计文化。而玉器上从文字到纹饰的演进似乎也与后来青铜器的诸多纹样有着某种联系。

三、陶器

陶器的广泛使用是新石器时代的重要标志。人类很早就认识到黏土柔软并可制成多种形状，但在新石器时代以前，制陶工艺发展相当缓慢，陶器的兴盛时期只有在人类定居生活开始后才可能发生。陶器最初的发明者很可能是妇女，也许是在编篮的实践中，女人们无意中发现在编制的或木制的容器上涂上黏土能使之耐火，制陶术由此激发而生。

制陶术的发展与轮子的发明有着密切联系。早期的轮子用一大块圆木与轴牢牢地钉在一起（图 3.1.4）。大约在公元前 4000年，人们将轴装到手推车上，原始的手推车诞生。轮子的出现提高了人类的生产力，人们用轮子制成陶轮（pottery wheel），这一装置使陶工能成批地生产陶器。

陶轮技术的诞生在人类设计史上意义非凡。早期的陶器多为捏制或泥条盘制而成，器型较难统一，成品率较低。而陶轮这一技术发明使陶器的器形完全规则化，还促发了规则严整的带状装饰产生。随着原始人抽象思维的发展，他们懂得运用圆、直线、曲线、之字形等线条，并互相组合，且渐渐萌发了对称、节奏、均衡、齐整等形式的美感。此外，掌握轮制技术的难度和使用陶轮导致的快速生产方式刺激了劳动分工的细化，推动了从事陶器制作的专业人员的出现。他们可以凭借专业技术和劳动与他人生产的物品进行交换，这就成为市场产生的重要契机。

在中国，新石器时代除石器工具的设计以外，另一重要的设计领域是陶器用具的设计。在中国的古老传说中，陶器最初是由舜开始设计制造。《史记》载，舜"陶河滨，作什器于寿丘"。陶器是"火为精灵土为胎"的产物。火既使人类摆脱了茹毛饮血的生活，亦可改变泥土的内在性质，使之从疏松的泥土变为坚硬的陶土。如果说石器、骨器和木器的设计创造只改变了材料的形状而并未改变其性质，那么，陶器的发明与设计则不仅改变了原材料的化学性质，而且是人类与自然斗争中获得的划时代创造。

图 3.1.4　卢布尔雅那沼泽轮，直径 70 厘米，约公元前 3130 年，卢布尔雅那城市博物馆藏（City Museum of Ljubljana）

2002 年斯洛文尼亚的考古学家发现了这个带轴的卢布尔雅那沼泽轮，它是迄今为止发现的最古老的木轮，可以追溯到红铜时代，距今约 5200 年。

这标志着人类设计由原始设计阶段进入了手工设计阶段，从而翻开了中国设计史上崭新的一页。

中国陶器的起源很早，目前发现最早的陶器资料，是距今 1 万年的湖南道县玉蟾岩出土的釜形陶器残片。到新石器时代晚期，由于陶窑、陶轮和封窑技术的发明应用，陶器的设计制造达到较高水平，可以设计制造出各式各样的陶器。其中的主要代表有以黄河中上游仰韶文化、马家窑文化为中心的彩陶和继之而起的以黄河下游龙山文化为中心的黑陶，以及长江以南东南广大地区的几何印纹陶。

作为日用器皿的陶器，首先是为满足人们的生活需要而设计制造的。因此，器物的造型设计得从实际使用的要求出发，实用性在这一时期的设计中得到了特别的关注。新石器时代的制陶匠师们，根据当时日常生活的实际需要，制作出多种多样的日用器皿。其中最为常见的陶器有：汲水器、储藏器、饮食器和炊煮器等。

新石器时代的制陶匠师不仅从造型上注重陶器的使用功能，

为美化器物，还创造出多种不同的装饰设计手法，如拍印、刻画、堆贴、镂孔、彩绘等，其中彩绘是我国新石器时代制陶工艺中最为成功的一种装饰设计手法。所谓彩绘，一般是在打磨光滑的橙红色陶坯上，以天然的矿物为彩料进行描绘，经过彩绘的陶胎入窑烧制，在橙红色的胎地上呈现出赭红、黑、白诸色的美丽图案。新石器时代的陶器装饰图案，除了较为写实的动植物纹样外，最普遍的还是几何形图案，主要由线的粗细、疏密、长短、横竖、曲折、交叉和各种圆点、圈点等相互有规则的排列组成。这些几何纹样通常又按二方连续、四方连续和适合纹样等各种不同的构成方法进行图案构成。仰韶文化半坡类型的彩陶中，常见以并列的斜线和三角为单位组成反复连续，从而产生一种既富于节奏和条理，又富于变化的形式美感。

四、建筑

建筑，作为人类衣食住行的基本需求，并非从来就有，它需要早期的狩猎者从流浪生活过渡到定居的农耕、畜牧生活，才得以出现。因为狩猎与采集的生活方式，供给的食物有限，他们只好分成小群四处流浪。据估计，即使在那些冬季气候也很温暖，物产丰饶的地区，每平方英里也只能养活一至两名食物采集者。人类定居下来后，建筑才成为必要的需求。他们就地取材建造自己的容身之所，例如，纽约北部的易洛魁人用树皮和木头盖房子；在欧洲，最常用的建房材料是劈开的幼树，上面涂盖一层厚厚的黏土和牲畜的粪便，屋顶一般使用茅草盖住；而俄罗斯和乌克兰的先民则用猛犸象的骨头建成坚固而实用的房子。

人类早期的"建筑师"不仅懂得就地取材搭建房屋，而且已掌握了较完善的建筑技术。考古学家在土耳其中部的科尼亚平原（Konya Plain）发现了约公元前 7400 年的村庄——加泰土丘（Çatalhöyük，图 3.1.6），村庄的房屋都是用砂浆（mortar）把矩形的泥砖（mud bricks）堆砌而成；墙壁、地板和屋顶都涂满

1. 柱与梁

2. 地下墓室梁柱的横截面

3. 叠涩型地下墓室的横截面

4. 史前建筑的木柱结构

5. 花岗岩梁柱结构哈夫拉神庙吉萨，埃及公元前2500年

图 3.1.5 早期建筑方法

了灰泥（plaster）和石灰涂料（lime-based paint），并且经常重新粉刷和涂抹。整个建筑唯一的入口开在顶部，需借助梯子进入室内。建筑内部发现有精美的壁画、人偶以及动物头骨饰品，并且下意识地分割出社交空间、储藏食物的空间，以及烹饪空间等。而居民死后则常常埋葬于房屋的地板下面。种种迹象表明，加泰土丘的居民已经形成了宗教信仰，而这些壁画、人偶和装饰品很有可能与其宗教信仰有关。

生活在黄河流域的先民，则在黄土层为壁体的土穴上，用木架和草泥建造起穴居和半穴居的建筑，后来逐步发展成为地面上的木架房屋。为适应公社生活的需要，还出现了上百个房屋聚集在一起的村落。20世纪50年代发现的陕西西安半坡遗址，就是一座新石器时代的村落。从房屋的结构和布局、基地的位置，都可见当时建筑设计的高超水平（图 3.1.7）。此外，生活在长江流域多水地区的人们设计建造了下层架空、上层居住的干栏式建筑，并且采用了榫卯结构。这些早期的原始木构架建筑，为后来木构架建筑的发展奠定了基础。

建筑的早期构造方式

梁柱结构是最早、最简单的搭建空间方法，两根垂直构件（柱）支撑一根水平构件（梁）组成了最基本的结构。梁柱结构有多种变化形式：木结构，石板墓（dolmens），史前时期的地下墓室，古埃及和古希腊的石构建筑，中世纪的木结构建筑，甚至是后来的铸铁钢筋结构都是如此。梁柱结构所能营造的空间大小主要是由梁的拉伸度限制：可挠性越强，所跨空间越大。此外，通过墙壁来营造空间并覆盖空间的早期方法是叠涩结构（corbeling），将层层叠叠的石块铺设成每层的末段超出下面一层，直至与对面石块层几乎相合，然后在两边石块层的顶部盖稳一块石头。（图 3.1.5）

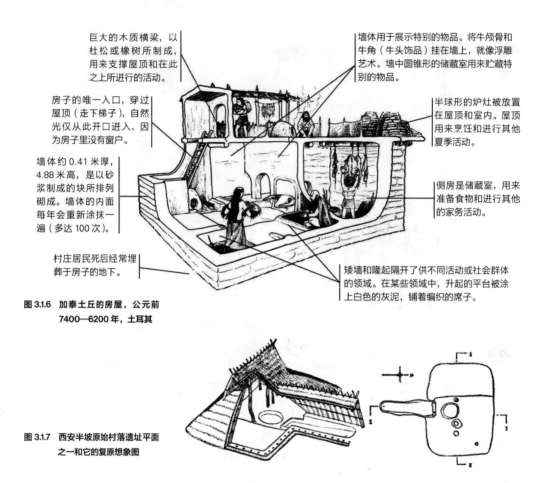

巨大的木质横梁，以杜松或橡树所制成，用来支撑屋顶和在此之上所进行的活动。

墙体用于展示特别的物品。将牛颅骨和牛角（牛头饰品）挂在墙上，就像浮雕艺术。墙中圆锥形的储藏室用来贮藏特别的物品。

房子的唯一入口，穿过屋顶（走下梯子），自然光仅从此开口进入，因为房子里没有窗户。

半球形的炉灶被放置在屋顶和室内。屋顶用来烹饪和进行其他夏季活动。

墙体约 0.41 米厚，4.88 米高，是以砂浆制成的块所排列砌成。墙体的内面每年会重新涂抹一遍（多达 100 次）。

侧房是储藏室，用来准备食物和进行其他的家务活动。

村庄居民死后经常埋葬于房子的地下。

矮墙和隆起隔开了供不同活动或社会群体的领域。在某些领域中，升起的平台被涂上白色的灰泥，铺着编织的席子。

图 3.1.6 加泰土丘的房屋，公元前 7400—6200 年，土耳其

图 3.1.7 西安半坡原始村落遗址平面之一和它的复原想象图

五、服饰

原始人在服饰和纺织工艺方面同样取得了不小的进步。关于原始服饰设计的起源，有多种不同的学说，如遮羞说、护体说、巫术说、装饰说等。我们的祖先着衣已有几十万年的历史，开始只是简单地把兽皮、树叶和羽毛之类披在身上，在发明出针后，人们便学会了缝制衣服。一般来说，旧石器时代晚期的人已经能够把荒山野岭中的绵羊、山羊、狗或其他动物身上的毛捻纺成粗线，然后把粗线织成带子、束发带甚至粗毛毯。而到了新石器时

图 3.1.8 "山顶洞人"的装饰品

代，人类才能够像发展制陶技术那样发展出纺织技术。新石器时代的人利用刚培育成功的亚麻、棉花和大麻等植物纤维，在逐渐得到发展的锭子和织机上进行纺织。

北京周口店山顶洞遗址中发现的一根约 13000 年前的骨针，是人类缝制衣服最早的证据。大约到了新石器时代早期，人们才学会利用植物纤维制成纺织品。中国是丝织物的发源地，传说有嫘祖教给人们养蚕缫丝技术的故事。除了蚕丝，当时用作纺织材料的还有麻、葛、苎等植物纤维。在浙江吴兴，发现有新石器时期用苎纤维织成的布和蚕丝织成的绢的残片。此外，早在山顶洞人的遗物中就发现有用贝壳、兽牙等串成类似项链的原始装饰品（图 3.1.8）。在河姆渡等不少新石器遗址中也有石制或陶制的纺轮出土。

第二节

古代设计（上）：公元前 3500 年—公元 16 世纪初

一般以为，新石器时期出现的手工制品是"设计"的起源，而原始的书写系统需利用基本的平面设计原理来达到传播信息的目的。平面符号代替心口相传成为传播知识的主要方式，而这一转变对于信息传播至关重要。随着文字的出现，使得信息传播更为便捷、准确；造纸术发明之后又让文字传播载体的成本大为降低；而印刷术的发明则更大程度上刺激信息传播走向大众，这三次革命正是古代设计得以发展的主要动因。

一、文字的出现与纸张的发明

文字产生于公元前 3500 年左右，是介于从农业出现到蒸汽机时代之间人类最为重要的发明之一。其起源最早可追溯到生产剩余产品的新环境，这与硬谷物的成功培育同时发生。当种植的谷物多于当前所需时，记账系统对监理谷物所有权、分配和储存而言就显得必不可少。因此，人们开始需要表示数值的符号，以及对应于现实事物的符号，文字便由此产生。

人类早期主要使用三维方式来传达信息，如陶筹（token，图 3.2.1），即是可用作刻画符号的泥制柱状印章。通过用陶筹在泥板上留下印痕，信息交流实现了从三维向二维的转变，刻在泥板上的图形演变为苏美尔人独特的文字，人们将其称为"楔形字母"。泥板上的楔形文字有着很好的视觉组织结构，泥板表面通

图 3.2.1 陶筹，约公元前 3400—
3100 年，伊朗苏萨出土，
卢浮宫藏

常以明线和暗线分成列或排。

陶筹作为基本的记账单和计算筹码，是商业交易中的一种标准形式。它们形状规则，每个形状都与不同的农产品种类相匹配。记录时，陶筹被压进湿黏土里，在泥板上留下其形状印记。因为这种记录方式并不是对语言的再现，所以与"书写"不同。

最初的楔形文字由图形符号组成。书吏用简单的图形把牛、羊、谷物、鱼等事物画下来，用这样的方式来记录事物。随后，图形符号渐渐固定下来，从而保证了书写与阅读的一致。然而，当时的图形符号并没办法表达抽象概念，于是，苏美尔的书吏们就在图形符号旁加上别的符号以表示新的意义；更为重要的是，他们还选择使用标示声音的音符——这是在若干世纪后逐渐发展起来的语音字母的精髓。

约公元前 3000 年，尼罗河沿岸的埃及人并没有采用苏美尔人的楔形字母，而是发展出了象形文字（图 3.2.2）。比起楔形文字，象形文字更为图像化，它利用从物体抽象出来的简单形象来表达概念和读音。此外，古埃及人还发展出一种用于书写的材料——莎草纸（Papyrus），它是用当时盛产于尼罗河三角洲的纸莎草的茎压制而成的。纸莎草在当时是尼罗河一带独有的植物，

图 3.2.2　纳美尔调色板（Palette of Narmer），泥岩，高 63.5 厘米，希拉孔波利斯第一王朝，公元前 3000 年，埃及博物馆藏，开罗

在调色板上出现有几处象形文字，分别描绘于各个主要人物的一侧，用来标明该人物的名字。其中多次出现国王纳美尔的名字——鲶鱼读作"纳"，凿子读作"美尔"。

原材料的局限性，及其容易受潮的特性，使得莎草纸价值不低，且无法在非洲以外相对潮湿的地区广泛普及。因此，在中国纸传入欧洲以前，很多领域都开始用兽皮纸替代莎草纸。

一直以来，中国的象形文字被认为形成于约公元前 1500 年，但据最新的考古发现，早在公元前 3000 年就已出现在良渚文化的玉片及玉刻上；但当时的象形文字还并未形成完整的语言体系。直到公元前 1500 年，真正完整的语言体系才得以确立，这主要以商朝甲骨文为标志。尽管有学者认为中国文字受欧洲文化传播的影响，但显然汉字一直独立地发展，它有自己的设计惯例。在殷墟发现的这种表意文字——甲骨文，正是现代汉字的直系祖先。它从原始的图画式涂绘转变为后来的符号化文字，这一过程并不太长。目前所见的商朝甲骨文大都书写在龟甲兽骨之上，主要用于占卜记事。商朝人把有关疾病、梦境、狩猎、天时、年成等方面的疑问刻在甲骨上，在甲骨上划几道切口后，将其加热，使得甲骨产生裂缝。占卜者以此裂缝的形状、排列和走向来判断所占之事的吉凶（图 3.2.3）。

文字的出现需要载体。古代人以勒碑刻石来记录文字，而公元前 3000 年的古埃及人广泛采用莎草纸作为书写载体。由于莎草纸是由天然植物体材料的薄片多层叠压而成，与经过浸沤糜解

6385   13.0.13510

图3.2.3 《殷墟文字乙编》第6385拓片

阅读顺序（以中缝为界）:

1. 右后甲从左至右横书"贞：有疾自，唯有它？" 2. 左后甲从右至左横书"贞：有疾自，不唯有它？" 3. 右前甲左行直书"甲寅卜，贞：翌乙卯易日？" 4. 左前甲右行直书"贞：翌乙卯不其易日？（衍『乙卯』二字）"此处犹见秩序感在龟甲所提供的图像场中所起的对称和平衡作用。

而改变了性质的纤维制成的中国纸有本质差别，其制造技术与保存方式也不如后者方便。同一时期的欧洲人则将文字书写于野牛皮、羊皮纸上。不过，生产一本羊皮制的《圣经》需要300张羊皮，而造纸术的传入则大大地降低制作成本。

最早的纸张出现于约公元100年的中国，以破布制成，并迅速取代此前用于书写的笨重的木片和竹条。105年，东汉蔡伦改进了造纸术，改用树皮、破布、麻头和鱼网等廉价之物造纸，为纸的普及准备了条件（图3.2.4）。晋至唐（3—10世纪）是中国造纸历史上最重要的时期。这个时期以新材料藤作为原料，并掺入具有杀虫力的染色剂，使其能够抗腐坏并保存久远；而色彩多样的笺纸也被剪成形状各异的装饰用纸。此时的纸张除了用以拓印碑石铭文、缮写文件书籍外，也用于字画、束帖；此外，纸张还被用于设计扇、伞、灯笼、风筝等工艺品。公元751年，

图 3.2.4　造纸业祖师蔡伦画像
约 18 世纪清乾隆间印刷，原画用五色套印，上方正中书有"禹亭侯蔡伦祖师"七字，蔡伦蓄黑须，手持如意，有四人侍卫，其中两人手执毛笔等书写工具，座前有猪和鸡作为祭品。

许多中国人在怛逻斯战场被俘，后被带到撒马尔罕，就这样，他们将造纸术传给了阿拉伯人；阿拉伯人又将它传入叙利亚、埃及、摩洛哥等地。8 世纪左右，造纸术的传播使莎草纸退出了历史舞台。到 12 世纪造纸术传入西班牙后，又经十字军东征传到法国和欧洲其他国家，这才取代了原来的羊皮纸而成为主要的书写载体。

二、文字与图像的关系

公元前 8 世纪开始，希腊人利用腓尼基字母书写自己的语言，这种字母比任何更早的书面文字都易于掌握。也就是在这时，人们将荷马史诗《伊利亚特》和《奥德赛》以书面形式记录下来。

与此类似的是希腊陶器（希腊人把彩绘的陶制容器叫作花瓶）的设计。尽管在约公元前 700 年的希腊陶器上的几何图形，其生硬程度比起埃及人来有过之而无不及；但是到了公元前 500 多年，希腊陶器上的图画母题变为描绘更真实的人类活动图景。正是在此时的瓶绘上，希腊人向我们展示了他们的伟大发现——**短缩法（foreshortening）**，那是一种描画物体正面透视关系的技法。也是在此时的瓶绘上，希腊艺术家从"黑像式"（black figure）向"红像式"（red figure）的转换表明：他们已经理解了**"图形—基底"（figure-ground）**关系的相对性（图 3.2.5—图 3.2.6）。这一发现有着持久影响力，我们今天仍可在满世界的霓虹灯广告设计中寻得它的踪迹。

"几何时期"（公元前 900 年—前 700 年）的希腊人会根据不同的陶瓶形状处理瓶画，即在一个给定的框架内几何与对称地处理画面。从公元前 7 世纪开始，由于赫西俄德的《神谱》和《工作与时日》，以及荷马的《伊利亚特》和《奥德赛》，希腊的艺术家开始从装饰转向图像叙事。希腊瓶绘中著名的《弗朗斯瓦陶瓶》就是以绘画形式，采取犁耕体的书写方式来进行叙述荷马时代故事的尝试。

"图书"一词源自"河图洛书"这一中国古代传说。相传圣王如有德政，上天会授予河图洛书，此物绘有神秘的图像或文字，象征天子天命所归，有合法统治的权威。这种传说正是谶纬之学的源头。中国的文字与图像之间的界限比较模糊，因为汉字属象形文字，本身便是从图像不断演变而来。中国人对"河图洛书"中图像或文字背后神秘的象征性十分着迷，进而衍生出风

图 3.2.5　埃克塞基亚斯（Exekias，活动于公元前 6 世纪下半叶），阿喀琉斯与埃阿斯掷骰子，公元前 540—前 530 年，黑像式瓶画，高 60.7 厘米，梵蒂冈格列高利伊特鲁里亚博物馆

图 3.2.6　特洛伊的掠夺，公元前 510 年，红像式瓶画，高 45.7 厘米，纽约曼托波利坦美术馆

水、占卜、问卦、求签等易理哲学。"河图"与中华五行思想相互印证，已含阴阳、四时、生生相克之哲学（图 3.2.7），而"洛书"则描绘了一个可能的四维时空模型——九宫，先天八卦正是由此而来（图 3.2.8）。可见，图书由图像与文字匹配组成，文字与图像之间互相印证补充。

要讨论文字与图像的关系，必然绕不开手抄本。手抄本在中世纪得到发展，随之出现的是手抄本中的平面设计。在手抄本中，人们发明了一些我们所熟知的基本字母形式及各种书体，直至今日这些仍在使用的字体，其设计中包含着字体的历史及传播的信息。这些字体不仅兼备审美与功用的特点，还有助于人们区分不同类型的文件和辨识它们的文化价值。中世纪开始，人们越来越借用图像传播知识。既为宗教机构还为平民大众服务的出版业也由此兴起。

居住于不列颠群岛的古老民族凯尔特人（Celt）在公元 5 世纪就皈依了基督教，并以基督教精神感化了盎格鲁－撒克逊人。但基督教从未真正扑灭古老的凯尔特人和日耳曼人的神话和奇异想象。爱尔兰的僧侣谙熟如何制作富于动感、千变万化的字体，以之抄写古罗马和早期基督教的范本；他们还擅长用错综复杂的线把装饰性的花叶和奇异的动物交织在一起，形成介于再现与抽象之间的复杂图案。因此，爱尔兰的书籍装帧独步一时。

公元 7 世纪末到 8 世纪初完成的《林迪斯法恩福音书》（*Lindisfarne Gospels*）达到了爱尔兰手抄本艺术的顶峰，甚至被誉为"世界上最美的书"（图 3.2.9）。那些"地毯式书页"（carpet pages）在整个书页上布满令人眼花缭乱的繁复纹样，蛇形、兽形、漩涡纹纠结缠绕，穿插交叠，构成十字架等基督教象征形象，整个画面如富丽堂皇的地毯。8 世纪晚期制作的《凯尔斯书》（*Book of Kells*）进一步发展了 7 世纪"地毯式书页"中不可思议的复杂图案，在书页插画上又加入一些人物、动物、怪兽。

在抄本设计方面，拜占庭的影响和复兴罗马的愿望使插画具有了写实化的倾向；首字母的装饰传统与爱尔兰人和受凯尔特文

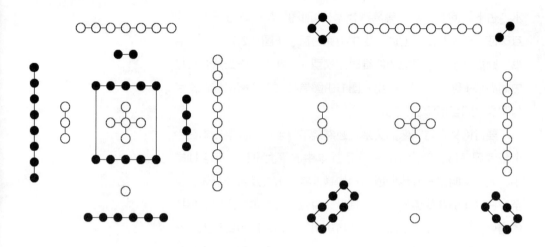

图 3.2.7 河图：一六共宗水、二七同道火、三八为朋木、四九为友金、五十共守土。

图 3.2.8 洛书：戴九履一、左三右七、二四为肩、六八为足、五居中央。

化浸润的盎格鲁–撒克逊人的设计天才结合起来，使得那些抄本更臻于精美。当时出现了许多抄本中心，比如在亚琛本地形成了艾达抄本群（Ada Group）和宫廷学派（Palace School）两种风格；此外还有兰斯学派（Rheims School）、梅斯学派（Metz School）、图尔学派（Tours School）等。它们的共性是逐渐摆脱早期基督教艺术的稚拙，以不同的方式和程度回归古典艺术的传统。

三、从青铜到铁器

人类最早提炼出来的金属是铜。新石器时代之后，随着人们对红铜的使用而进入到**红铜时代（Copper Age）**，又称铜石并用时代、金石并用时代，即介于新石器时代和青铜时代之间的过渡时期。大约到了公元前 4000 年后期，合金材料的使用使得工具的种类比石制和骨制工具时代大大增多。到了公元前 3000 年左右，中东和印度的居民发现在冶铜时加入一些锡，所得的合金更经久耐用，由此便产生了青铜。在公元前 1600 年的最初一百年内，出现了成熟的青铜器时代文化。

图 3.2.9 《林迪斯法恩福音书》之有
　　　 十字架的地毯式书页，7 世
　　　 纪末—8 世纪初，伦敦大英
　　　 图书馆藏

　　青铜器设计，是人类祖先继彩陶、黑陶和玉器以后，在产品
设计领域的又一伟大创造。实用功能的设计，仍然是青铜器设计
不可或缺的方面。按照器物的用途和性质归类，不同类型的青铜
器物遵循实用原则进行设计。例如，当时的青铜农具或生产工具
都因其用途的不同，而在造型设计以及材料、铸造上会有所不
同。又如酒器中爵的造型不仅有便于提取的銴和口缘的两柱，而
且设计有三根立足使之便于加热温酒。这些精巧的造型，无不体
现出工匠在青铜器实用功能设计上的巧妙构思。

图 3.2.10 "刘鼎"上的饕餮纹，商代晚期，上海博物馆藏

　　而在商代，青铜器的设计更多地体现出它们所在的社会的礼仪制度。这种礼制的意义通过青铜器的形制和装饰意图表达出来。上层社会的统治需要、生活方式与审美情趣，对青铜器的设计施加着决定性的影响。商周青铜器中的大部分日常器具，都更多地作为礼器而存在，常被应用于祭祀、宴会和入葬等礼仪场合。礼器的体积大小不等，形状各式各样。这些青铜制品的表面有丰富多彩的几何形花纹和许多真实或想象的动物图案。这一类礼器的设计，大都造型威严，纹饰丰富，制作精美，通常以抽象和半抽象的动物纹样为主要装饰（图 3.2.10）。

　　由于商代的统治者尊神重鬼，崇拜祖先，青铜礼器的设计充满了神秘和威慑的色彩。西周早期承袭了商代的风格，中期以后，设计风格开始反映周代统治者"礼治"的需要，神秘色彩淡化，造型有了固定的规格，纹饰趋向简化，多采用富有秩序感和韵律感的窃曲纹，有的还有很长的铭文。到了春秋战国时期，随着旧制度的衰落和崩溃，青铜器逐渐失去它原来主要作为礼器的作用，而成为与人类日常生活息息相关的用具。按照器物的用途和性质归类，青铜器的不同类型的器物都遵循实用的原则进行设计。造型设计由原来的厚重威严转变为轻灵奇巧，纹饰设计手法由抽象趋向写实。纹饰内容由神秘变得易于理解，还出现了宴乐、射猎、战争等新的纹饰题材。

图 3.2.11 阿伽门农的面具（Agam-emnon），黄金，高 26 厘米，公元前 1550—前 1500 年，现藏于雅典国家考古博物馆

1876 年，海因里希·施里曼在迈锡尼文明的考古中发现此面具。海因里希·施里曼根据古希腊传说中的阿伽门农而给这个面具命名为阿伽门农的面具。但据现代考古研究表明，该面具的制作年份为公元前 1550 至公元前 1500 左右，要早于阿伽门农所处的时代。

　　在古希腊，作为当时的贵重金属，青铜多用作铸造雕像，这些雕像被赋予了祭祀、纪念等意义。为永葆上天的胜利之恩，奥林匹亚竞技中的获胜者会要求当时最负盛名的艺术家为自己制造雕像，而艺术家则运用对人体形状的知识去造型。同时，以青铜为材料所铸造而成的武器具有独特的设计风格。在迈锡尼（Mycenae）发现的青铜匕首，显示出运动感与流动的线条，其优雅风格也影响了埃及的工匠。然而，迈锡尼艺术主要有两种风格，一种是受到米诺斯艺术（Minoan art）的影响，另一种是用更抽象的方式来表现，这是迈锡尼人的本土风格。发掘于迈锡尼皇家墓葬中的黄金面具（图 3.2.11），很有可能是用作替代已故国王的脸。在处理一些个人特征诸如胡须、眉毛和耳朵时，都是以一种较为抽象的方法来呈现。

中国在春秋晚期进入铁器时代，但青铜器设计并未因此衰退，相反由于战国时期铸造技术的提高而有新的发展。大约在战国晚期，高水平的青铜器设计铸造业才由于冶铁业的突飞猛进而完成其历史赋予的使命。在青铜器成为主要的生产用具之时，还出现了另一种重要的冶金技术——铁矿冶炼技术。这一技术直到公元前二千纪中叶才在小亚细亚东北部发展起来；直到约公元前 1200 年赫梯帝国灭亡后，当地的铁匠分散到各地，使得铁矿冶炼技术广泛流传。冶铁技术之所以出现晚，主要是由于冶炼铁矿的工艺与冶炼铜和铜合金的工艺根本不同。当时的冶炼技术难以进行大量生产，铁是比金更昂贵的金属，大多用在礼仪上。而后，利用冶炼铁矿的技术锻造武器，大大地增强了公元前二千纪末游牧民族的战斗力。从发明铁到日常生活中能大量使用铁器，其间经过了几个世纪。当锄、斧、犁等农具与武器一样，也用铁来制造时，立即产生了深远的经济、社会和政治影响。

四、瓷器

瓷器是中国古代的伟大发明之一，中国素以瓷器蜚声国际。从 8 世纪末开始，中国瓷器就已开辟了海外市场，此后历代均有大量瓷器从东方运至世界各国。欧洲直到 18 世纪才生产出真正的瓷器，而且是直接向中国学习的结果。从原始社会的陶器算起，中国的陶瓷器生产已达七千年左右的悠久历史。早在新石器时代烧制的陶器，就已经具有相当高的设计制作水平。从陶器发展到瓷器，经历了漫长的过渡阶段，那就是半瓷质陶器，即原始瓷器的阶段。考古发现表明，这种瓷器远在殷商时代已经出现，至汉代渐趋成熟。原始瓷器施有釉料，釉色青黄，故称"原始青瓷"。到六朝，青瓷已完全成熟，取代了铜器和漆器的地位，成为人们日常生活器皿的主要品种，中国由此进入瓷器的时代。

六朝的青瓷产地以浙江地区为中心，北方也有生产，并且逐渐发展形成"南秀北雄"的不同风格，正式奠定了南北瓷器两大体系。六朝青瓷的造型设计以仿动物造型为主，鸡头壶是一种具有时代特点的代表性造型。由于佛教传入，仿莲花与卷草的造型与纹饰日渐流行（图3.2.12）。

隋唐两代，中国的陶瓷生产开始进入繁荣阶段。瓷窑分布范围广，规模大。青瓷以南方浙江的"越窑"为代表，白瓷以北方河北的"邢窑"为最佳，因而有"南青北白"之说。隋瓷的器形设计较为秀气，以龙颈双腹瓶最具特色。唐瓷器形趋于圆浑饱满，多仿瓜形、花形的造型，有印花、洒花、堆贴、釉下彩等装饰手法，且日渐向实用化发展。然而，唐代最具特色的陶瓷器还数被称为**"唐三彩"**的三彩釉陶器，曾远销到阿拉伯地区和欧洲各地（图3.2.13）。

唐三彩以含有大量高岭土成分的黏土作胎料，经过提炼，颗粒细，杂质少；主要采用黄、绿、白三色釉料，利用铅釉易于流动的特点，造成淋漓变化的效果。

两宋时期，官窑、私窑在全国各地兴起，各地瓷窑各具特色。青瓷以汝窑、官窑、钧窑、耀州窑和龙泉窑（哥窑、弟窑）成就最高。河南的汝窑重色效果，以淡天青为主调，色感清逸、高雅，号称宋代五大名窑（汝、官、哥、钧、定）之冠。龙泉窑（弟窑）属南方青瓷体系，胎薄釉厚，器皿转折处釉薄露出胚色，称为"出筋"，釉色呈翠青或粉青，润如碧玉。宋代的白瓷已有了南北的区别，北方河北的定窑白瓷釉色白中泛黄，釉薄透胎。南方江西景德镇窑白瓷白中泛青，色质如玉，称影青瓷。两窑均以刻花、印花装饰为主。宋瓷的造型样式之丰富，远远超乎前代。其中玉壶春瓶、梅瓶、葫芦瓶、凤耳瓶、提梁壶和诸葛碗等都是前所未有的新品种，尤以梅瓶的造型最具鲜明的时代特色（图3.2.14）。宋瓷的装饰手法极其丰富，归纳起来有刻花、划珍珠地、绞胎、开片、呈兔毫、油滴和玳瑁状的结晶釉，木叶贴花、剪纸贴花和釉下彩绘等，既有传统方法的继承，亦多有创新之法。装饰题材一反过去习惯的

瓷器和陶器的主要区别：

一是胎质不同，陶器用黏土，烧成较粗松；瓷器用瓷土，烧成很坚致。
二是用釉不同，陶器大半无釉，或用釉粗陋；瓷器一定有釉，而且釉料越来越精致。
三是火候不同，陶器较低，约800℃；瓷器较高，约1200℃。

图 3.2.12 青瓷仰覆莲花尊，北朝
为早期北方青瓷的代表作，长颈直口，外沿饰一对桥形耳，流肩，颈、肩部有六个双系环耳。由于受佛教影响，青瓷上盛行莲花纹装饰，器盖雕饰莲瓣纹，器身以多层仰、俯莲瓣堆雕。

图 3.2.13 三彩陶马，盛唐时期，陕西西安

规矩图案，代之以清新活泼的飞鸟、草虫、山水、人物，甚至诗文书法等。尤其是一些民窑的作品，更呈显出蓬勃的生活气息和泼辣的乡土作风。

梅瓶口小颈短，肩丰圆润，肩以下逐渐内敛，线条简洁流畅，形象端庄妩媚。体现了宋人崇尚典雅风度的审美意趣，与唐瓷的雍容气度大异其趣，同时又能满足装酒量多的实用要求。

元代陶瓷的生产由于蒙元贵族的野蛮统治而有所衰退，但是制瓷技术仍有一定的进步。景德镇已逐渐发展成为全国的制瓷业中心。元瓷的突出成就，是烧成了青花和釉里红瓷器。在造型设计上，元瓷一般形大、胎厚、雄浑体重。同时元瓷也创造了一些新的样式，如方棱瓶、四系扁壶、僧帽壶、菱花口折沿大盘等，造型向多棱角发展。在装饰设计上，民窑中屡见表现清高不屈的

图 3.2.14　耀州窑青瓷牡丹萱草纹梅瓶，宋代

松竹梅三友图，而官窑中则流行喇嘛教艺术的八宝、西番莲、海马和大云头等纹饰，这是当时特有的社会文化背景对设计施加影响的结果。

五、家具与服饰

1. 家具

最初，人类利用石头或树干作为坐具，最早的三脚凳子是从石头上凿刻出来的，而最早的木头凳子则是以整块木头加工而成。古埃及时期，由于气候、地形的限制，难以寻得适用于家具的木材，基本都是依赖于进口。为了节约木材，古埃及人采用短材长用的理念，利用双头燕尾榫以斜接的方式将两块短木材拼接成长木材使用。凳子是十分常见的坐具，主要是利用榫眼和榫衔接的细木工手艺及皮革绳子制成的，座面采用灯芯草、芦苇或木条板编成网格状。折叠凳（folding chair）则是采用呈 X 形的斜角横木连接座位与地面担架，座面常用皮革制成。后来，在凳子上加上靠背及扶手使之变成椅子，十八王朝时期椅子取代凳子在民间得到了普及。在古埃及，日常所使用的家具普通而粗糙，精心制成的家具则被放置于墓室之中。

与古埃及不同的是，古希腊古罗马的家具是为活人而非死者而制的。古希腊的家具最初是模仿古埃及的家具样式，但后来出现了具有希腊特色的克里斯莫斯椅（klismos chair）。它具有优雅的曲线轮廓，特别是其八字形的腿。但是，椅子的腿向外弯曲，没有其他支撑，这也是它的设计缺陷。长榻是古希腊另一比较常见的家具形式，它常设有头靠，让人斜倚其上时可以作为支撑。它可以作为主人就餐的躺椅，也是主人就寝的床铺、迎宾时主人的座位（图 3.2.15）。长榻之下可放置小桌，随需要拉出推回。其框架和腿通常以大理石或青铜制成，再镶嵌以象牙、龟甲、贵重金属等作为装饰。古希腊的家具形式被古罗马所继承，并加以改造。古罗马的家具制造运用了大量的木材，诸如枫木、柳木、山毛榉木等，并且使用黑檀一类的昂贵木材。古罗马最显著的家具设计是罗马的桌子，除了将原来笔直的桌角改为曲线设计并加入许多装饰之外，桌子还增添了各种形式，其一便是桌角从中心点撑起圆形或矩形的桌面。另外，古罗马还出现了装饰精

图 3.2.15　宴会场景，意大利帕埃斯图姆，公元前 480 年，现藏于帕埃斯图姆博物馆

壁画出自跳水者之墓（Tomb of the Diver），描绘宾客斜坐于长榻上饮酒作乐的场景。

美的三脚桌，一般是以青铜为材料制成。

　　拜占庭时期，为表征地位和权势，古典家具中优雅、灵巧、人性化的设计被笨重、华丽的形式所取代，现存的"马克西米宝座（Throne of Maximian）"（图 3.2.16）是该时期风格的代表。另外，还出现了各种用途的贮藏箱，小的用以放置珠宝等贵重物件，而大的还可以被用作座椅或桌子。受古罗马传统的影响，圣书台、写字台、读经台、贮存书籍的搁架等专业化的家具门类在修道院及贵族家中被广泛地利用。

　　与古埃及相比，中国古代的木材资源比较丰富，制造家具也主要是以竹、木为材料。家具设计主要是随人们的生活方式、起居习惯的变化而逐步发展变化。自商、周始，跪坐是人们主要的起居方式，因而相应形成了矮型的家具设计，席与床（又称榻）是当时室内陈设最主要的元素。直到汉朝时期，床、几、案、衣架等家具都还很低矮，屏风多置于床上。至东汉末期，高形可折叠的胡床自西域传入中原。自此以后，垂足而坐的习惯逐渐增加。南北朝时胡床逐渐普及民间，并且出现了其他各种形式的高坐具，如扶手椅、圆凳、方凳等。床、榻亦已增高加大，有的上部还设床顶，四周围置可拆卸的矮屏。

　　隋唐时期，垂足而坐与席地而坐的习惯同时存在，出现了高

图 3.2.16　马克西米宝座，公元前
480 年，现藏于拉文纳的
大主教博物馆
原象牙饰板共有 39 块，现仅存 27
块。正面饰板为施洗约翰与四福音书
作者的立像，背面及左右扶手背嵌板
表现耶稣生平的场景，并以缠绕的葡
萄藤饰为框。

矮型家具并用的局面，总的趋势是由上层阶级带动民间向垂足而
坐和高型家具过渡。这一时期的高型家具有各类桌、案、凳、椅
和床，后世所用家具类型已基本具备。高型家具经五代至宋代已
日趋定型化，并且衍化出了高几、琴桌和床上小炕桌等新的家具
式样，一般百姓家庭亦已使用高型家具。宋代家具的结构与造型
得到了很大的改进，仿古建筑的梁柱式框架结构代替了隋唐流行
的箱式壶门结构，装饰线脚大量出现，加上牙条等装饰附件的应
用，家具腿部线条与断面的多样化处理，使宋代家具的外观造型
颇为美观。元代家具传承了宋代家具的传统，并且出现了抽屉
桌、罗锅枨等新的家具形式。

2. 服饰

古埃及的衣料以亚麻织物、皮革为主，亚麻织物用于制作各
个阶层的日常服饰，而皮革被军人用以护身。服饰颜色以淡色为
主，配以由宝石、珐琅、金等材料制成的各式装饰品。新王朝之
后出现了刺绣和织花纹样，主要形式是对称和反复。中国商周时

期，上衣下裳、束发右衽的服饰特点已经基本形成。春秋战国服饰风格清新自由，既有中原衣襟加长、下裳宽广的深服，也有北方民族窄袖短袍、简约便适的胡服。

古希腊的服饰有两种主要样式：多立克衬衣（Doric chiton）和爱奥尼亚衬衣（Ioric chiton），皆是采用未经剪裁的矩形面料，借助在人体上的披挂、缠绕、别饰针、束带等方法而形成的衣着方式。在古罗马，托加长袍（Toga）是最能体现古罗马男子服饰特点的服装，它是以羊毛制作，呈半圆形，长约 6 米，最宽处约有 1.8 米，兼具披肩、饰带、围裙作用的服装。托加长袍是区别古岁马人身份所属及其社会地位的象征物，只有那些持有罗马市民权的人才可穿着。

中世纪初期，主要还是沿用古罗马的服装样式。法衣（dalmatic）和丘尼卡（tunic）是这一时期的主要服装式样。普通民众只穿以羊毛或亚麻为原料的服饰，或者猎杀动物以获得皮革或毛皮。贵族阶层的男性拥有设计精湛的珠宝首饰，最常见的斗篷上的胸针、肩扣、项链等。日耳曼民族的武器、配饰均饰以繁密纹样，各种带扣饰牌往往是各种人、兽、植物图案勾连相交，形为一体。日耳曼人的衣服只是一件袍子，以各种饰物扣起来，衽针做成动物形状或有柄式样，肩带饰牌和各式别针多以动植物混和交接的图案装饰，镶刻精美。

伦巴第人从 6 世纪到 7 世纪占领了意大利，便利地接触了罗马和拜占庭的设计艺术，他们甚至还雇用了被征服的罗马人为工匠。因此，伦巴第人的设计多可见到圆花饰、涡卷纹、葡萄藤，以及藤蔓弯曲成圆形这些来自古典和晚期罗马的图案和细节（图 3.2.17）。

12—13 世纪，欧洲的服饰风格受到了哥特式建筑的影响，出现了高而尖的冠戴和尖头的鞋。紧身束腰外衣（Bliaut）流行于这一时期，男女皆可穿着。贴身剪裁，腹部紧束，突出腰身和宽大的下摆。制作此类衣服，细羊毛和丝绸是最佳选择，并经常染以颜色。14 世纪，一种名为"胡普兰衫"（Houppelande）的

图 3.2.17 伦巴第国王的铁制王冠，外包金片，镶嵌有宝石、珐琅，820—830 年

筒形服饰成为主流，它有时内衬皮毛，具有花样繁多的边饰，在今天的西方文明中仍被当作是学院或法律领域的专用长袍。

在中国新石器时代的遗址里，发现了大量石制或陶制的纺纱工具——纺轮，而纺车则在汉代成为普遍使用的纺纱工具。目前所知最早的织机是腰机，又称踞织机，它是现代织布机的始祖。秦汉之际，中国长江流域和黄河流域已普遍采用脚踏提综的斜织机，织机效率比腰机高十倍以上。宋末元初，黄道婆把用于纺麻的脚踏纺车改为三锭棉纺车。

汉代的纺织品生产非常发达，有官府手工业、独立手工业和农村副业三种生产方式。纺织品种增多，在提花织物方面，已经广泛应用经线起花，能够织出精美而富于变化的花纹图案。汉代丝织品的花纹设计，主要有云气纹、动物纹、花卉纹、几何纹和吉祥文字，其中以云气纹（图 3.2.18）和吉祥文字最具特色。三国时魏国的马钧改进了当时的织绫机，大大提高了丝织品的生产能力和织花能力。汉代由于丝绸产量的大幅提高，当时普遍流行丝绸服装。男装以深衣改成的袍为时尚，女装以深衣和上衣下裳的襦裙为主。此时，中国丝织品经新疆南北两条商路大批运往中

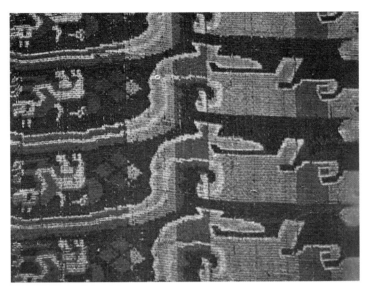

图 3.2.18 汉锦，云气纹
起伏缭绕的云气纹利用传统的动物纹样进一步抽象设计而来，在装饰构图中起着画面划分和联系的作用，同时增强了画面的律动感。

亚、西亚，甚至转运到欧洲的大秦国（古罗马），深受各地人们的珍爱。所经商路也成为举世闻名的"丝绸之路"。

六朝的丝织品以四川生产的蜀锦最为著名。此时的装饰纹样设计由动物纹为主向植物纹为主过渡。六朝推崇玄学，男子服装流行窄衣大袖的长衫，尤以文人雅士为盛，风格疏放。女装将下摆裁成三角，层层相叠，围裳中伸出长飘带，风格飘逸。

唐代丝织品生产几乎遍及中国，以唐锦最为出色。唐锦是以纬线起花，称"纬锦"，区别于汉魏六朝以经线起花的"经锦"。唐锦的花纹设计以联珠纹最具代表性，另外还有对禽对兽的对称纹，又称"陵阳公样"。唐与五代的男子服饰盛行圆领窄袖袍衫和幞头帽，女子服饰除了短襦半臂或大袖纱罗衫加长裙和披帛的服饰外，还流行袒胸露肩的大袖衫裙。唐朝也有不少服饰样式影响到海外，日本的飞鸟、奈良时代就是直接从中国的隋唐两代中引入服制和服装设计的。

宋代织锦出现了新的特色，称宋锦。其中成就最为突出的是缂丝，缂丝又称刻丝、克丝、尅丝等，它所用的"通经断纬"

法，可以织出非常逼真的绘画或书法效果，表现出"书画织物化或织物书画化"的特征。服饰渐趋保守，男子常服兴大袖圆领襕衫，女装以直领对襟窄袖的褙子最具特色。元代时期，因蒙古人尚金，丝织品中以一种名叫"纳石失"的夹金织物最具特色，称织金。又因蒙古人游牧民族生活的需要，毛织得到特殊的发展，多用来作为鞋帽、地毯、床褥和马鞍等的材料。棉织是元代发展起来的新工艺，及至明清，棉布逐渐代替丝麻织物，成为人们服装的主要面料。

六、航海大发现

像印刷术、火炮、气球和麻醉药这些发明，中国人都比我们早。可是有一个区别，在欧洲，有一种发明，马上就生气勃勃地发展成为一种奇妙的东西，而在中国却依然停滞在胚胎状态，无声无臭。中国真是一个保存胎儿的酒精瓶。

——［法］维克多·雨果（Victor Hugo，1802—1885）

欧洲文艺复兴以后，最重要的事件莫过于激起欧洲人向遥远的"东方帝国"不断扩张的"航海大发现"。而这一事件的主角是两个来自伊比利亚半岛的国家——西班牙和葡萄牙。

海外航行的动因无外乎是经济的，出于对香料和黄金的狂热需求，欧洲人将目光置于东方。在14世纪的欧洲餐桌上，主要以面包、卷心菜、粥、芜菁、豌豆、小扁豆、洋葱和少量的肉为主；而东南亚的胡椒、肉桂、丁香、肉豆蔻和生姜，不仅可以对食物起到防腐的作用，还能够提高食物的风味，因此，欧洲人对香料趋之若鹜。《马可波罗行纪》在1299年成书后，迅速在欧洲流传开。马可·波罗（Marco Polo，1254—1324）将东方描述成遍地黄金的"人间天堂"，"寻金热"在欧洲蔚然成风。但15世纪以前，欧洲与亚洲的贸易路线牢牢地控制在威尼斯和

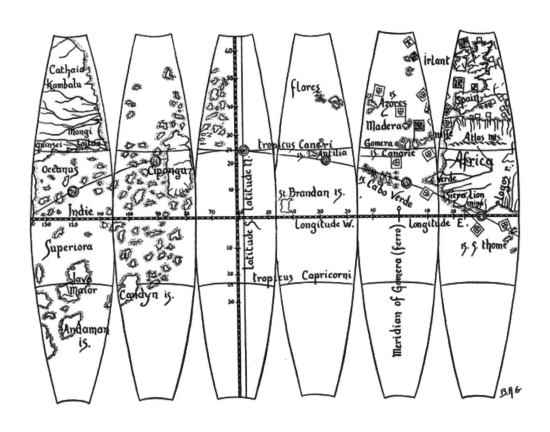

热那亚人的手中，他们通过与阿拉伯人进行贸易，换取亚洲的香料、纺织品和奢侈品。于是，西班牙、葡萄牙等国不得不另辟新航路，以获取香料和黄金。

图 3.2.19 哥伦布登陆图，马丁·贝海姆绘制

　　当然，新航路的开辟需要一定的知识及技术手段。首先，对于 15 世纪有知识的欧洲人而言，他们已认识到地球是圆的，尤其是马丁·贝海姆（Martin Bahaim，1459—1507）绘制了第一份全球世界地图（图 3.2.19），并设计了首个球状地球仪，为远洋航行创造了有利条件。其次，中国人早在 10 世纪便将指南针运用到远洋航行之中，而这一发明在 13 世纪后半期已被欧洲各国水手广为应用。另外，15 世纪欧洲的航海技术与造船技术已达到了远洋航行的要求。值得一提的是，西葡两国的航海

家大多来自意大利，那里有全欧洲最好的水手，他们掌握了欧洲最优秀的航海技术。在造船技术方面，葡萄牙人发展了海军火炮，装备有火炮的舰船变成了流动炮台，火炮已代替步兵成为海战的主要工具。用它来攻击敌舰而非水兵，这种设计彻底改变了海战的模式，使得葡萄牙海军一时称霸印度洋。

哥伦布在 1492 年所知的世界就包括在这张地图之中。此图复制了贝海姆地球仪上的大洋部分。哥伦布离开了加纳利群岛（the Canary Islands，位于右起第二部分），期待着在日本（Cipangu，位于左起第二部分）登陆。

出于对亚洲香料及其他奢侈品的渴望，西葡两国开始不懈地海外探险。1488 年，葡萄牙船长巴托洛梅乌·迪亚士（Bartholomeu Dias，1450—1500）受葡萄牙王室之命，偶然地绕过了非洲的最南端，而这次偶然的成果得益于大风的助力。自迪亚士胜利返航后，葡萄牙人便从东方控制通向亚洲的海上通道，而这刺激了竞争对手西班牙。1492 年，哥伦布（Christopher Columbus，1451—1506）得到西班牙王室的资助，率领三艘帆船从帕洛斯角起航。由于哥伦布大大低估了从欧洲西向到亚洲的距离，当他登上巴哈马群岛中的一个小岛时，他以为他正处在距离日本非常近的位置。之后，西班牙君主又为哥伦布准备了三次远征，但是，直到 1519 年西班牙人才在墨西哥偶然地发现富裕的阿兹特克帝国。然而，西班牙人在美洲大陆的发现，促使葡萄牙人环航非洲，由海路直抵印度。1497 年，葡萄牙派遣瓦斯科·达·伽马（Vasco da Gama，约 1469—1524）率领一支舰队起航，他们绕过非洲，沿着非洲东海岸到达肯尼亚，然后穿越印度洋抵达印度西部。在那里，达·伽马只收集了一船胡椒和肉桂，但这船货回国后的价值相当于整个舰队费用的 60 倍。1519—1522 年，费迪南·麦哲伦（Ferdinand Magellan）率领西班牙舰队首次完成环球航行。至此，西方对地球的了解逐渐完整，而各个大陆之间的联系与贸易也日益密切，全球真正地成为一个整体。

第三节

古代设计（下）：古代建筑

建筑是一切艺术的母亲，没有属于自己的建筑我们就无法拥有本文明之魂。

——［美］弗兰克·劳埃德·赖特（Frank Lloyd Wright，1867—1959）

一、公元前 1500 年—公元 400 年

埃及人在贸易和科技方面得益于美索不达米亚的影响，但他们发展出一种不同的社会和文化。埃及人独特的品位表现在他们丰富多彩的艺术和巨大的建筑物上。柱子，是富于表现性的古埃及建筑语言。在埃及典型的石柱设计中可看到柱础和柱头下留有绳索捆绑的暗示，这源自早期在住宅和宫殿中用芦苇束捆绑和泥土加固的特征。卡纳克的阿蒙神庙（The Amun Temple of Karnak）的柱子（图 3.3.1），柱式不仅担负着重量的支撑，也是建筑艺术的装饰中心部位所在。古埃及柱式的式样优美，变化多样，柱子表面一般刻有象形文字，并涂有色彩。

在史前时期的中国，以夯土墙和木构架为主体的建筑已初步形成。**夯土技术**萌芽于新石器时代，至商朝时已经很成熟。商代后期驱使大量奴隶为奴隶主建造大型的宫室、宗庙和陵墓，说明当时已能建造规模较大的木构架建筑。原来简单的木构架，经过商周以来不断地改进，逐步发展成为中国古代建筑的主要结构方式，同时还出现了前所未有的院落群体组合。

中国古代的历史学家认为在夏朝（约公元前 2070—前 1600

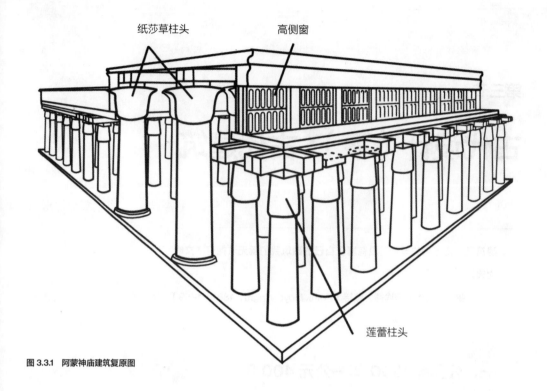

纸莎草柱头　　　　　高侧窗

莲蕾柱头

图 3.3.1　阿蒙神庙建筑复原图

年）之前就存在上万个氏族部落，甚至城市防御工事的发展正是氏族战争的证明。在这众多的氏族中，夏王朝控制了黄河流域，为商朝的发展铺平了道路（约公元前 1600—前 1046 年），而商朝第一个国都便是郑州（亳）。虽然此城尤为重要，但在当时中央集权并未发展起来。尽管如此，商代的皇室仍认为郑州是上天权利的象征。神权的规则由此建立并成为中国统治者统治地位的基础。郑州地处黄河沿岸，地域广阔，东墙长足有 1.7 千米。其四周被众多小村落、作坊区和青铜铸造坊环绕。在城市的东北部，恰在土丘之南，是宫殿和庙宇的区域，此处不同规格的夯土层已被发现；它们曾是巨型建筑的基础。最大的建筑为坐北朝南 780 平方米。其地处山之正南并不是偶然，这是中国式宫殿的最优位置（图 3.3.2）。

　　西周时期的人们设计发明了瓦，春秋时期出现了质地坚硬的砖，从而结束了建筑"茅茨土阶"的简陋状态。春秋时期的建筑已饰有彩绘、雕刻等，建筑设计开始从纯实用逐渐转向兼有审美

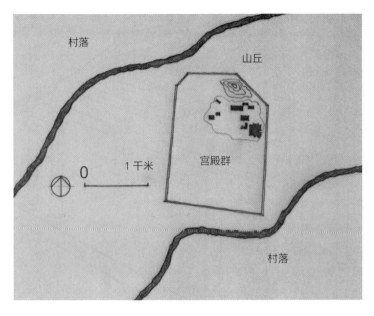

图 3.3.2 商代都城亳（郑州）的规
划示意图

装饰的追求。春秋战国时期的统治者营建了许多以宫室为中心的大小城市，宫室多建在高大的夯土台上，瓦屋彩绘，装饰华丽。除国君所居住的"城"外，还有贵族和普通国民所居住的"郭"，城市布局已经有一定的规划考虑。《考工记》中有明确记载周朝的都城规划制度。

秦汉时期是中国古代建筑史上的第一个高潮。秦始皇建立了第一个中央集权的封建帝国，兴起规模空前的建筑活动。"高台榭、美宫室"继续兴建，同时出现了许多街道纵横、规划齐整的工商业大城市。汉代的统治者进一步营建大规模的宫殿、苑囿和陵墓，当时的汉都长安城面积大约是公元 4 世纪时罗马城面积的 2.5 倍。到了汉代，由于积累了丰富的经验，中国建筑设计已经发展成一个完备的体系。从出土的汉画像石、画像砖和陶屋明器来看，当时的木结构技术已渐趋成熟，后世常见的抬梁式和穿斗式两种主要木结构已经形成，并且能够建造多层木建筑，斗拱已普遍使用。屋顶出现了庑殿、悬山、折线式歇山、攒尖、囤顶

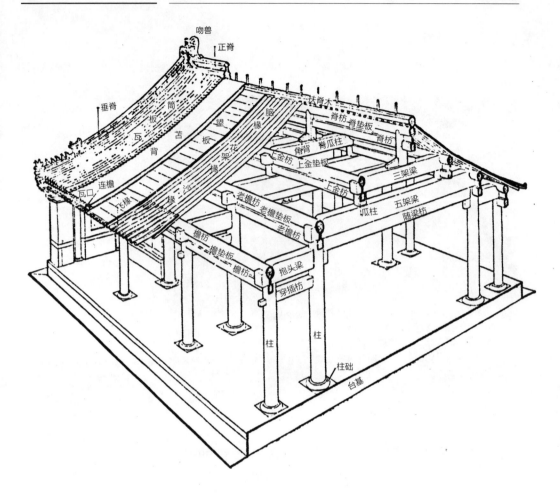

吻兽
正脊
扶脊木
垂脊
筒板瓦
望板
脑椽
脊枋脊垫板
脊瓜柱
俯背
花架
脊枋
檐板
苫背
下金枋上金垫板
三架梁
瓦口
连檐
沙
上金枋
五架梁
飞椽
椽
老檐枋
瓜柱
随梁枋
老檐垫板
老檐枋
檐枋
檐垫板
檐枋
抱头梁
穿插枋
柱
柱
柱
柱础
台基

图 3.3.3　抬梁式木结构

等多种形式，已能生产大量的主要建筑材料——砖和瓦，因此砖石结构技术逐渐成长起来，进而影响拱券技术的发展。至此，中国建筑特有的布局结构已经形成，建筑已能够满足社会生活的各种需要，成为后来两千年中国建筑发展的基础（图 3.3.3）。

　　大约在公元前 600 年，希腊的建筑师将从前可能是用木头建造的庙宇，设计成以石柱支撑的正方形和长方形，并安有圆柱形的门廊。列柱是希腊神庙的首要建筑语言。古希腊人建造柱子的灵感来源于埃及，到公元前 6 世纪形成了属于自己的独特做法，即罗马人所说的**"柱式"**（order）。希腊人的柱式有三种：**多立克式（Doric order）**、**爱奥尼亚式（Ionic order）**和**科林斯式（Corinthian order，**图 3.3.4）。此外还有女像柱。圆柱支撑着坚固的石头大梁，即梁-柱结构。那些大梁叫作额枋（ar-

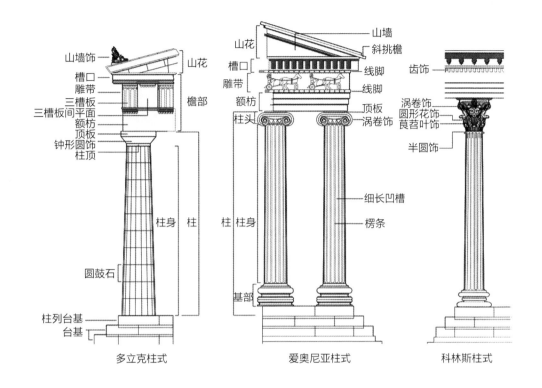

山墙饰 — 山花
槽口
雕带
三槽板 — 檐部
三槽板间平面
额枋
顶板
钟形圆饰
柱顶
柱身 — 柱
圆鼓石
柱列台基
台基

多立克柱式

山花 — 山墙
槽口 — 斜挑檐
雕带 — 线脚
额枋 — 线脚
柱头 — 顶板
— 涡卷饰
柱 — 柱身
— 细长凹槽
— 楞条
基部

爱奥尼亚柱式

齿饰
涡卷饰
圆形花饰
莨苕叶饰
半圆饰

科林斯柱式

chitraves），架在圆柱上的整个结构通称檐部（entablature）。向外露着的梁头通常都有三道切口作标记，希腊人称其"三槽板"（triglyphs）。

图 3.3.4 古希腊柱式示意图

从设计史的角度来看，罗马人对世界文明的最大贡献是他们在公共建筑和城市规划方面所表现出的创造。罗马人是希腊三种柱式的直接继承者，对科林斯柱式尤为青睐，因为这种柱式更适合他们热衷的大型公共建筑与皇家建筑所需要的趣味。在希腊三柱式的基础上，罗马人还发展出两种新柱式：**托斯卡纳式（Tuscan）**和**组合式（Composite）**。托斯卡纳式是对希腊多立克式的简化，组合式则是将科林斯式柱头的莨苕叶饰与爱奥尼亚式柱头的涡卷饰组合而成。以希腊柱式体系为基础，罗马建筑师又发明了拱券（arch）结构。拱的使用突破了希腊梁-柱结构在空间跨度方面的局限，因而轻而易举地被应用于横跨桥梁和输水道的墩柱；当这项技术用于拱顶（vault）时，则极大地满足了公共建筑对室内空间的要求。

起拱技术源于罗马人的另一项发明——**混凝土（concrete）**技术。罗马人的混凝土技术发展于公元前 3 世纪至前 1 世纪。它是将罗马附近盛产的火山灰与石灰相混合制成灰泥，并在其中填以碎石作为加强材料，凝结后具有很高的强度。罗马圆形竞技场（Colosseum）的墙壁和拱顶，便是使用的此种混凝土。

窣堵波（stupa）有"神圣之地"之意，是从放置遗物的土堆发展而来，为印度佛塔的一种重要形式。窣堵波主要用于供奉和安置佛祖及圣僧的遗骨（舍利）、经文和法物，信徒们在此举行献祭等活动。沿窣堵波筑起圆形木栏，以此将其与周围环境相分隔。坐落于山谷中的桑奇窣堵波（Stupa at Sanchi）群建于孔雀王朝时期（约公元前 324 年—约前 187 年），是现存较为完整的佛塔群。起初，这些窣堵波上都抹有灰泥并绘有图画。在节日时，人们会以鲜花装饰窣堵波，把祭拜用品堆满地面。

魏晋南北朝时期，由于佛教的传入和统治者的大力提倡，开始兴建大批佛寺、佛塔、石窟等佛教建筑。佛教建筑经历了中国化过程，这些外来的建筑类型一经与中国传统建筑形式结合，便产生了中国特色的佛教建筑形式。源于印度"窣堵波"的佛塔，通过与中国木构架建筑体系结合，形成了阁楼式的多层木塔，原来围绕佛塔的佛寺也向中国式的宫殿与宅院形式转化（图3.3.5）。

公元 476 年西罗马帝国灭亡，标志着罗马帝国失去了对地中海地区的控制。现代的历史学家和文化史家将君士坦丁迁都至公元 6 世纪末 7 世纪初这段时期称为"罗马晚期"或"古代晚期"，在艺术史上则称为"早期基督教时期"（Early Christian Period）。

早期，基督教并没有特定的建筑传统，只得从古希腊罗马建筑语汇中去选择自己的圣殿形式。**"巴西利卡"（basilica）**是古

早期窣堵波
印度，公元前 2 世纪

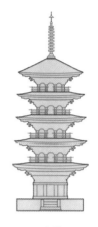

晚期窣堵波
中亚，公元 5—6 世纪

窣望塔
中国，汉代

石塔
中国西北部，公元 5 世纪

木塔
日本，公元 7 世纪

典文化时代的一种大型会堂（forum，图 3.3.6）建筑，主要用作室内市场或公开法庭。建筑主体为长方形的大殿，沿大殿两侧以排柱隔出相对狭窄、低矮的分隔间；大殿尽头设有半圆壁龛，是主持会议的人或法官所处的位置。这一种建筑形式成为当时基督教圣殿设计师的首选：半圆壁龛成为主祭坛（high altar）；祭坛旁边设置唱诗班席（choir）；会众集会的中央主殿称为中殿（nave）；两边的分隔间叫作侧廊（side-aisle）。

　　此外，基督教的建筑师还对巴西利卡进行了两点改造：①缩小巴西利卡的尺度。②由于巴西利卡的布局是柱廊对柱廊、后殿对后殿，其空间有一个明显的中心点，这无法满足基督教徒在教堂内的活动路线要求。因此，基督教的设计师取消了其中一个后殿，将入口移到次要立面一端。这样一来，就打破了长方形平面的双向对称性，只保留纵向一条轴线，这也就是人流活动的方向

图 3.3.5　印度、中亚"窣堵波"与中国、日本古塔样式

图 3.3.6 巴西利卡式与集中式教堂
结构图

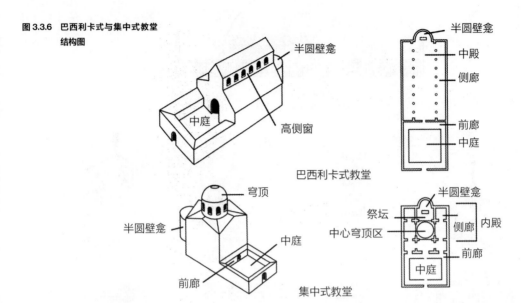

《建筑十书》
（ *De Architectura* ）

《建筑十书》是古罗马建筑师维特鲁
威（Vitruvirus）（活跃于公元前 46—
30 年）所作的一部有关建筑实践与理
论的建筑师手册。维特鲁威的这部著
作在中世纪才以手稿的形式传播，到了
1486 年才首次以印刷版的形式在罗马
出现。从那时起，该著经过多次编辑
和迻译，且几个世纪来一直被看作是
有关古典建筑的权威观点。由于该著
记录有许多关于希腊和罗马的建筑、
绘画和雕塑的趣闻趣事，它至今仍是
古代艺术史的主要文献来源。

线。其全部平面和空间的概念，连带全部装饰处理，都只服从于
这条方向线。建筑的平面为拉丁十字形，它象征着基督受难的十
字架。

始建于公元 324 年的老圣彼得教堂（Old St. Peter's）是典
型的巴西利卡式基督教堂（图 3.3.7）。

君士坦丁时代还发展起集中式形制的教堂，其原型是古罗马
2 世纪的万神殿。集中式与巴西利卡的主要区别在于它没有明确
的方向性，外观造型单纯，室内空间集中而统一，建筑规模一般
比巴西利卡小，但具有纪念碑的性质（图 3.3.6）。这种教堂一般
是建立在宗教遗址之上的陵庙或为纪念殉道者而建的圣祠（mar-
tyria）。在罗马晚期，集中式教堂平面多为圆形，中央空间作礼拜
活动之用，有一圈柱廊或拱廊将中央主空间与外圈的回廊分隔开
来。后来，在罗马帝国东部还发展出平面为希腊十字的集中式教
堂，以及平面为八角形的集中式教堂。

二、拜占庭

图 3.3.7　雅各布·格里马尔迪，老圣彼得教堂内景，绘于 1619 年，梵蒂冈图书馆，罗马

从公元 7 世纪以后，欧洲东部的"拜占庭帝国"一直延续到 1453 年被奥斯曼突厥人所灭；西方则进入了持续数百年的混战状态。公元 800 年由法兰克人建立起的西欧帝国曾暂时统一了西欧，开创了新的文化统一体，但其后复又分裂。1054 年，基督教教会正式分裂为东西两个教会；两个教会都自称是公教的和正统的。从近代开始，习惯上将东方教会称为正教（the Ortho-dox），西方教会称为天主教（Catholicism）。

6 世纪，拜占庭皇帝查士丁尼一世（Justinian I，527—565）登基，这一事件意味着拜占庭建筑设计风格开始与拉丁西方传统决裂。拜占庭建筑特点主要表现在几个方面：①东方人更喜欢集中式建筑，拜占庭人最初还尝试着集中式与巴西利卡的混合形式，到后来逐渐放弃了巴西利卡，将希腊十字纳入一个正方形的平面之中，这其实是在波斯和西亚人的经验上发展起来的。

②集中式建筑主要以十字交叉点上的方形间及其上盖起的穹顶为视觉中心，波斯的火神庙多为这种形制。但波斯人并未能很好地解决圆形穹顶与方形平面之间的承接过渡问题，这个问题终由拜占庭建筑师发明的帆拱（pendentive）解决。内角拱（squinch）是另一种有用的建筑构件，适用于在八角形的空间上支起圆顶，这是与伊斯兰建筑交流的成果。③拜占庭延续了古代美索不达米亚一带惯用的砖砌或砖石混砌的建筑结构。但砖砌结构使建筑表面粗糙，因此，贴面装饰技术也是从远古就盛行于美索不达米亚地区，拜占庭的设计师则将此技术发扬光大。皇宫与教堂建筑一般以彩色大理石贴面，在特定装饰部位，用玻璃、马赛克和石片等材料拼镶成各种图样，在圆顶、拱顶、拱肩等部位，还装饰着光彩夺目的镶嵌画。柱头一反古希腊罗马那种具有写实雕塑性质的装饰，而更趋向平面化和图案化，使柱头具有精致华丽的透雕效果。

圣索菲亚大教堂（Hagia Sophia）是查士丁尼时代最重要的建筑物（图 3.3.8）。公元 532 年，查士丁尼的军队把三万平民赶入竞赛场，把他们残酷屠杀，原来的圣索菲亚教堂在这场骚乱中毁于大火。此后，查士丁尼命两位小亚细亚的建筑师以空前大的规模与全新的形式重建，其东方趣味倾向可想而知。圣索菲亚大教堂的平面构成是集中式与巴西利卡的有机结合，通过帆拱技术的采用，中央穹顶盖在方形空间上，并通过前后两个半穹顶得到延伸，这在室内产生了一条强烈的纵向轴线，从入口前厅一直延伸到朝向东南的半圆龛内。中央大堂彩色大理石饰板、缟玛瑙等贴面或镶嵌，华丽非凡；圆柱以最为昂贵的绿斑蛇纹石或斑岩制成，柱头镂雕精美。室外阳光从那穹隆和侧壁上的无数窗口透入，与室内装饰的璀璨色彩交相辉映，金碧辉煌、如梦如幻，有如天国。

查士丁尼时代过去后，国库拮据和伊斯兰扩张使拜占庭帝国险遭灭顶。随后，旨在限制教会权力的圣像破坏运动一直延续到9 世纪，这更使拜占庭的设计发展陷入低谷，教堂建筑规模大大

图 3.3.8 圣索菲亚大教堂，532—
537 年，土耳其伊斯坦布尔

缩小，当然，以希腊十字为基础的集中式教堂形制也在此时最终
定型。

此后，9—11 世纪的所谓"马其顿文艺复兴"（Macedonian
Renaissance，867—1057）是继查士丁尼时代之后的又一个拜
占庭设计的黄金时代，圣卢卡修道院（Hosios Lukas）就是此时
的优秀代表，它的形制为希腊十字集中式，穹顶以内角拱支撑；
室内空间不大，但各部分贯通而紧凑；装饰一如既往地华丽优美，富于近东情调。1204 年，君士坦丁堡遭到十字军的践踏而使拜占庭陷于混乱。但到了巴列奥略王朝（Paleologene Dynasty，1261—1453），拜占庭文化又经历了其最后的辉煌。此时，伊斯兰的趣味日益成为时尚，将建筑结构淹没于繁复多彩、欢快迷人的墙面装饰中了。而拜占庭帝国，虽因十字军东征而无可挽回地衰落下去，但其设计却随着十字军的班师回朝而被带回拉丁西方，从而深深地渗入西欧的罗马式设计中。

三、早期中世纪西欧建筑

自西罗马沦陷以来，欧洲除拜占庭属地以外，已无力也无心经营伟大的建筑，直到加洛林王朝（公元 751—899 年），在稳定发展的环境下，大型的集中式和巴西利卡式建筑才重新建起，皇家和教会建筑还出现了一系列新特色。首先是**"西部结构"（westwork）**的出现，主要形式是在教堂西端主入口建起一座与中央大堂等宽的两层或多层建筑，左右两边各建一座塔楼。其次，由于礼拜仪式的日益复杂化和地下墓室成为大教堂和修道院教堂的组成部分，教堂中的圣坛区域逐渐扩大。

不过，加洛林王朝大多数建筑是巴西利卡式的，大多配有"西部结构"。著名的有德国的科尔维修道院（Corvey Abbey）、巴黎郊区的圣丹尼斯教堂（Cathédrale royale de Saint-Denis）等。尤其值得一提的是洛尔施修道院（Lorsch Abbey）的入口门楼（图 3.3.9），它建于 800 年左右，外观模仿古罗马凯旋门布局，拱形门间装饰着带槽的壁柱与古典柱头。但红褐色与淡黄色石板拼贴成的色彩和谐的抽象图形与古罗马的建筑风格实在是大异其趣。

加洛林王朝在动乱中三分领土，逐渐形成三个王国，分别为德国、法国和意大利的前身。962 年奥托一世（Otto I the Great）（912—973）建立了号称"神圣罗马帝国"的奥托王朝。奥托王朝继承加洛林传统，也雇佣了许多外国艺术家，形成所

图 3.3.9 洛尔施修道院入口门楼，
约 800 年，德国洛尔施

谓"奥托文艺复兴"（Ottonian Renaissance），但它不是加洛林文艺复兴的简单延续，而是有所发展。奥托王朝的建筑因其与加洛林建筑的密切联系和对传统木结构平顶的沿用而被很多学者视为欧洲早期中世纪建筑发展的最后阶段。教堂建筑几乎都为巴西利卡结构，中央大堂上部为木质平顶，还未采用罗马式的拱顶结构；建筑语汇几无创新，而是对加洛林建筑的形式加以完善和扩大，使其结构更规整、布局更系统。

四、罗马式建筑

罗马式（Romanesque），顾名思义，即运用古罗马的设计手法所创造的艺术风格。这个名词是 19 世纪艺术史家创造的建筑术语，用以形容欧洲哥特式风格盛行以前的 11—12 世纪的建筑风格，后来，这一术语涵盖范围被扩大到那个时代艺术与设计的各个领域。建筑中的罗马式最早出现在 9 世纪末 10 世纪初，繁荣于 11—12 世纪，在某些国家和地区持续到 13 世纪，后被哥特式风格所取代。

罗马式建筑汲取的是古罗马的拱券与拱顶构造技术，筒形拱顶、交叉拱顶、圆顶等结构与构件在罗马式时期得到广泛运用。从立面上看，最具有特征性的视觉元素是三个与古罗马凯旋门布局相似的有半圆形券的入口。罗马式建筑的主要特点是：第一，以坚实的砖石结构拱顶取代原先巴西利卡的木结构屋顶；第二，罗马式建筑的结构骨架下连地面，上达顶棚，对角跨过架间，再回到地面，各个构件交织在一起，建筑结构比早期基督教堂和拜占庭教堂复杂得多，也坚固得多；第三，传达圣训的壁画和雕刻是罗马式建筑的主要装饰，题材多为引导人们敬神畏罪的内容，如最后的审判、基督显圣、基督升天等。

11 世纪极为盛行的朝圣活动极大地促进了罗马式建筑的流行。朝圣教堂（Pilgrimage Church）是典型的罗马式建筑，风格和建筑布局都较为统一。法国图尔的圣马丁大修道院教堂（Abbey church of St. Martin in Tours, 1003—1014）奠定了朝圣教堂的基本形制，即：五堂式巴西利卡，建有石质筒形拱顶和大型耳堂，后堂回廊由若干礼拜堂环绕，最大限度地满足了众多香客参拜的需要。罗马式虽然是一种国际性风格，但政治上的分裂使各地的罗马式风格相去甚远，在不同国家和地区，革新和创造并未停止，发展出不少各具特色的地方流派，彼此之间又随着朝圣之路互相影响。

911 年，法国国王单纯者查理（Charles the Simple, 897—

图 3.3.10 达勒姆大教堂，1093—1133 年，英国达勒姆郡

829）与维京人达成协议，将意大利南部的诺曼底（Normandy）赐予维京人，由此诺曼底公国（Duchy of Normandy）发展起来。1066 年，诺曼底的征服者威廉（William the Conqueror，约 1028—1087）征服英格兰，使这个岛国从此与欧洲大陆有了密切联系。罗马式建筑也在英格兰发展起来，被称为诺曼底风格

（Normandy Style）。始建于 1093 年的达勒姆大教堂（Durham
Cathedral）既代表着盎格鲁–诺曼底建筑的最高成就，也是英
格兰土地上罗马式建筑发展的高峰。事实上，达勒姆大教堂所
使用的交叉拱技术已经暗示着哥特式建筑的伟大发展前景（图
3.3.10）。教堂里面的教堂圣器、精装书壳、便携式祭坛、祭坛
帷饰、十字架等是罗马式流行时期最重要的设计，它们将中世纪
早期的用材贵重、错雕华美发挥得更为极致。

五、中国隋唐时期的建筑

隋唐时期（公元 581—907 年）是中国古代建筑设计的成熟
时期。隋代已经采用图纸与模型相结合的建筑设计方法。工匠李
春设计修建的赵州桥是世界上最早的敞肩拱桥（或称空腹拱桥），
迄今 1300 多年还基本完好，反映了当时桥梁建筑设计的最高水
平。这一时期成就最突出的是城市与宫殿的设计。唐都长安是在
隋代规划兴建的大兴城的基础上扩建而成的，规划严整，分区
明确，街道整齐，是当时世界上最宏大繁荣的城市（图 3.3.11）。
唐代的宫殿建筑气势雄伟、富丽堂皇。长安大明宫的遗址范围相
当于北京故宫面积的三倍多，大明宫中的麟德殿面积约是故宫太
和殿的三倍。这时候的宫殿与陵墓建筑加强了纵轴方向以衬托突
出主体建筑的组合布局，直到明清仍沿用此法。

隋唐的佛教建筑遍布全国。留存至今的仅两座木构架殿堂建
筑均在山西五台山，即南禅寺大殿和佛光寺大殿。它们是我国现
存最早的两座木构架建筑，造型端庄浑厚，表现出唐代建筑稳健
雄丽的风格，在建筑设计发展史上具有极珍贵的价值。砖塔留存
较多，形式多样，主要有楼阁式、密檐式与单层塔三种，塔的平
面除极少数例外，全都是正方形。隋唐建筑设计强调艺术与结构
的统一，没有华而不实的构件，建筑色调简洁明快，屋顶舒展平
远，门窗朴实无华，给人以庄重、大方的印象。这是后来宋元明
清建筑少见的特色。

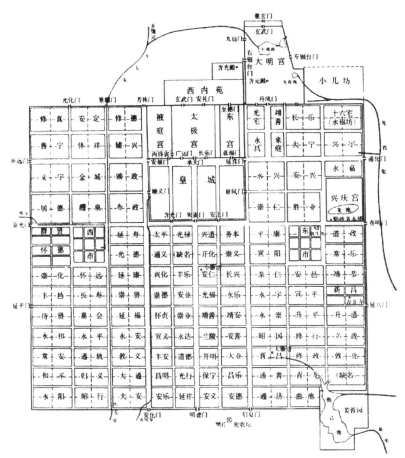

图 3.3.11　长安城图，唐代

六、哥特式建筑

12 世纪后半叶，**哥特式（Gothic）** 建筑产生于法国北部。这一风格在欧洲一直盛行到 15 世纪，是中世纪艺术与建筑风格的最后一个阶段。相较于罗马式建筑而言，哥特式建筑是一种新式的、以石头和玻璃为主要材料的建筑物。

圣丹尼斯修道院教堂（Abbey Church of St. Denis）被公认为第一所哥特式教堂（图 3.3.12）。1137—1144 年，院长絮热

花饰窗格

花饰窗格是哥特式建筑中必不可少的重要元素之一。最初是美索不达米亚的苏美尔（Sumer）人发明了玻璃这种材料，而玻璃也被称为设计史上最早的人工装饰材料。建筑中玻璃材料的使用充分考虑到光的效果，让自然光透过玻璃照射进建筑物内，除了表达宗教的神秘，更有利于建筑物采光。

图 3.3.12　圣丹尼斯修道院内景，
1135—1144 年，法国巴黎

（Abbot Suger，1081—1151）主持了教堂的重建。圣丹尼斯修
道院教堂始建于 8 世纪晚期，以早期基督教时期的一位圣徒圣
丹尼斯（St. Denis，约 258 年卒）命名。长期以来，圣丹尼斯
被视为法兰西的保护圣徒，他的圣堂也成为加洛林王朝的主要纪
念性建筑。新圣丹尼斯教堂在原有的巴西利卡教堂基础上重建了
西立面，在双塔之间加上一个玫瑰窗（rose window）。顶部采
用石结构的交叉肋拱，室内布局复杂而集中统一。新的唱诗堂体

现了新教堂最重要的革新，即将罗马式教堂中带若干礼拜堂的后堂回廊形式改变成放射状的统一体，即以半圆形后堂为圆心，放射出七个礼拜堂，从而展示了一种新的几何学秩序。而撑起那唱诗堂的 12 根柱子代表 12 使徒，以与当时广泛流行的图像学传统一致。居中的礼拜堂是献给圣母的，那里的彩色玻璃窗描绘了《耶西之树》（*Tree of Jesse*）。絮热还热衷于用精美雅致的礼拜仪式器具来装点他的教堂，他认为，在建筑中使用精石美玉将会促进信徒们对上帝精神的沉思默想。

哥特式建筑的基本构件是尖拱（ogival or pointed arch，或称尖拱券、尖券）和肋架拱顶（ribbed vault），但它们都不是哥特式建筑师的发明。不过，为了取得非物质化的效果，哥特式的建筑师对尖券和肋架拱顶这种既有的结构技术进行了前所未有的大胆尝试。尖拱的拱肋构成了哥特式教堂的基本承重骨架，在肋拱之间填以轻薄的石片，便大大减轻了拱顶的重量。轻盈的拱顶可以由细而高的支柱来支撑，厚重的墙壁不再需要，配以成片的花饰窗格（tracery），其光影缭绕的神圣性远远强于罗马式建筑室内的装饰壁画；石材的向下坠重感消失，建筑高高升起。建筑室内外的所有水平线都被尖尖的、垂直的建筑构件打破，所有空间都以向上升起的视觉效果得到统一。后来，哥特式建筑师还设计了飞扶垛（Flying buttress），它们环绕着教堂室外的建筑主体，凌空飞跨于侧堂之上，以支撑中殿的拱顶结构。在哥特式后期，这种具有实际功能的构件也用雕刻与小尖塔装饰起来，与其他部分一道形成向上飞腾的总体效果（图 3.3.13）。

对哥特式教堂而言，在早期或板型花饰窗格（plate tracery）上，窗户是凿穿坚固的石头而成的；而在条型花饰窗格（bar tracery）中，玻璃则占有支配地位，细长的石条被附加在窗户上。

哥特式开始于修道院教堂，但随着城市生活的兴起，修道院教堂已很少兴建，哥特式建筑的主角是城市的大教堂。圣丹尼斯教堂建造起来之后的几个世纪，哥特式在欧洲大部分地区逐渐取

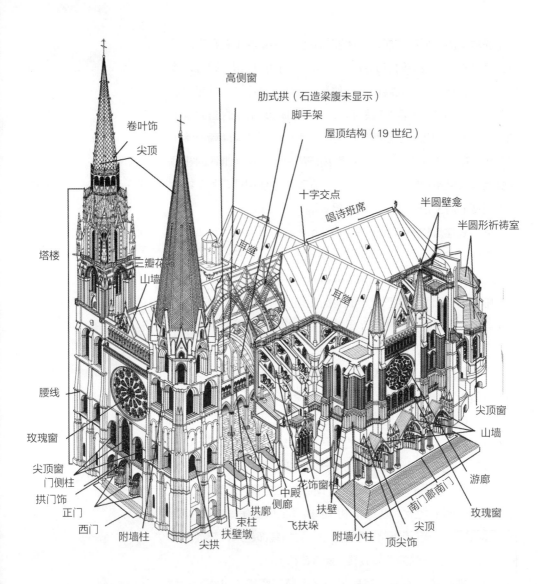

高侧窗

肋式拱（石造梁腹未显示）

脚手架

屋顶结构（19世纪）

卷叶饰

尖顶

十字交点

半圆壁龛

唱诗班席

半圆形祈祷室

塔楼

三瓣花饰

山墙

耳堂

耳堂

腰线

玫瑰窗

尖顶窗

山墙

尖顶窗

门侧柱

拱门饰

正门

西门

附墙柱

尖拱

扶壁墩

拱廊

束柱

中殿

侧廊

花饰窗棂

飞扶垛

扶壁

附墙小柱

南门廊南门

顶尖饰

尖顶

游廊

玫瑰窗

图 3.3.13　沙特尔大教堂（Chartres Cathedral）结构示意图

代了罗马式建筑。以往曾用中世纪盛期或中世纪晚期指称哥特式盛行的几百年间，但有必要指出的是，这个阶段在欧洲各地发展并不一致（详见下表）。

后期哥特式建筑风格发展表

类型	时间	主要分布区	主要特点	代表作品
辐射式风格（Rayonnant style）	13世纪	法国	"辐射式"一词源于圆花窗中的辐射状图样，将窗花格图样扩展到建筑内墙与外墙表面，这种设计仅仅是出于纯装饰的动机。	法国巴黎圣礼拜堂（La Sainte–Chapelle）
盛饰式风格（Decorated style）	约13世纪中后期至14世纪前半叶	英国	"盛饰式"风格的墙体完全为花饰窗格取代，窗中出现了早期英国哥特式较少见的条形花饰窗格；内部拱顶的拱肋数目增加，并从拱顶表面突起。	英国德文郡埃克塞特大教堂（Exeter Cathedral, Devon）
火焰式风格（Flamboyant style）	14世纪下半叶至16世纪	法国	"火焰式"风格受英国"盛饰式"的影响而发展起来。其名称来自于火焰的闪烁摇曳，也来自于墙面、尖塔，尤其是门廊上建筑形状的起伏波动。	法国鲁昂圣马克卢教堂（Church of Saint-Maclou, Rouen）
垂直式风格（Perpendicular style）	14世纪中后期至16世纪前中期	英国	"垂直式"风格起源于伦敦，强调建筑的垂直性。花饰窗格突出垂直因素和水平因素；拱顶由从属肋构成网络，在主肋间形成间隔。英国建筑师还发明了扇形拱顶，进一步加强了装饰效果。	英国剑桥国王学院礼拜堂（King's College Chapel, Cambridge）

七、中国宋元时期的建筑

五代两宋的建筑设计规模不及唐代，风格趋于秀丽和多样化，在建筑布局和造型设计上出现了若干新手法。北宋京城汴梁（今河南开封）放弃了汉以来历代都城采用的封闭式里坊制度，改为沿街设店的方式，有利于商业和手工业的发展。两宋的木构架建筑今存极少，现存的山西太原晋祠圣母殿具有宋建筑柔和秀丽的风格。与此同时，北方辽代建筑更多地保留了唐代建筑雄健的风格。后来的金代建筑又糅合了辽宋两者的风格。

宋代木构架建筑采用了以"材"为标准的模数制和工料定额制，使建筑设计施工达到了一定程度的规范化。为纪念契丹第七位统治者辽兴宗的应县木塔始建于 1056 年，是中国现存唯一最古老、最完整的木塔（图 3.3.14）。塔高 67 米，建在 4 米高的石砌台基上，内外两槽立柱，构成双层套筒式结构。木塔使用的斗拱有 54 种，结构精密，体量宏伟，是中国古代木构建筑的典范。

这一时期的砖石建筑达到了新的水平，尤以佛塔最为突出，留存最多，形式丰富，艺术设计和工程设计水平都很高。著名的开封佑国寺塔是仿木楼阁式砖塔，造型高耸挺秀。塔身外面加砌一层褐色琉璃砖作外皮，采用 28 种琉璃砖砌造，由于玻璃砖颜色似铁因而又叫"铁塔"。其纹样雕刻丰富，是我国现存最早的琉璃塔。河北定县开元寺嘹敌塔高达 84 米，是现存我国古代最高的建筑物。值得一提的是，嘹敌塔设计有格子门窗，用以改进采光条件并使装饰效果得到增强。

元代的木构架建筑设计继承了宋、金的传统，但在规模与质量上都不及前代。元代大都，是继隋唐长安以后，按严整的规划设计建设起来的又一大都城，是当时世界最大的都市之一。明清两朝的北京城就是在元大都的基础上改建和扩建而成的。此外，由于元朝疆域广大，对外交流频繁，加上蒙元统治者迷信宗教，宗教建筑异常兴盛，外来建筑风格随之传入了内地。尤其是元朝

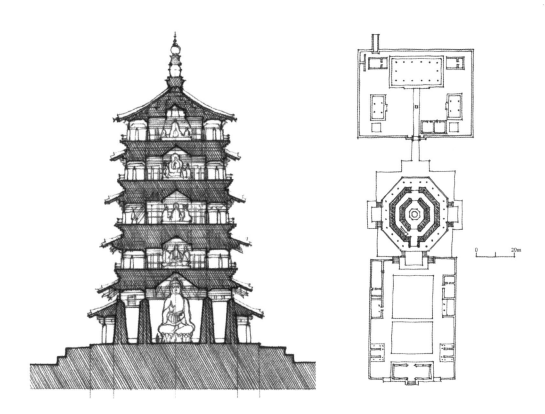

图 3.3.14 应县木塔（右侧为剖面图），1056—1195 年

大力提倡的喇嘛教建筑，不仅在西藏大有发展，内地也有出现，现存的北京妙应寺白塔属喇嘛塔，是由尼泊尔的工匠阿尼哥设计的。在大都、新疆、云南及东南地区的一些城市，还陆续兴建了西亚风格的伊斯兰教清真寺。

第四节

近代设计：15世纪初期—1769年

新航路的开辟使得全球的经济联系不断加强，过去依靠阿拉伯人联系起来的东西方世界，现在有了更多的直接联系。而印刷术在欧洲的普遍使用，更加导致了知识传播的革命。印刷品的大量出现引起了民众对政治和宗教的焦虑，宗教改革在所难免，在此影响下，近代设计延续了文艺复兴的成果，不断地走向完善、系统，反映人的需求。建筑上，延续文艺复兴的理念，复兴并拓展古代建筑传统；风格上，更多地反映贵族趣味，出现巴洛克和洛可可风格的设计。值得一提的是，一方面，中国风在西方盛行一时，东西方的设计理念与设计品相互交融、相互影响；另一方面，贵族淑女的趣味直接地影响了洛可可设计风格，女性在设计风格的发展中开始扮演更加重要的角色。

一、活字印刷术

在欧洲发展活版印刷的几百年前，符咒、钱票和纸牌等印制品已遍布中国人的生活。**活字印刷**由中国人于1041—1049年间发明，随后通过中东传入欧洲。1423年，欧洲首次出现雕版印刷。随后，于1455年，约翰内斯·谷登堡（Johannes Gutenberg，1398—1468）在德国美因兹城的一个印刷品店首次使用活动字母印刷《谷登堡圣经》（图3.4.1）。被李约瑟称为"再发明"的谷登堡活字印刷及印刷机，虽晚于毕昇"活字印刷术"四百多

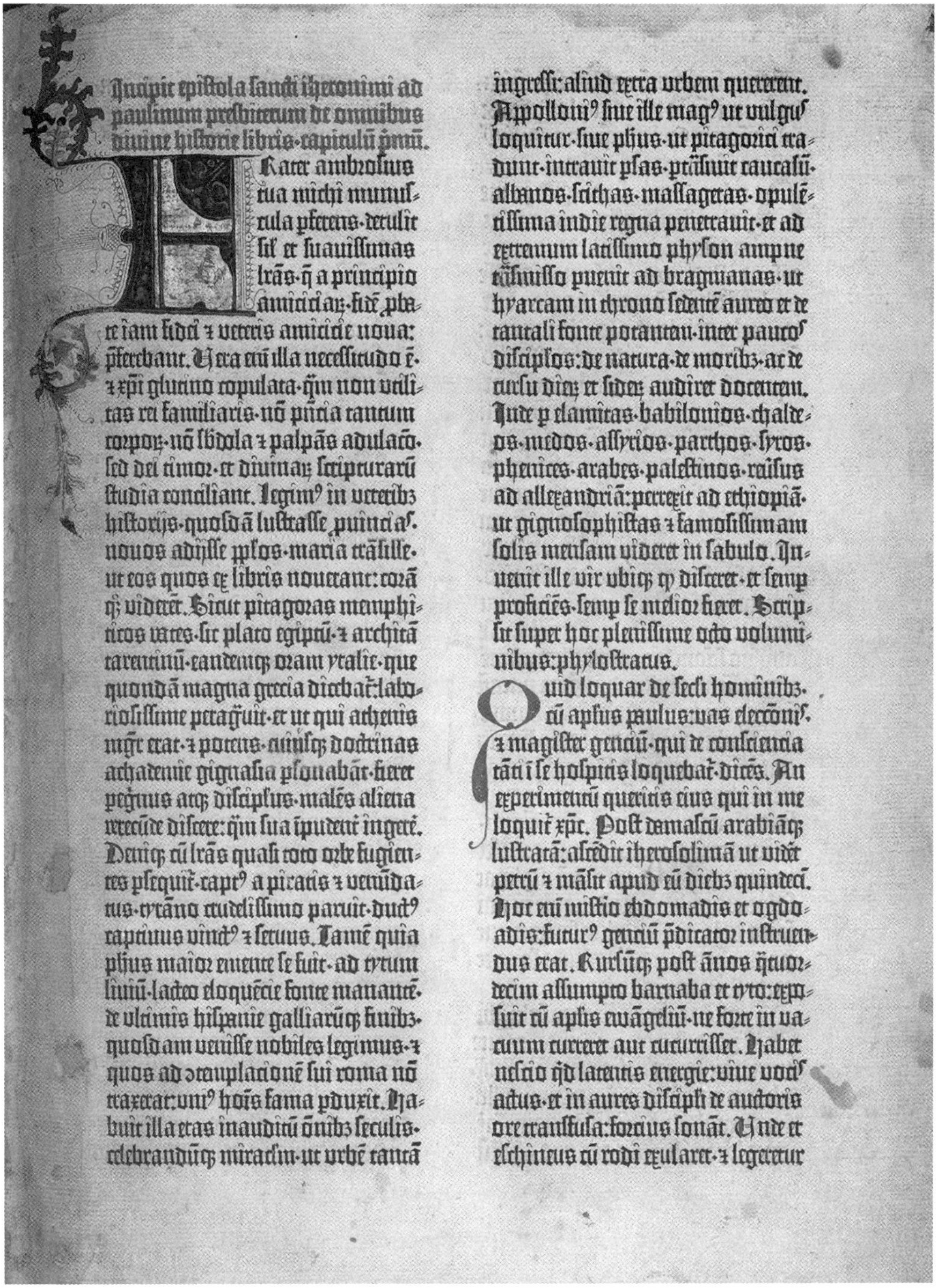

Incipit epistola sancti ieronimi ad
paulinum presbiterum de omnibus
divine historie libris. capitulum primum.
Frater ambrosius
tua michi munus-
cula perferens detulit
simul et suavissimas
litteras. que a principio
amicitiarum fide probate
iam fidei et veteris amicicie nova:
preferebant. Vera enim illa necessitudo est.
et christi glutino copulata. quam non utili-
tas rei familiaris. non presencia tantum
corporum. non subdola et palpans adulacio.
sed dei timor. et divinarum scripturarum
studia conciliant. Legimus in veteribus
historiis. quosdam lustrasse provincias.
novos adisse populos. maria transisse.
ut eos quos ex libris noverant: coram
quoque viderent. Sicut pitagoras memphi-
ticos vates. sic plato egiptum. et architam
tarentinum. eandemque oram ytalie. que
quondam magna grecia dicebatur: labo-
riosissime peragravit. et ut qui athenis
magister erat. et potens. cuiusque doctrinas
achademie gignasia personabant. fieret
peregrinus atque discipulus. malens aliena
verecunde discere: quam sua impudenter ingerere.
Denique cum litteras quasi toto orbe fugien-
tes persequitur. captus a piratis et venunda-
tus. tyranno crudelissimo paruit. ductus
captivus vinctus et servus. Tamen quia
philosophus maior emente se fuit. ad titum
livium lacteo eloquencie fonte manantem.
de ultimis hispanie galliarumque finibus.
quosdam venisse nobiles legimus. et
quos ad contemplacionem sui roma non
traxerat: unius hominis fama perduxit. Ha-
buit illa etas inauditum omnibus seculis.
celebrandumque miraculum. ut urbem tantam
ingressi: aliud extra urbem quererent.
Apollonius sive ille magus ut vulgus
loquitur. sive philosophus. ut pitagorici tra-
dunt. intravit persas. pertransivit caucasum.
albanos. scithas. massagetas. opulen-
tissima indie regna penetravit. et ad
extremum latissimo phison amne
transmisso pervenit ad bragmanas. ut
hyarcam in throno sedentem aureo et de
tantali fonte potantem. inter paucos
discipulos: de natura. de moribus. ac de
cursu dierum et siderum audiret docentem.
Inde per elamitas. babilonios. chalde-
os. medos. assyrios. parthos. syros.
phenices. arabes. palestinos. reversus
ad alexandriam: perrexit ad ethiopiam.
ut gignosophistas et famosissimam
solis mensam videret in sabulo. In-
venit ille vir ubique quod disceret. et semper
proficiens. semper se melior fieret. Scrip-
sit super hoc plenissime octo volumi-
nibus: phylostratus.
Quid loquar de seculi hominibus.
cum apostolus paulus: vas electionis.
et magister gencium. qui de consciencia
tanti in se hospitis loquebatur dicens. An
experimentum queritis eius qui in me
loquitur christus. Post damascum arabiamque
lustratam: ascendit iherosolimam ut videret
petrum et mansit apud eum diebus quindecim.
Hoc enim misterio ebdomadis et ogdo-
adis: futurus gencium predicator instruen-
dus erat. Rursumque post annos quatuor-
decim assumpto barnaba et tyto: expo-
suit cum apostolis evangelium. ne forte in va-
cuum curreret aut cucurrisset. Habet
nescio quid latentis energie: vive vocis
actus. et in aures discipuli de auctoris
ore transfusa: fortius sonat. Unde et
eschineus cum rodi exularet. et legeretur

图 3.4.1 《谷登堡圣经》的内页，1455 年，德克萨斯大学藏本

可以说这本圣经是文艺复兴设计和技术的重要成就，字体设计与双栏版式源自基督教手抄本的传统，而大写的首字母被加重了笔划，以便读者很容易找到句首。带有金泥装饰的字母或边框是手绘而成的，这同样源自金泥装饰手抄本（Illuminated manuscript）的宗教传统。

年，但它却对以后的西方文明起着决定性的影响作用。

活字印刷术的产生，逐渐打破了知识的垄断，修道院制度的知识垄断进一步瓦解。1462年美因兹被洗劫后，印刷工人流散到德国和欧洲各地，印刷术从它的发源地德国传播到荷兰、意大利、法国、比利时和英格兰。印刷书籍的快速流行让商人们嗅到了其中的巨大商机。除书本生意，印刷商还开拓了大众印刷品这块处女地。除发行满足神职人员及贵族需要的书目，印刷商还把精力放在发行通俗类、历史类、游记类文学，或关于色情、怪异的大众出版物。

起初，书上所用的字体多忠于手抄本上的字体。后来，因为需要在排版上节省时间，印刷商发展出几种固定的字体。在德国，规矩的哥特体字母受到欢迎。线条比较圆润和均匀的罗马字体则受到人文主义者的喜爱。如今我们最为常用的加拉蒙体则源于克洛德·加拉蒙（Claude Garamond）的设计。这种字体新风格的兴盛，翻新了同一部作品上的版式，读者得以从视觉上体会到不同的乐趣。

书籍装帧的花样不断增多，靠着进步的雕刻技术，花饰、字母尾、华丽的花体大写字母等穿插在书籍页面上，书中的插图也出现得越来越频繁。图版书的产生让文本与图像之间的关系变得紧密，精美的插图让书本更加有趣。寓意画（emblem）和寓言（allegorical）书使用富有想象力的视觉图像吸引广泛读者。这类书籍很多都包含着道德信息和基督教教义，但挑逗、滑稽或色情的图像和故事也在发行。

印刷技术使以文字和图像为载体的文化得到广泛而有效的传播，更能够将其留存后世。借助谷登堡的发明，不仅使书籍装帧设计产生了一次飞跃，而且使市民的教育更为具体，同时在广告领域也引起了革命。信息通过印刷传播到不同的场合，反映出最初机械化设计的萌芽，并为工业革命后的设计打下了坚实的基础。

二、古代建筑传统的复兴与拓展

1. 文艺复兴时期的建筑

"文艺复兴时期与大致从公元 1300 年到 1600 年的历史时期联系起来，传统上也一直使用'文艺复兴'指称这一历史时期。这是一个明白自己是文学和学术复兴或再生的历史时期。"

——P. O. 克里斯特勒（Paul Oskar Kristeller，1905—1999）

作为一场义化运动，文艺复兴发端于 14 世纪的意大利，15 世纪后期起扩展到西欧各国，16 世纪达到鼎盛。这是一场广泛影响了从社会生活到思想观念方方面面的运动，就设计实践与理论而言，这个阶段呈现出既独具特征又十分复杂的面貌，并在许多方面为此后两三百年的设计确定了基本格调。意大利文艺复兴的设计主要由 15 世纪的两个人文主义者和建筑师开创：在理论上是利昂·巴蒂斯塔·阿尔贝蒂（Leon Baptista Alberti，1404—1472），在实践上则是菲利波·布鲁内莱斯基（Filippo Brunelleschi，1377—1446）。

阿尔贝蒂是位典型的文艺复兴式通才。他对设计深感兴趣，年轻时就向各类艺术家、学者和工匠乃至补鞋匠了解他们行业的秘密和特点，掌握了各种才艺；1432—1434 年，他在罗马接触了古罗马建筑，研读了维特鲁威的著作；回到佛罗伦萨后，他与以布鲁内莱斯基和雕塑家多纳泰罗（Donatello，1386—1466）为核心的艺术家圈子来往密切，了解了他们的设计思想和技巧；1443 年阿尔贝蒂再赴罗马，此后一直在那里生活和工作，完成了许多他最为重要的美学与数学著作，其中包括成书于 1443—1452 年间的《建筑论》（De re aedificatioria）。

这部作品既将他所熟悉的布鲁内莱斯基的建筑思想和技巧理论化，又将他手中大量的古代建筑、哲学材料系统地梳理、消化；他沿用了维特鲁威坚固、适用、美观的建筑基本原则和《建筑十书》的基本体例，但处理得相当审慎而富于创见。《建筑论》中专门讨论了美与装饰的问题。阿尔贝蒂为"美"制定三条标准：即数字（numerus）、比例（finitio）和分布（collocatio）。这些概念的综合，就是"和谐"（concinnitas），这是阿尔贝蒂建筑美学的核心概念。"美是存在于整体之中的各个局部的呼应与协调，就如数字、比例与分布，彼此协调一致一样，或者说，这是自然所呼唤的一种规则。"在他看来，建筑就像人的身体一样是有机的整体。这种观念为此后大量出现的"维特鲁威人"奠定了基础。正是在这种观念的影响下，文艺复兴巨匠莱奥纳尔多·达·芬奇（Leonardo Da Vinci，1452—1519）留下了著名素描《维特鲁威人》（Vitruvian Man，图 3.4.2）。很可能，莱奥纳尔多在绘制这幅图时正在酝酿计划中的建筑论文的一个腹稿，只是一直没有完成罢了。

阿尔贝蒂的影响主要是在理论上，而布鲁内莱斯基则因其在具体建筑设计中体现的卓越天才和巨人气魄受到同时代人文主义者的极大推崇。他最著名的作品是为佛罗伦萨大教堂设计的圆顶（图 3.4.3）。大教堂始建于 1296 年，在 14 世纪完成了中殿，并开始建造东端复杂的八角形建筑。到 1418 年，工程进行到建造跨度巨大的八角形建筑之上的拱顶之际，有许多技术问题亟待解决。这些问题曾使先前几代建筑师陷入激烈争论。1420 年，从罗马废墟归来的布鲁内莱斯基为半个世纪以来难以建造的佛罗伦萨大圆顶提出了切实可行的方案，几经曲折之后被任命为全权负责圆顶工程的总建筑师，而且担任这项职务到 1446 年逝世为止。这个大圆顶跨度为 42.7 米，与罗马万神殿的穹顶相当，垂直高度则远远超过后者。布鲁内莱斯基采用了由 8 根主肋和 16 根小肋组成的尖拱，大大减小了圆顶的重量和侧推力，使圆顶具有极好的稳定性。在这个设计中可以看到，布鲁内莱斯基仍然深深地依赖哥特式建筑的结构和形式，但他把这种中世纪的技术成功地易容为和谐优雅的古典样式。

布鲁内莱斯基的建筑实践为文艺复兴时期的建筑带来了新风

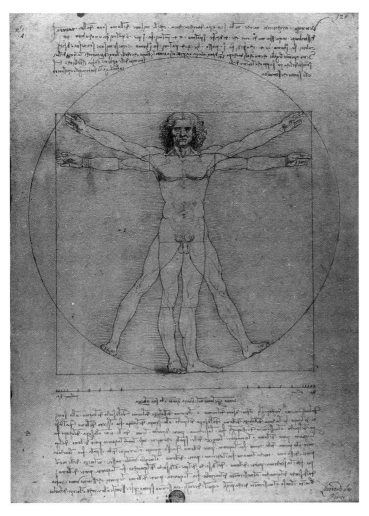

图 3.4.2 莱奥纳尔多·达·芬奇，维特鲁威人，34.3 厘米 ×24.5 厘米，1490 年，学院美术馆（Galleria dell Accademia），威尼斯

格，其中至少有四个重要特征：第一，对古典建筑的兴趣以及建筑人格化的追求。这借助于把古典柱式重新引入来达到。第二，以几何化为目标。这通过单纯地运用基本几何形状和简单的数学比例来实现。罗马式和哥特式建筑已对数字的格律作了非常有益的尝试，但仅限于平面，并始终以复杂的神的征喻为基础；15 世纪的建筑师们将单纯的几何关系转变到空间效果中，并且试

图 3.4.3　布鲁内莱斯基，佛罗伦萨
　　　　　大教堂圆顶，1420—1436
　　　　　年，意大利

图寻求不带神秘色彩的、合理的和更富于人性的表现方法。当人
们置身于布鲁内莱斯基构造的空间中时，不再被动地为建筑空间
左右行动的路径，而是通过认识在空间中无所不在的简洁的规律
和比例把握建筑的奥妙，这样的空间给人以宁静平衡的感觉。第
三，对空间集中性的重点强调。这一方面与君主或贵族世俗权威
的加强有关；另一方面，集中式平面比纵长的平面更适应于整体

统一的空间概念，中世纪基督教堂所表现出来的那种对动势的追求不为文艺复兴时期建筑师所喜，相反，他们要求合理地控制轴线所固有的全部动势。第四，布鲁内莱斯基设计中的两色配色方案与 13 世纪表面处理中丰富的用色形成对比，这在当时所显示出的挑战性几乎类似于后来"装饰即罪恶"的现代主义设计观对 19 世纪建筑装饰风气的反感。

　　安德烈亚·帕拉迪奥（Andrea Palladio，1508—1580）是意大利晚期文艺复兴的建筑大师，他对纪念碑性建筑有很深的研究，同时还钻研过维特鲁威、阿尔贝蒂等学者的著作，由此而写成继《建筑十书》《建筑论》以来久享盛名的《建筑四书》（ I Quattro Libri dell' Architettura ）。帕拉迪奥最为著名的建筑莫过于位于维琴察（Vicenza）的圆顶别墅（Villa Rotonda，图 3.4.4 ）。

图 3.4.4　安德烈亚·帕拉迪奥，维琴察附近的圆顶别墅，1550 年，意大利 16 世纪的别墅

2. 东西方的园林设计

文艺复兴时期的建筑以古代传统复兴与拓展为核心，欧洲园林设计在此时亦迎来重大转变。建筑师采用比例、透视等新规则，把本来封闭的中世纪园林转为朝外开放模式。卡雷吉庄园（Villa Medici at Careggi）、卡法吉奥罗庄园（Villa Medici at Cafaggiolo）和菲埃索罗庄园（Villa Medici, Fiesole）是文艺复兴初期美第奇式园林的典范，它们的设计摆脱了中世纪城堡为庭院风格，让建筑与花园连为一体，使得园林与外界紧密结合。文艺复兴时期的园林除了用于展示雕塑，收集植物，更重要的是为了人们娱乐和消遣设计的。

文艺复兴时期的设计师将数学及线性透视奉为基本准则，严格地遵循以比例追求建筑和谐，园艺设计也随着潮流，发展出秉承罗马园林风格的台地园。多纳托·布拉曼特（Donato Bramante）是此风格的奠基人，在他设计出第一座台地园——望景楼花园（Belvedere Gardent）后，整个意大利掀起建造台地园林的风潮（图 3.4.5）。

意大利传统的台地园依山而建，主要建筑群常处于山坡上，可以俯瞰全园的景色及周边的自然风光。顺地形，设计师把山坡分为几个平台花园，喷泉、流水及雕塑安排在花园中用以活跃景观。建筑与园林设计均注重比例及尺度，风格以朴素大方为主。各台地间用道路相联，路旁栽植黄杨、石松等，以此与周围自然环境作过渡。法尔奈斯庄园（Villa Palazzina Farnese）、埃斯特庄园（Villa d'Este, Tivoli）和兰特庄园（Villa Lante）是著名的台地园代表。

植物、水体和洞穴是意大利庄园的三要素，植物与水体的设计让别墅与周围景色之间和谐过渡，而洞穴的安排则迎合当时的潮流。1480 年发现的地下洞穴尼禄黄金屋（Domus Aurea of Nero）重新燃起人们对古希腊罗马的热爱，黄金屋中各式怪诞的装饰为洞穴艺术蒙上一层神秘感。当意大利艺术家陶醉在发掘各式怪诞图像并将其转化为艺术作品时，园林设计师亦将洞穴

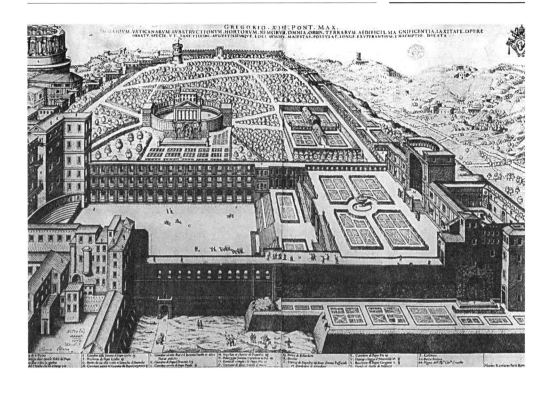

安放在园林中，以表达对古代艺术的崇拜。古代神话中的英雄雕像会被置于人工挖出的洞穴中，仿造的钟乳石及水溶石灰石在洞中形成奇妙的形式，鹅卵石、贝壳等也会用于装饰洞穴内部。粗糙的饰品遍布人造的洞穴中，以此迎合他们所认为的古人的怪诞（grotesque）趣味。后来的巴洛克式园林为了营造出浪漫气氛，除了在花坛图案中增加复杂的曲线及安装各式机关水嬉外，还更为注重在园林中设计带有神秘浪漫感的洞穴。

　　16 世纪后期，法国继承意大利造园手法并将其改良。在台地园林的风格上，加强了平静水面与绣花式花坛的运用，最终发展出法国古典主义园林风格，让讲求对称与几何图形化的规则式园林发展到顶峰。17 世纪下半叶，由安德烈·勒诺特尔（André Le Nôtre）所主持设计的凡尔赛宫苑堪称法式园林的典范，其宏伟华丽的园林风格让各国竞相仿效。

　　处于明清两代的中国，其园林设计则达到了顶峰，无论在理论上和实践上都辉煌创造。在皇家园林方面，明代在元大都太液池的基础上建成西苑（今北京北、中海），并扩大西苑水面，增

图 3.4.5　望景楼花园平面图，1574 年
受尤里乌斯二世委托，布拉曼特于 1506 年设计出罗马第一个台地式花园。整个设计依托原有山势，在山坡上分出了三层平台。顶层平台被十字路分成四块，中间置喷泉装饰。最底层与中层平台之间是宽阔的台阶，可作为竞技场的观众席。

图 3.4.6　英法联军拍摄的颐和园，
　　　　1860 年

南海。清代康熙、乾隆年间，曾掀起皇家园林设计建设的高潮。在北京筑有"三山五园"，即万寿山清漪园（后改名颐和园）（图3.4.6）、玉泉山静明园、香山静宜园，另有畅春园和圆明园（包括圆明、长春、万春三园）；在河北承德建有避暑山庄。私家园林主要集中在江南的苏州、南京、扬州和杭州一带，尤以苏州为盛。广州地区则有独具岭南风格的园林。著名的私家园林主要有苏州拙政园、留园、网师园和怡园，无锡寄畅园和上海豫园等。这一时期还出现了专门的园林设计家。其中明末清初的计成，在总结实践经验的基础上著成《园冶》一书。这是我国古代最系统的园林设计论著，在设计史和美学史上具有极其宝贵的价值。

中国古代的园林设计，不管是皇家园林或是私家园林，也不论早期或后期，在设计上都有一些共通的特点。首先，中国园林设计注重自然美。中国园林以山、水、植物和建筑作为基本的设计因素，这些因素的设计构成只有"因借"（因地制宜、借景）之法而无固定程式，即有法无式，布局自然、随机变化。所有园林虽大都人工造成，但却力图摆脱人工雕琢的痕迹。建筑也是园林重要的组成部分，但园林中的建筑不追求过于人工化的规整格局，而是根据不同的山水之景设计出亭、榭、廊、桥、舫、厅、堂、楼、阁等，与山水自然融合，与整个园林协调。其次，中国园林十分强调曲折多变。无论皇家园林还是私家园林，都追求"以有限面积造无限空间"。各景区的设计，有的以封闭为主，有的用封闭和空间流通相结合的手法，使山、池、建筑和花木的布置有开有合，互相穿插，以增加各景区的联系和风景的层次。同时，山、池、建筑的形状和花木品种的配置亦尽量做到多样化，使人们从这一景区转入另一景区时，有步移景异、变化无穷的感觉。而且，这种园林风景设计上复杂多变的同时，又不失"体宜"（得体）的效果，无丝毫杂乱无章之感。这与崇尚修饰、追求对称划一的欧洲大陆园林设计是截然不同的做法。再者，中国园林设计崇尚意境。设计不只满足于对自然美景的仿造，更追求诗情画意境界的创造，借以寄托园主的思想情怀。园林意境的创造，主要依靠造园者对园林的整体和局部、宏观和微观的精心设计、巧妙安排，因此造园者的素质修养成为关键的因素。同时还可借助联想寓意、匾联点题等手法，使主题明朗，意境深化。

中国园林设计以其曲折多变的造型和自然野逸的意趣，在世界园林设计史上享有崇高的地位。它早在七八世纪已传到日本，18 世纪又远传欧洲，引起英、荷、德、法等国园林设计者的纷纷仿效。中国园林被誉为世界园林之母，是中国古代设计文化的杰出代表之一。

三、文艺复兴时期的工艺

在文艺复兴开始之后的几个世纪里，工艺设计对所谓"大艺术"的追随是亦步亦趋：家具直接挪用建筑构件和雕刻艺术作装饰，织绣品的图案又来自绘画。这与工艺观念的变化相关。文艺复兴运动的成果之一是促使"设计师"与手工艺发生分离。人们

手法主义

1. 第一层历史含义通常是指一个风格时期（用于意大利艺术，主要是罗马），约在 1530—1590 年，因此它有时被认为是盛期文艺复兴的古典主义的一种衰落；
2. 第二层历史含义则被用于任何一个风格时期，这个时期被认为和它以前的某个时期有类似的特征。

赞颂熟练技艺，但却鄙视体力劳动。经过人文主义者的讨论，建筑、绘画和雕塑艺术已被证明是脱离体力劳动的人文学科，并且与自然科学和灵感附会在一起：建筑师、画家、雕塑家理所当然地必须具备扎实的数学和几何知识，以及哲学思维，其才华和灵感则得自上帝的恩赐。而以自己双手制造物品的工匠却被视为体力劳动者，其工作与高尚的自然科学无关，也不需要灵感，他们只需要遵循既有的图案和伟大艺术家的创作，便可得到富人们的订单。这种观念在 17 世纪将得到更多理论根据，并最终在 18 世纪导致了艺术和手工艺的分离。

不消多言，这几个世纪里的工艺品制作也都在很大程度上遵循了追随"大艺术"的原则。16 世纪最伟大的金匠本韦努托·切利尼（Benvenuto Cellini，1500—1571）设计了大量盐瓶（图 3.4.7）、花瓶和金属头像、门楣等，那些作品具有**手法主义（Mannerism）**风格。切利尼是一个很具代表性的例子。尽管他确实很乐意被人承认自己的娴熟技艺，但其奋斗目标却是在有生之年成为独立的艺术家。他从未安于工匠的身份，多次为坚持自己的设计而顶撞尊贵的主顾，这种傲慢行为主要是为了表明自己是一名艺术家而非手工艺者，尽管这也许在客观上略微提高了手工艺者的地位。事实上他确实获得了成功：任何情况下，人们论及其职业生涯时都不曾视之为寻常工匠。

但是，当时大多数手艺人并没有切利尼的雄心。他们很乐意采用有名望的画家和雕刻家的现成设计稿，因为这些艺术家的风格往往已成为时尚。此外，他们对自己的手艺怀有十分务实的态度，会采取各种新方法提高生产效率和降低生产成本。比如就金工艺而言，可批量制作线脚和重复缘饰的压印戳已流行于欧洲的作坊；现成的流行纹样铸模很受欢迎，因为这可节省大量时间和工夫。

说到陶器与瓷器的制作，虽然欧洲在新石器时代已经开始制作陶器，但直到中世纪，欧洲的陶瓷业仍停留在炻器阶段——即介于陶器与瓷器之间的陶瓷制品。16 世纪，葡萄牙传教士克罗

图 3.4.7　本韦努托·切利尼，佛兰西斯一世的盐瓶完成于1543 年

兹（Gaspar da Cruz）首次向欧洲介绍中国瓷器及其基础制造工艺。景德镇外销瓷在欧洲出现后，欧洲各国开始纷纷仿制瓷器，如最早的美第奇瓷器（Medici porcelain，图 3.4.8）、法恩斯陶（Faience）、代夫特陶（Delftware）等。但由于胎土配方、烧制工艺等方面的差距，欧洲的仿制瓷器瓷质较软，与细腻坚硬的中国瓷器仍大相径庭。

四、巴洛克风格

巴洛克（Baroque） 一词的来源说法不一。意大利哲学家克罗齐（Benedetto Croce，1866—1952）认为它源于 Baroco，原本是逻辑学中三段论式的一个专门术语。较常见的一说则认为它源于葡萄牙语 barroco，原指一种形状不规则的珍珠，引申为"不合常规"。文化史家雅各布·布克哈特（Jakob Burckhardt，

图 3.4.8　美第奇瓷瓶，1575—1587
年
该瓷瓶瓷质为软质瓷，配方含有白
黏土、长石粉、磷酸钙、硅灰、石
英，烧制成果呈半透明，略有玻璃
状。装饰模仿中国青花瓷，以釉下青
花为主。

1818—1897）可能是把"巴洛克"在艺术上的意义固定下来的
人，他用它专指那种文艺复兴极盛时期的建筑风格已经蜕化为出
现在意大利、德国和西班牙的反宗教运动时期的华丽风格。除了
造型艺术领域，该词在音乐和文学领域的使用也得到承认。在广
泛的文化史上，人们有时把欧洲的 17 世纪称为巴洛克时代。

　　艺术设计中的巴洛克风格在本质上反映了 17 世纪的伟大体

制，尤其是罗马教会神权和中央集权的法国王政。无论是说服、聚拢信众，还是传播、加强王权观念，都只有通过对系统稳定性和中心权威性的强调才变得有意义。因此，巴洛克设计必须象征性地表达体制机构的严格组织，从而具有系统化的特征。另一方面，说服和传播需要人的参与，要激起人们心中崇敬的波澜，故戏剧性必不可少。此外，17 世纪的宗教和政治中心信心无穷，强大的影响力和控制力从源头出发无限延伸，开放性和动态性变得极为重要。系统化和动态感在巴洛克风格中被奇特地综合起来，构成意义丰富的整体。

具体而言，巴洛克风格可以这样理解：

第一，从空间上看，巴洛克风格的基本特征在于：占统治地位的中心，无限的延伸动感以及极具说服力的造型力量。手法主义利用"空间"的内力和外力的相互作用而进行的戏剧化尝试在巴洛克建筑中得到完全体现，也正是在这个意义上，手法主义被认为是盛期文艺复兴和巴洛克之间的一个桥梁。

第二，巴洛克的建筑世界还可以比作一个大剧院，在这里，戏剧性处理的手法是多样的，艺术图像和空间构造成为两种积极的尝试，而观者的视觉感受被作为具有相当重要意义的事情。

第三，巴洛克建筑是一种综合性艺术，包括壁画、雕塑等在内的所有装饰和部件，以及色彩和光影效果都必须为其功能服务。只要最终能达到综合，它不排斥任何建筑体验，事实上，它类似于后来所说的"总体艺术作品"。在这里，文艺复兴时期系统组织的空间和手法主义的动态感都被结合到了一起；中世纪超自然的品质，以及古代神人同形同性论的表现也被吸收进来；唯一回避的是手法主义具有怀疑性的冲突的处理手法，因为一个真正的综合是不允许被怀疑的。巴洛克的无所不用导致了对古典传统原型特征的消解，具有了折中主义或历史主义的倾向。因此，这也引起了同时代理论家对"滥用"建筑形式的批评。

第四，巴洛克作为一种国际性风格并不意味着它是一场统一的艺术运动或风格。比如说，罗马巴洛克建筑强调的是形式的变

图 3.4.9　卡洛·马代尔诺，圣苏珊娜教堂，1597—1603 年，意大利罗马

教堂虽仿效耶稣教堂，比例却更为高峻雄伟；门面的细部安排层层曲突，愈近中央大门愈为明显，例如由扁平的方柱变为半圆柱再变为 3/4 圆柱。

化与心理上的张力，而同时期的法国巴洛克建筑在**理性主义**的支配下，主张规范严谨的**古典主义**。

1. 巴洛克建筑

　　17 世纪早期巴洛克建筑的主要代表是卡洛·马代尔诺（Carlo Maderno，1556—1629）设计的圣苏珊娜教堂（Santa Susana，图 3.4.9）。马代尔诺还担任了圣彼得大教堂的内部改建和门面建筑设计。这座历经数代建筑师之手的著名建筑，被改为拉丁十字平面。马代尔诺扩建的内部和门面仍充分吸取了米开朗琪罗巨形柱式的基本图案，保持了整体的雄伟感，门面的安排还采取

图 3.4.10 贝尔尼尼，圣彼得大教堂主祭坛之上的青铜华盖，1624—1633 年
巨大的螺旋形柱子据说来源于叙利亚所罗门神庙，它造就了与基督教传统的精神联系，同时这种非古典的巨柱具有向上旋扭的动势，成为巴洛克常见的设计语言。

了类似圣苏珊娜教堂的手法，使这种教堂具有了巴洛克的面貌。

17 世纪盛期巴洛克设计的代表人物有马代尔诺的两个学生詹·洛伦佐·贝尔尼尼（Gian Lorenzo Bernini，1598—1680）和弗兰切斯科·博洛米尼（Francesco Borromini，1599—1667）。贝尔尼尼为圣彼得大教堂室内装饰工程设计了众多动态强烈的雕塑，利用色彩、光线和雕塑块面的光影变化营造出激动人心的辉煌场面。伫立在主祭坛之上的青铜华盖也由贝尔尼尼设计，这是一座高达 29 米的巨型幕棚，顶端的十字架象征着基督教的大获全胜（图 3.4.10）。

雕塑家出身的贝尔尼尼把空间处理成一个通过雕塑表现戏剧

图 3.4.11　博洛米尼，四泉圣卡洛教
　　　　　堂立面，1634—1643 年，
　　　　　意大利罗马

形状复杂的空间使墙体的处理不能墨
守成规，博洛米尼发明了"波浪形墙
体"（undulating wall）来解决这个
难题，四泉圣卡洛教堂就采用了这一
创新。

的舞台，博洛米尼则采用了与他截然不同的方式。他将空间构造
成以一些不可再分的形体组成的复杂综合体，让空间反映出人类
在世界中不断变化的处境和戏剧性的心理体验。在罗马四泉圣卡
洛教堂（San Carlo alle Quattro Fontane，图 3.4.11）中，他把
纵向椭圆和延长的希腊十字交融而非简单地结合在一起。到了萨

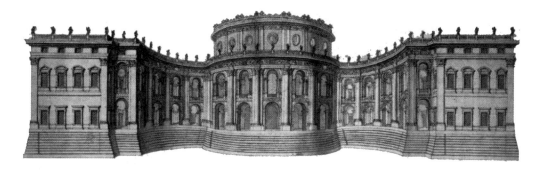

皮恩扎大学内的圣伊沃教堂（Sant'Ivo alla Sapienza），更复杂的平面使墙体的处理更加匠心独运。六角形的平面由凹入和凸出的半圆形壁龛交替而成，其内部复杂的形状不间断地延续到穹顶之上，保持了竖向的连续性，使穹顶处于扩大和收缩的运动中，不再具有静止和封闭的传统特性。室外则表达出一种宇宙象征和宗教信仰的新综合，直上天际的螺旋形尖顶具有"哥特式"的意象。

　　法国在 17 世纪开始进行大规模的城市规划，覆盖整个法国的城市系统彼此相似，整个世界被理解成一系列几何秩序的拓展。整个系统的中心是首都——巴黎，它作为具有纪念意义的中心，将这个国家统一起来，同时又把权力的威慑扩散开去。好比梵蒂冈圣彼得广场将所有教堂和信众召集起来，又将宗教的崇高感情传播开去。尽管意大利的巴洛克风格对法国有必然的影

图 3.4.12　贝尔尼尼，卢浮宫主立面方案，1665 年

图 3.4.13　佩罗等，卢浮宫东立面，1667—1670 年，法国巴黎

响力，但后者并不受教会神权的左右，其巴洛克风格的步伐与绝
对君权的巩固相一致，这种一致在路易十四（Louis ⅩⅣ）统治时
期达到顶峰。因此，"秩序之美"，以及与绝对主义专政集权相一
致的规范性是 17 世纪法国设计美学的核心，从而使法国 17 世
纪的建筑呈现出古典主义面貌。另一方面，宏大的规模、对集中
性的强调、盛大华丽的装饰及辉煌的光影效果又使其具有巴洛克
特征。

具有古典主义气质的法国巴洛克与偏离古典的意大利巴洛克
之间的区别可以在贝尔尼尼和克劳德·佩罗（Claude Perrault，
1613—1688）等分别设计的卢浮宫方案中看出来，真正得以实
施建成的是佩罗等人的设计，与贝尔尼尼的方案相比，后者张力
稍逊而典雅过之（图 3.4.12—图 3.4.13）。

2. 巴洛克时期的手工制品

巴洛克风格在视觉艺术中主要以作为综合艺术作品的建筑为中
心和代表，但作为一种时尚，巴洛克必然也影响了建筑以外的各种
手工艺制作。巴洛克家具的基本特征与文艺复兴家具相去不远，只
是更加奢华繁缛、饱满丰腴，有卖弄炫耀的意味。比如在 11 世纪
就已出现的铤制椅在 17 世纪更见流行，并且大量出现螺旋形的扭
转形式（图 3.4.14）。

在 17 世纪的法国，为路易十四设计的家具最好地体现了内
敛端庄与豪华奢侈相混融的法国巴洛克风格。路易十四为了使宫
廷奢侈品得到源源不断的供应，设立了国有制造厂。其中最重要
的是 1662 年建于巴黎北部的葛帛兰（Gobelins）家具工厂，它
1667 年被官方赐封为"皇家家具制造厂"。国有制造厂体系刺激
了画家和雕塑家加入到实用艺术中来，路易十四的宫廷画家夏
尔·勒布朗（Charles Le Brun，1619—1690）就是这家工厂的
主管，他将国外和本土最优秀的天才聚集在一起，创造了崭新的
法国巴洛克风格的家具（图 3.4.15）。

葛帛兰工厂建立后的第一件任务就是生产凡尔赛宫的室内装

饰和家具。在勒布朗的带领下，设计师们成功地创造了独特的法
兰西民族风格，为尊贵的皇帝和宫廷权贵设计了理想的家具。意
大利从手法主义开始的整体设计实践也被勒布朗完善化了，他为
凡尔赛宫所做的任何一件细微的装饰都是为了整体而存在的。勒
布朗在 1690 年逝世后，安德烈 - 夏尔·布勒（André–Charles
Boulle，1642—1732）成为路易十四最亲信的家具设计师。他
最擅长设计橱柜和大衣柜，常用象牙、贝壳、黄铜镶嵌，在拉手
和铰链处镀金，从而形成丰富的家具外观（图 3.4.16）。

　　随着巴洛克风格的兴起，织绣的作用日益重要，这时家具中
最重要的装饰材料是刺绣织品。为了增加华丽效果，庄重的椅子
被覆以各种织绣物，床结构则几乎完全隐藏在层层叠叠厚重的织
绣物下面。高大的建筑室内，各种名贵的绸缎、天鹅绒与壁画

**图 3.4.14 雕刻镟制椅，17 世纪末，
英国**

17 世纪，刻意扭曲的曲线和圆鼓形成
为最常见的装饰，家具腿部最流行的
样式是球茎形、交织涡旋的植物纹，
以及人像或其他有隐喻的形象等。

**图 3.4.15 路易十四的胡桃木扶手椅，
1660—1680 年**

图 3.4.16　安德烈－夏尔·布勒，立
　　　　　式橱柜，1665—1670 年
橱柜的两个人像支柱分别象征着力量
与生命，风格瑰丽之余又富于人文
气息。

彩绘交相辉映，而许多织绣又以巴洛克绘画为图案，炫目非凡。
法国的织锦工艺在巴洛克时期进入空前盛况，以"葛帛兰花毯"
（Gobelins Tapestry）最为闻名。

五、洛可可风格与明清工艺

1. 洛可可风格与中国风

随着路易十四的驾崩，法国巴洛克的雄伟格调也行将终了。一种具有女性气质的精致华丽风格逐渐兴起，这就是洛可可。就像"哥特式""巴洛克"一样，**"洛可可"**最初也是一个贬义词。在词源上，Rococo 与法语 rocaille（岩状饰物）相关。早在 17 世纪，法语 rocaille 一词常用以称谓贝壳和石子制作的岩状装饰。在 18 世纪末新古典主义的潮流中，德国美术史家温克尔曼批评洛可可时拈出了 rocaille 作为这种风格的特点，这也许是因为这个词会使人联想起假山石穴之类特别不规则而且过分古怪的事物。

这一时期的欧洲，还曾流行过一种以中国或东亚文化为灵感源泉，并充满幻想的创作风格——**"中国风"（Chinoiserie）**。在设计史上，将 17 和 18 世纪，西方在室内设计、家具、陶器、纺织品和园林设计等方面，采用中国样式的现象称为中国风。17 世纪初，英国、意大利等国的工匠开始自由仿效从中国进口的橱柜、瓷器和刺绣品的装饰式样，之后逐渐形成了被称为"中国风"的设计潮流（图 3.4.17）。这种风格在 20 世纪 30 年代又曾在室内装饰领域再次流行。

洛可可主要体现在室内设计、家具设计和其他相关的装饰设计中，它呈现了法国人妩媚、愉悦和优雅的一面，很快就被奥地利和德国模仿，以后又在相当程度上影响了英国。洛可可开始时与巴洛克有所混杂，后来又与新古典主义有着某种程度上的平行，后者弘扬的是简易、得体的古典风格，在 18 世纪中后期之后逐渐成为新的国际时尚。除了洛可可与新古典主义，18 世纪的欧洲各种设计中还常常具有所谓的"中国风"。洛可可的设计经常可以看到一些中国元素，这种异国情调的生命力甚至比洛可可本身还要旺盛。在优雅这一方面，中国风为洛可可时尚所拥抱，但另一方面，它又因其自然不造作的本质而在洛可可逐渐衰

如画

picturesque 源于意大利语 "pittoresco"。这一术语最早用于描述自然界的形态，指某物体或景观值得入画。深受古典艺术教育的英国贵族把 17 世纪法国画家尼古拉·普桑（Nicolas Poussin, 1594—1665）充满古典气息的历史画，与克劳德·洛兰（Claude Lorrain, 1600—1682）风景画梦幻自然中的断壁残垣作比较。他们更倾向于后者，习惯于按照洛兰之类画家的标准去评价风景。如果一个地方能让他们想起洛兰的绘画，他们就认为那里美丽，是如画的风景。从美学的角度来看，"如画"通常会与两种美学理想联系起来，即美丽（Beautiful）与崇高（Sublime）。"美丽"的风景是恬静的；"崇高"的风景则使人心生敬畏。威尔特郡秀丽的斯托海德庭园（Stourhead garden）（图 3.4.18）就是典型的"如画"式风景。

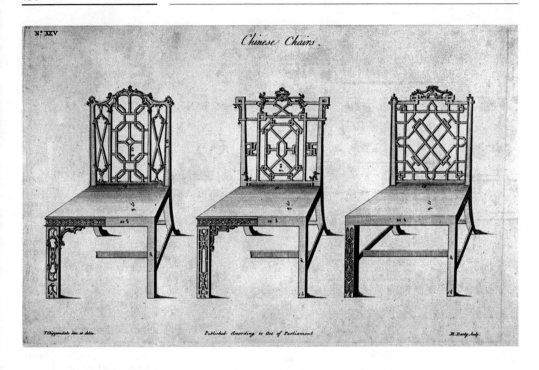

Chinese Chairs.

图 3.4.17 托马斯·奇彭代尔，中国式椅子，《绅士与木工指南》插图细部，1754 年，伦敦

奇彭代尔的家具设计将中国家具的风格元素融入哥特式装饰的特点之中，这不仅迎合了当时英国人的趣味，而且这种风格的多样化同样也是 18 世纪晚期服装、室内、纺织品等设计的典型特征。

落之后仍然成为欧洲设计的重要取法对象，尤其是在园林设计方面。正是因此，它一直延续 18 世纪始终。

在很大程度上是由于受到中国的影响，18 世纪欧洲的园林设计较此前时代有了新的突破。"如画"的概念首先在英国得到了理论上的讨论，许多园林设计师造园中以各种方式演绎了这一概念。1750 年贺拉斯·沃波尔（Horace Walpole，1717—1797）曾借用中国园林"疏落有致"的设计思想来解释自己位于特威克南的草莓山别墅（Villa of Strawberry Hill）的构思。18 世纪中期以后，欧洲其他各国都逐渐接受了"如画"的园林设计美学，各自创造出了自然清新的如画景观。

在手工业领域，一方面，文艺复兴以来艺术家与手工艺人的分离，在 17—18 世纪已经转变为现实；另一方面，在 18 世纪中叶工业革命初露端倪以前，尽管有些手工艺制作已出现了一些标准化的倾向，制约整个工艺发展的仍然主要是纯粹的手工艺劳动。当时手工艺劳动与艺术家创作之间最大的共同点在于，它们都不可避免地受到各种时尚趣味的影响。

1715 年，路易十四去世，在路易十五（Louis XV，1710—

图 3.4.18 亨利·霍尔（Henry Hoare）等，斯托海德庭园，1741—1780 年，英国威尔特郡

1774）未成年期间，由奥尔良的菲利浦（Philippe d'Orléans）摄政，史称摄政时期（le Régent，1715—1723）。如果说在路易十四时期的装饰中辉煌雄伟走到了极致，那么摄政时期与 18 世纪 60 年代中期以前的路易十五时期则在纤巧精美与浮华繁缛方面达到了巅峰。二者的区别可以从分属两个时代的扶手椅中看出来：路易十四的扶手椅让人联想起凝滞的力量和雄伟的建筑（图3.4.15），而路易十五的扶手椅则通过绵绵不绝的曲线给人轻盈优雅的印象（图 3.4.19），这种装饰风格通常被称为"洛可可"。

此时西方开始从硬装转向对软装的关注，从建筑设计转向室内设计。洛可可风格从室内设计开始，随后扩展到服装与其他工艺设计领域。在室内设计中，它最为显著的特点就是从巴洛克注重建筑结构本身的造型，转向了对建筑表面的经营，采用盘旋交织条带、涡卷、阿拉伯纹样、中国花鸟人物进行装饰，欣赏非对称的美；异域风情尤其是中国风格受到了推崇。凡尔赛宫和卢浮宫这种大型项目因法国皇家建设项目财政紧张而不再受欢迎，设计师转向朴素的城镇住宅设计与较小的皇室项目，房间的布置与陈设也越来越讲究生活的舒适性与便利性，强调身

图 3.4.19　路易十五的镀金木质扶手椅，约 1715 年

扶手椅避免任何锐角的出现，构架是浇铸而成的，处处都有当时常见的刻花和轻柔的涡卷形。

图 3.4.20　博夫朗，苏比兹府邸的公主厅，1735 年，法国巴黎

淑女名士的起居室内有很强的私密性，装饰优雅，室内多为白色等安静清淡的色调，配以金色、淡雅的玫瑰红、绿色等精美细腻的装饰作为点缀，色彩明亮清丽，布局灵活合理，格调轻快妩媚。

份地位的象征性与礼仪性退居其次。热尔曼·博夫朗（Germain Boffrand，1667—1754）是著名的法国洛可可设计师，他对许多王公贵族的府邸进行了设计和改造，其中苏比兹府邸（Hôtel de Soubise）的公主厅（Salon de la Princesse，图3.4.20）就是洛可可的代表作。

2. 明清工艺

中国明代是家具设计的辉煌时期。由于宫殿、民居、园林等建筑的大量兴建，作为主要室内陈设品的家具的需求也相应大增。郑和下西洋以后，中国和东南亚各国的联系更加密切，大量热带优质木材不断输入中国。当时的木工工具也得到了很大的改进，种类繁多，加工便利，而且木工技术已发展到很高的水平，出现了诸如《鲁班经》《髹饰录》《遵生八笺》《三才图绘》等有关木作工程技术的著作。这些因素都推动了明代家具设计不断发展并达到了历史的顶峰。

明代家具种类繁多，用材考究，设计巧妙，形成别具一格的设计特色，被称为"明式家具"。明式家具的种类主要有椅凳（图3.4.21）、几案、橱柜、床榻、台桌、屏座等六大类。不同的建筑空间配置不同的家具，一般厅堂、卧室、书斋等都相应有几种常用的家具配置，并且还出现了成套家具的设计。明式家具采用优质硬木，制作非常精工，一线一面、曲直转折均一丝不苟，严谨准确，实现了形式与功能的完美统一，被誉为中国家具设计史上的顶峰杰作。明式家具不只是中国家具民族形式的典范和代表，在世界家具设计史上也独树一帜，自成体系。

清代家具在结构和造型设计上基本继承了明式家具的传统，体量显得更加庞大厚重，出现了组合柜、可折叠与拆装桌椅等新式家具（图3.4.22）。而在装饰设计上，宫廷与达官显贵使用的家具为了追求富丽堂皇、华贵气派的效果，使用雕镂、镶嵌、彩绘、剔犀、堆漆等多种手法，以及象牙、玉石、陶瓷、螺钿等多种材料，对家具进行不厌其烦的装饰。清代家具以苏作、广作和

明式家具的设计特点：

一是注重结构美。不用胶和钉，主要用榫卯结构，不同的部位采用不同的榫卯。

二是注重材质美。充分利用材料本身的色泽和纹理，不加遮饰，色泽深沉雅致，木纹自然优美，质感坚致细腻。

三是注重造型美。造型浑厚洗练，稳重大方，比例适度，线条流利。

四是注重装饰美。装饰简洁，不事繁琐雕琢，装饰线脚简练细致，朴实无华。

图 3.4.21 黄花梨螭纹圈椅，明代

图 3.4.22 黑漆描金五蝠云纹靠背
椅，清代

京作为代表，被称为清代家具三大名作，造型与装饰设计各具地
方特色，并且一直保持到现在。

中国素有"丝绸之国"的美誉，中国古代纺织品设计，尤其
是丝绸设计与制作工艺精良。早在汉代，中国丝织品就经新疆南
北两条商路大批运往中亚、西亚，甚至转运到欧洲的大秦国（古
罗马），深受各地人们的珍爱。所经商路也成为举世闻名的"丝
绸之路"。到了唐代，大量通过"丝绸之路"进行的东西方经济、
文化交流，进一步促进了唐王朝的繁荣，扩大了东方文化的影
响，也使中国丝绸设计在世界设计史上留下了绚丽夺目的美好
形象。

明代的丝织有重大发展。织锦称明锦，主要品种有库缎、织
金银和妆花三类。明锦图案设计有团花、折枝、缠枝、几何纹
等，其中缠枝为明锦代表特色，花纹设计有云龙凤鹤、花草鸟
蝶、吉祥锦纹等（图 3.4.23）。造型质朴，有程式化的装饰美感。

图 3.4.23 明锦，黄地团龙凤缠枝花纹

明代刺绣以上海露香园顾氏一家的"顾绣"最为有名。顾绣以画绣为主，所绣古今名画，结合刺绣特色，富有装饰效果。明代服饰恢复汉制，官服的级别制度严格。"补子"是明代的发明，即在官服中加缀图案设计以示品级区别。文官绣禽，武官绣兽，连服色、花纹也因官品不同而各自相异。男子官服为盘领袍，戴乌纱帽，常服以斜领大襟宽袖衫为主，女装多承袭唐宋，以无袖对襟、修长的比甲最具特色。

清代的丝织、刺绣、印染均非常发达。丝织以南京的云锦、苏杭的宋锦和四川的蜀锦为最佳。清代丝织品纹样的设计风格，

图 3.4.24　织锦双凤团花纹，清代

大体分早、中、晚三个阶段。早期继承明代传统，多用小花矩架，严谨规矩；中期纹饰繁缛、华丽纤细；晚期多用大枝花、大朵花，粗放淳朴。清代刺绣形成苏绣、粤绣、蜀绣、湘绣、京绣等地方体系，设计风格各具地方特色。例如苏绣的典雅秀丽，粤绣的富丽辉煌，蜀绣的淳朴自然，湘绣的生动逼真，京绣的精巧工整（图 3.4.24）。另外还有许多民间纺织品设计，其中蓝印花布以其浓郁的民间特色和生活气息深受人们的喜爱。

　　清代男子被强制穿用满族服饰，官服为马褂长袍，袍用马蹄袖，戴暖帽或凉帽，造型严谨而繁琐，呈筒状封闭式样，风格肃穆庄重。女子服装汉满各异，后来互相影响，形成这一时期的鲜明特色。女装风格华贵繁缛，时兴在服装边缘镶滚绣彩，饰物倾向于精致华美的工艺。传统旗女所穿宽大直筒的旗袍，后经民国初年的改良加工，成为汉民族服饰的代表，充分显示出东方女性的温柔与内涵（图 3.4.25）。总的来说，中国古代男子服饰设计的基本风格是庄重和实用，中国古代女子服饰设计则充满绚丽流动的色调。但由于受封建章服制度的严格限制，古代服饰设计远

图 3.4.25　大红提花绸花鸟如意古式
大袄，清中期

不能科学、自由、充分地发挥其设计的效用。

从 8 世纪末开始，中国瓷器就已开辟了海外市场，此后历代均有外销。欧洲直到 18 世纪才生产出真正的瓷器，而且是直接向中国学习的结果。在明代，景德镇设立了官窑，继续作为制瓷业中心。青花瓷是主要品种，以宣德年间所产最佳。这时期采用南洋进口的"苏勃泥青"青花原料，色泽浓艳，色深处有黑疵斑痕。成化年间创制了青花和釉上多种彩色相结合的斗彩。嘉靖、万历年间又在斗彩的基础上烧成了五彩瓷。单色釉方面，烧成了甜白、红釉、绿釉、娇黄等丰富品种。尤其是永乐年间烧成的温润纯白的甜白釉，釉白如雪，为明清彩瓷的发展创造了条件。明瓷的造型多继承宋元的传统样式，或是为了实用而略加改进，也制造了一些新的样式。如天球瓶、双耳扁瓶、无柄壶、绣墩和各种方形器等，风格淳厚、朴实，介于唐的饱满和宋的挺秀

图 3.4.26　青花葡萄牙盾形徽章纹执壶，维多利亚与艾伯特博物馆藏，明代

此青花执壶是首批带有欧洲纹章装饰的中国瓷器中的一件，其形制具有 16 世纪时期出口至中东市场的执壶的特征。

图 3.4.27　粉彩人物笔筒，清，光绪

粉彩始于康熙，又称"软彩"，而以雍正时制作最精。

之间，更加注重实用的效能（图 3.4.26）。明瓷装饰中彩绘已成为主流，标志着中国陶瓷已由"青瓷时代"进入了"彩瓷时代"。明瓷发展创造了"锦地开光""过枝花""内外夹花"等多种装饰设计手法，题材除了山水、人物、动物和花鸟等，还出现了富有装饰味的波斯文字、阿拉伯文字和欧洲纹章等外来题材，这主要是为适应外销而进行的专门性设计。

　　清代前期的康熙、雍正和乾隆三代，中国陶瓷生产达到了历史的顶峰。景德镇仍为全国的瓷业中心。清瓷中的青花瓷色泽更加鲜艳，层次更加丰富。彩绘与单色釉也成就卓著。康熙朝盛行的"古彩"，即五彩瓷，多以单色平涂，色彩浓艳，对比强烈，又称"硬彩"。到雍正朝时，五彩逐渐被线条柔婉、色彩淡雅的"粉彩"所取代（图 3.4.27）。康熙朝还创造了极为名贵的珐琅彩瓷器，后人称"古月轩"。珐琅彩初用西洋原料，后用国产料，

图 3.4.28 景德镇窑青花六连瓶，清，乾隆，福建博物院藏

画面具有立体感，工巧精细，富丽堂皇，以乾隆时期制作最为有名。

在造型设计上，由于材料与技术的改进，清代已能烧造更加复杂的器形而不走样，细部处理也极为精细。康熙瓷的造型多刚健、饱满，但也有牵强附会之作。雍正瓷造型较为灵巧、雅致，创造了不少仿花果和器物形态的成功作品。乾隆瓷尚奇巧，由于过于追求形式，有时给人矫揉造作的不良印象（图 3.4.28）。在装饰设计上，除了传统题材，清瓷盛行故事人物和吉祥图绘，同时还出现了采用西画技法和题材的瓷绘作品。总的来说，清瓷在制作水平上远远超过前代，而在设计意匠上，清瓷欠缺较高的境界。

课后回顾

一、名词解释

1. 楔形文字
2. 手抄本
3. 柱式
4. 《建筑十书》
5. 巴西利卡
6. 花饰窗格
7. 《谷登堡圣经》
8. 布鲁内莱斯基
9. 巴洛克风格
10. 洛可可风格

二、思考题

1. 陶器与瓷器的主要区别是什么?
2. 建筑的核心问题是支撑与覆盖,究其根本是结构与材料的问题,试简述建筑的早期构造方式。
3. 试简述巴洛克风格的特点。
4. 文字的出现与纸张的发明是设计史上的两个重要事件,试论述二者在设计史上的意义。
5. 斗拱与榫卯是中国建筑体系中的重要概念,请简述它们各自的特点,以及二者之间的关系。
6. 试简述明式家具的设计特点。

第四章
现代设计

格罗皮乌斯与其"芝加哥论坛报大厦"的参赛作品，1922 年。

18 世纪伊始，机器成为人类日常生产、生活中不可或缺的要素，这不仅是工业革命的成果，更是一场由机器引发的视觉革命、设计革命。由于印刷机的发明与改良，印刷机不仅打破了传统的信息传播媒介，使印刷业得到飞速地发展，更促使新闻业及视觉传达不断"现代化"。机器革命导致了剧烈的社会革命，社会分工的不断细化，使得设计师从艺术家、建筑师、手工艺人等角色中独立出来，他们成为主导工业革命以来设计发展的主要力量。于是，设计师们开始重新思考传统的工艺、器物形制、装饰纹样及设计风格，使其不断符合机器生产和大众趣味的要求，这一点尤其体现在 19 世纪设计师所倡导的设计运动之中。

对 20 世纪以来的设计而言，现代主义和后现代主义是两个核心的概念，这两个看似矛盾的概念，彼此虽持不同的设计审美观，但本质上却是现代设计发展的两个不同的阶段，而这些都与两次世界大战有着客观的联系。现代主义可以被看作是对第一次世界大战战后压力的反应，特别是**包豪斯**的宗旨，暗示了现代主义者在面对工业化社会大生产时矛盾的心理。一则畏惧科技在战争中的破坏力，二则需平衡一直以来讨论的艺术与技术之间的矛盾。总之，两次世界大战在客观上刺激了现代主义设计朝向理性、民主和工业化的方向发展。但是，**现代主义设计**同样有着诸如国际式风格一类冷漠、拘谨而刻板的缺陷，他们拒绝装饰、抑制情感，这些都成为**后现代主义设计**所批判的对象。

第一节

机器革命

工业革命常常被描述成工业和手工艺之间公开和直接的冲突，一方面强调的是数量和标准化；另一方面强调的则是质量和个性。而这只是一种过于简单的看法。工业革命是一个许多因素的混合物，除某些美学因素外，主要是经济的因素。工业革命并不是在一夜之间发生的；在 16—17 世纪，齿轮和螺杆进入机器设计中。例如 17 世纪织袜机的运用，便超越了从前的家庭手动编织机。到了 18 世纪初期的英国，自动化的机械装置首先被应用于家庭纺织业由人力驱动的机器中。到 18 世纪 70 年代，苏格兰技工詹姆斯·瓦特（James Watt，1736—1819）发明了一台可以用于生产的蒸汽机，工业革命由此开始。

一、机器时代的到来

工业革命的第一项伟大成果是蒸汽机。强烈的需求刺激了发明的出现，蒸汽动力就是一个典型的例证。早在希腊化时代的埃及，人们就已经懂得使用蒸汽动力，但当时仅仅将之用于开关庙宇的大门。在 18 世纪的英国，为了从矿井里抽水和转动新机械的机轮，急需一种新动力，这种需要引发了一系列的发明和改进，直至瓦特成功改善了蒸汽机雏形（图 4.1.1），研制出可以进行大规模生产的蒸汽机。瓦特的蒸汽机作为一种固定机器，第一次给能源带来了实质性的变更——从自然力变为机器驱动力。蒸汽机被用于各个生产领域，引发了生产和生活上的一系列重大变革，人类自此迈进机器时代。到 1800 年时已有 500 台左右的瓦特蒸汽机被付诸使用，其中有 39% 被用于抽水，剩下的被用于

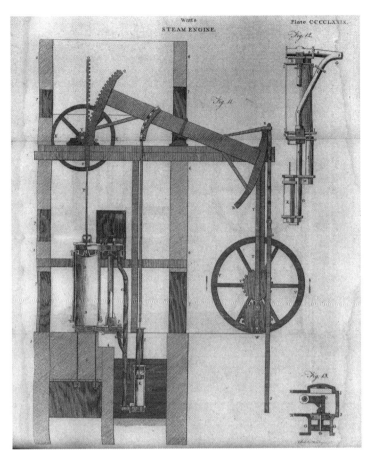

图 4.1.1 《大不列颠百科全书》（第三版）中瓦特蒸汽机的构造图

为纺织厂、炼铁炉、面粉厂和其他工业提供旋转式动力。

　　棉纺织业的发展清晰地展现了这种"需要引起发明"的模式。棉纺织业之所以最先实现机械化是因为英国公众已经越来越喜爱最初从印度进口的棉织品，商人开始考虑如何在本土发展棉织品工业。当时最大的问题在于如何充分使纺纱和织布提速。很多奖项被设立出来奖励能够增加产量的发明，而后来的历史说明，正是这些发明使得棉纺织业完全被机械化了。新的纺纱机和织布机的出现对新动力提出了要求，这种新动力应该比水车和马匹所提供的动力更强劲，更可靠，无需受季节或安装地点的影响。瓦特的蒸汽机因此受到欢迎。1784 年，英国建立起第一座蒸汽纺纱厂。机器化的生产直接触发了英国自己制造纯棉织品的历史——此前，英国的棉织品全部依赖印度进口，是仅有王公贵

图 4.1.2　惠特尼，轧棉机，1793 年

族才能支付得起的奢侈品。英国人学会制造纯绵织品后，棉布价格直线下降。18 世纪中后期，各种动力纺纱机和织布机相继诞生，并逐渐取代了纯手工技术的纺纱工人和织布工人。

棉纺织工业不仅促使了英国本土的发明，也为大洋彼岸创造了机会。由于英国本土并不盛产棉花，而来自西印度群岛、巴西、印度等地的棉花早已不能满足需要。大量吞食原棉的英国新机器为美国人创造了机会。然而，美国南方由于气候条件限制，只能种植"高地棉"而非"海岛棉"；"海岛棉"纤维较长，欧洲制造的机器可将之放在两个沿相反方向旋转的滚筒里清除棉籽，而"高地棉"纤维短，棉籽与棉绒连结紧密，欧洲轧棉机无法使之分离，只得用人工分离，而一个黑人奴隶分秒不停地紧张劳动一整天也未必能清拣一磅棉花。如何创造一种降低生产成本的机器已是当务之急。正是在这样的情形下，1793 年，一种可

图 4.1.3　展示 1805 年"雅卡尔德"织机的印刷品

雅卡尔德的提花机由机械驱动，只需一人操作，大大地提高了生产效率。人们只需在纸板上以一个个小孔描绘出想要的图案，利用提花机就可以使丝线依照那一系列小孔编织得如手工制作般精美。

代替繁重的手工、自动将种子从棉球中分离出来的轧棉机应运而生（图 4.1.2），发明者是美国人艾利·惠特尼（Eli Whitney，1765—1825）。此后，美国棉花的出口量急速上升，南方种植园主不必再面对英国市场对棉花的巨大需求而望洋兴叹。

1801 年，纺织业又发生了一影响深远的事件，法国人约瑟夫·雅卡尔德（Joseph Marie Jacquard，1752—1834）发明了"雅卡尔德"织机（Jacquard loom），也即是通常所说的提花机（图 4.1.3）。这是第一台能织出复杂图案的自动织布机，这种织

图 4.1.4　秋天的外出服，1846 年时
　　　　 装图版

机首先出现于法国可以说是历史的必然。此前法国人巴西尔·布
舍雷（Basile Bouchon）、让·法尔孔（Jean Falcon）、雅克·瓦
坎森（Jacques Vaucanson）就分别先后在 1725 年、1728 年和
1740 年探索过这种织机，经历了七十五年的不断改进，雅卡尔
德终于使之臻于完善。18 世纪伊始，法国的里昂就已是巴黎和
欧洲其他国家主要的丝织品供应地。法国大革命期间，由于各种
原因，这项产业中断了。但从 19 世纪的头十年后又复兴起来，
并持续繁荣。

　　法国人似乎对织物设计有着先天的敏锐，皇室妃嫔、达官贵
人对织物的数量、质量、图案精美的要求非常挑剔。早期的织机

只能织出简单粗糙的图案，根本无法满足那些苛刻的富贵主顾；手工编织则价格昂贵、生产量小，供不应求。这样，编织物开始摆脱个人技能的限制，走向了批量生产，工匠技术的水准不再是主导织物优劣的唯一要素。随着编织效率提高，编织品价格也随之下降，新兴的资产阶级现在可以拥有那些原本只属于贵族的复杂精致图案。此外，提花机还可以适用于任意幅面的布匹，可以不需要拼连而生产大幅的地毯等，这使得图案设计从此不再受尺度大小的制约。棉布与编织品价格下降的一个直接的后果是：棉布与织物的普及化，一般的中产阶级也可以拥有这些曾经的奢侈品。

18—19 世纪见证了中产阶级的兴起，贵族逐渐没落，贵族气派却像他们的特权一样与生俱来。商人、医生、律师聚敛了大量财富，在经济上早已把贵族踩在脚下；但他们对后者的特权、气派、趣味趋之若鹜，富裕的中产阶级妇女做梦都想成为一名贵妇，邯郸学步般地模仿着贵族妇女的姿态举止、衣着打扮。她们对服装的大量需求刺激了妇女时装市场的繁荣兴旺。要了解那些妇女时装变化的情形，最简单可靠的办法就是看一下当时的时装图版（图 4.1.4）。随着时装市场的繁荣，这种特殊的视觉传达形式也发展起来。图版上绘着身着时尚服装的美丽女郎，时髦的妇女们可以从中找到自己喜欢的、或者适合自己的时装。大约在 1770 年前后的法国和英国就已经出现了定期发行的时装杂志，它们是传达流行信息的新媒体；然而，时装杂志真正大量地普及于市面，是蒸汽机与各种纺织革新在 19 世纪初期带来的结果。

18 世纪的英国，其贸易纽带延伸到海外，并创建了先进的金融和信用制度，发展了关于零售业的新思想。伦敦成为欧洲时髦的新兴城市，其剧院和游乐场所所构成的文化生活，以及城市咖啡店里的思想文化自由，对外国人极具吸引力。伦敦还有一个与其他欧洲国家首都的重要区别，那就是时髦和情趣之类的东西不像法国的凡尔赛那样，只限于宫廷范围内流行。随着一个新

泰晤士报

《泰晤士报》原名"*The Times*"，诞生于 1785 年，是世界上第一张以"Times"命名的报纸，约翰·沃尔特（John Walter）是其创始人，同时也是第一位总编。一直以来，《泰晤士报》被视为英国的第一主流大报，这份综合型日报所关注的包括政治、科学、文学、艺术等多个领域。其发展共历经以下五个时期：沃尔特一世时期、沃尔特二世（John Walter, 2nd）时期、约翰·沃尔特三世（John Walter, 3rd）时期、北岩爵士（Alfred Harmsworth, 1st Viscount Northcliffe）时期以及默多克（Rupert Murdoch）旗下。（图 4.1.5）

兴、富裕的中产阶级出现，时髦和情趣之类的东西开始从宫廷向外扩展。茶叶、烟草、进口纺织品和花边等昂贵商品第一次能让大多数人购买和享用。那时的广告已显示出 18 世纪消费文化的多样性，譬如 1791 年 12 月的一期《观察家》报（*Observer*）上的一系列广告就有：来自查灵克罗斯（Charing Cross）的一位先生发明的洗衣机申请专利，美洲及南部海洋诸岛的旅游指南，药物专利、美容化妆品，以及意大利奶酪、德国香肠和法国芥末的出售等。同样，书籍、报纸、杂志也第一次能让大多数人买得起。

二、印刷业的发展

18 世纪，欧洲的文盲不在少数，印刷业主要为贵族或社会精英设计、印制图书。随着资产阶级兴起，启蒙时代到来，公众文化水平迅速提高，阅读成为人们日常生活必不可少的一部分。19 世纪是求知若渴的时代，文学巨著层出不穷，报纸杂志品种繁多，无论是文学史还是报业史都值得为这个时代多耗笔墨，新兴的中产阶级对阅读报刊和文学作品有着前所未有的兴趣与热情，对印刷品的需求惊人之大，**印刷术**革新势在必行。大量需求与技术革新形成良性循环，这种循环在客观上为现代视觉传达设计的发展提供了必要的准备。

蒸汽机出现后很快就成为工厂机器运转系统的主动力，被推广到工业生产的各个领域中，如冶铁、交通、家具制造、印刷等，引起了这些部门的技术革新。就印刷业而言，蒸汽动力彻底地改革了陈旧的印刷技术。平版式蒸汽动力印刷机最先由德国人弗里德里希·柯奥尼格（Friedrich Koening, 1774—1833）发明，它与铜版印刷术的操纵原理相同，只是改变了驱动力，但这已很大地提高了印刷的效率。后来，这种印刷机得到改进，使报纸两面可同时印刷。1814 年，伦敦泰晤士报社率先装置了蒸汽动力印刷机，《泰晤士报》的发行量直线飙升，在 18 世纪末每天只

图 4.1.5 《泰晤士报》头版，1788 年
12 月 4 日

由于技术原因而得以普及大众的报纸
此时开始有了新闻概念，英国的社会
名流与精英群体因而格外关注时政新
闻与评论。更为重要的是，从以往较
为单一的广告宣传单发展到报纸媒
介，人们开始将注意力从信息传播转
移到版面设计上来。这为后来纸媒的
图文排版与平面设计奠定了基础。

印出 1500 份，1830 年时已增至每天 11000 份（图 4.1.5）。

印刷业的下一个重要发展是混凝纸（papier–mâché）的使
用与以纸卷滚动连续进纸代替单张送纸的技术革新。混凝纸是使
用纸浆或混有胶质或浆糊的碎纸制成的材料，湿的时候可铸造

HOE'S SIX CYLINDER PRINTING PRESS.

图 4.1.6 理查德·马奇·霍，霍式滚筒印刷机，1864 年
滚筒式印刷机印完后输出的是折叠好的纸张，每小时印数达 18000，比平版式印刷机印数多 15000。这项发明首次应用于《纽约论坛报》（*New-York Tribune*）

成各种形状，干后变硬并适于上油漆或上光；由于能够实现印版的弯曲，它使在成筒的纸卷上进行连续的印刷成为现实。19世纪 40 年代，纽约的理查德·马奇·霍（Richard March Hoe，1812—1886）研制出滚筒式印刷机，1870 年又将之发展至可一次性对纸张双面进行印刷（图 4.1.6）。在英国，泰晤士报社在采用平版式蒸汽驱动印刷机五十五年以后，又宣布了瓦尔特（Walter）印刷机的发明，这种印刷机是现代报纸印刷机的雏形，其关键因素亦在于滚筒的应用。《泰晤士报》在采用这种新技术后，发行量翻了三倍以上，达到每日 38000 份。

对现代视觉传达设计来说，蒸汽机的引进、制型纸板和持续供给纸张等技术的发明与应用，其影响是潜在的；相比之下，石版印刷术和石版套色印刷术的出现产生了更直观的效应。19 世纪初，生于捷克斯洛伐克的德国人艾洛伊斯·森纳菲尔德（Alois Senefelder，1771—1834）基于水与油不相溶的化学原理发明了一种平版印刷的方法——**石版印刷术（lithography）**，顾名思义，即为"石头上的书写"（图 4.1.7）。这个方法比雕刻图案的凸版和凹版印刷简易、灵活得多，应用范围也更为广泛，复制插图和文本都非常方便快捷，因此成为书刊印刷、广告海报设计的

首选，被誉为 19 世纪印刷领域最重要的发明。

19 世纪 30 年代，戈德弗洛伊·恩格尔曼（Godefroy Engelmann，1788—1839）把石版印刷术引进法国，并从中发展出多彩的**石版套色印刷术（chromolithography）**，它能使插图更丰富多彩、逼真生动。这一技术 1837 年在法国获得专利后，很快就被推广至英、德、美等地。各种形式的视觉传达都使用了石版印刷与石版套色印刷，除了前述的时装图版，还有流行插图期刊、商业广告，还有各种明信片、贺卡与纪念品等。比如为纪念 1851 年伦敦万国博览会而设计印刷的贺卡就是著名的例子（图 4.1.8）。

在广泛使用石版套色印刷方面，美国人比欧洲人要更有魄力。1840 年，威廉·夏普（William Sharp，1803—1875）把石版套色印刷引入美国。不久在都市里就出现了许多石版套色印刷品。德裔印刷师路易斯·普朗（Louis Prang，1824—1909）在 19 世纪中期使用石版套色印刷术复制绘画作品，很受中产阶级的欢迎。普朗印刷流行的小尺寸彩色图像以迎合不同的需求，从而扩大了自己的市场，其作品包括商贸性名片、广告卡片，还有

图 4.1.7　约翰·考科特·霍斯利（John Callcott Horsley，1817—1903），世界第一张圣诞贺卡，1843 年，80 毫米 ×130 毫米，维多利亚和阿尔伯特博物馆藏

这张贺卡是用手工上色的石版印刷贺卡，受亨利·柯尔（Henry Cole，1808—1882）委托设计而成。这张仅印制了一千份的商业性贺卡，售价 1 先令，价格昂贵，却在那个出版业飞速发展，中产阶级不断壮大的 1840 年代，有着极为重要的意义。

图 4.1.8　石版套色印刷的圣诞节贺
**　　　　卡，展示水晶宫入口，1851**
**　　　　年**

贺卡的画面展示了著名的水晶宫，并
通过鲜亮的颜色营造出热闹的节日
气氛。

人们裁剪下来贴在纸张上以互传信息和问候的"贴纸印花"（de-calcomania），等等。19 世纪 50 年代开始，贴纸和卡片上的彩色图像被复制到大尺寸的纸张上，后者经过裁剪，然后成包成包地出售。

三、现代意义的设计师

在整个 18 世纪，设计师的角色经历了一些重要的变化发展。那些用陶瓷、金属和玻璃生产传统产品的手工艺匠人仍然存在，但设计师的定义正发生重大变化。首先是书面形式的设计信息的发展。过去，产品制造者总要从实物中借鉴或模仿其设计构思，而图版或书籍中印刷出来的图像就很难找得到。现在，关于设计的出版物变得很受欢迎，而且可在以伦敦卡文广场为中心且生意兴隆的图书贸易区里买到。到 1750 年，出版新潮的设计书成为一门利润丰厚的生意。那时小说、戏剧和版画开始以一种随便的笔调提到这种时髦情趣的新文化，嘲笑一些人可能会有成为时髦的牺牲者或室内设计最新潮流的奴隶之虞。威廉·荷加斯为大众所喜爱的道德画《时髦的婚姻》中那对新婚夫妇的居室，那种花费昂贵的法国洛可可式装修，使观众产生鄙夷的情绪，获得与作者共鸣的快感。这些现象标志着一个新社会的自信和对设计的兴趣。

英国传奇式的家具设计师奇彭代尔（Thomas Chippendale，1718—1779）的事业是一个代表。奇彭代尔的生意是伦敦成功的、庞大的流行家具贸易的一部分，作为一个独立的设计师，奇彭代尔的活动和抱负很值得我们研究。他是约克郡一个细木工人的儿子，18 世纪 50 年代移居伦敦，在伦敦当时最时髦的商业街圣马丁街开了一个陈列室。那个地区具有独特的社会和文化特征，是美术团体活动的中心地带。奇彭代尔的工作室恰好就在斯罗特咖啡屋的对面，许多艺术家经常光顾这家著名的咖啡屋。他的工作室绝不仅是制作高技艺的手工艺品，奇彭代尔为顾客提供了一套完整的室内设计服务，并从国外进口高级商品，包括一系列能形成最前卫品味的产品。1754 年，奇彭代尔出版的《绅士和室内设计师指南》（*The Gentleman and Cabinet-Maker's Director*）一书产生了迅速而又持久的影响（图 4.1.9）。事实上可以毫不夸张地说，这本书对整个设计系列起了重大作用。该书

图 4.1.9 奇彭代尔《绅士和室内设计师指南》一书中设计的中式床

奇彭代尔设计的家具深受贵族喜爱，又被吸收进乡土传统之中，并在不断扩张的英属北美及印度殖民地出现很多模仿品和复制品。

提出了生产的新标准，使奇彭代尔自己成为伦敦时尚的一个重要人物。它同时也是一个成功的广告策略，为奇彭代尔赢得了公司的生意，而且使他的设计在最广的范围内流行起来。

　　18世纪这种领土扩张的氛围及文化的试验和发展，为设计师打开了一个革新的时代，技术革新又开始影响到其他传统工业。现代设计的发生就是新机器与古老的制陶手艺相遇的产物。1759年，乔赛亚·韦奇伍德（Josiah Wedgwood，1730—1795）继承了制陶的家业，并在斯塔福德郡（Staffordshire）开设陶瓷工厂。为了使工艺品的规模化生产成为可能，他引进蒸汽动力；六七十年代，他设立了工业生产的基本规则，这些规则后来在世界各地广为流传。韦奇伍德也是第一批引进工厂系统化科学研究方法的资本家之一。他创造了销售和营业的新方式，也是首批应用报纸广告和开发零售展销的资本家之一。

　　更重要的是，韦奇伍德引起了生产过程的系列变革。他把陶瓷生产过程分离成单独的几个部分，这样就创造了工业革命的基础原则：劳动力的分工。这是一个形式简单但意义深远的变革，结束了个体工人控制整个生产过程的历史，现在每个工人专门从事一种劳动。专门化的机器的广泛使用，引发了设计可以从生产中分离出来的观念。通过分工而将艺术家与工匠分离开来。韦奇伍德的探索反映了他那个时代更广泛的经济学理论，特别是亚当·斯密（Adam Smith，1723—1790）的理论。

　　1763年，作为设计师的韦奇伍德成功研制出一种外观新颖，色泽丰富，并如奶油般温暖柔和的陶制餐具。这种餐具很快就得到夏洛特皇后（Queen Charlotte，1744—1818）的青睐和订单。1765年，韦奇伍德获准将这种陶器重新命名为**"皇后陶器"（Queen's ware**，图4.1.10）。"皇后陶器"成为标准化的陶器成功远销世界，而其成功更重要地在于其简洁的造型符合当时流行的新古典主义审美趣味。1772年，韦奇伍德获得俄国女皇叶卡捷琳娜二世（Catherine Ⅱ，1729—1796）的庞大餐具订单，包括952件饰有1244种不同英国乡村建筑与风光图案的

《国富论》与劳动力分工

亚当·斯密的《国富论》（Wealth of Nations）是对工业革命经济内涵的首次分析，他指出了在劳动力、生产和销售方面会发生的变化。

为了证明劳动力的分工这一观点，亚当·斯密运用了一个著名的例子，就是生产轴钉的工人的例子。他指出，如果这个工人要负责全部的生产操作，他的产量就较小；但如果这个工人只集中负责生产轴钉的一个细节，那么产量就会大大提高。这是一个新的生产过程的开始，最终在20世纪初发展到亨利·福特的汽车装配生产线。

亚当·斯密还指出，仅仅是生产的提高还不能取得经济的胜利，销售补设计（虽然当时斯密并没有这样称它）是工业革命新产业要取得成功必须依靠的因素。

图 4.1.10 韦奇伍德，边缘饰以古代
装饰的皇后陶器，1775 年
"皇后陶器"耐用性和适用性都很强，
并且精致光洁的外观使其具有很强的
装饰潜力，它既可以明净无饰，也可
雕刻、手绘或印制上各种纹样。

餐具，这意味着他在市场上可以与欧洲其他大瓷厂竞争。

韦奇伍德对实用性陶瓷和装饰性陶瓷之间的差异认识得很清楚。他的装饰瓷器主要包括黑瓷以及自己发明的**碧玉炻器（Jasper ware）**，这两种瓷器都是基本纯素淡的颜色。黑瓷是一种质地紧密、极为坚固的黑色炻器，可耐高温焙烧，而且能够在雕琢玉石的砂轮上抛光，它可以做出与金属器皿非常相似的造型。更著名的是，韦奇伍德经过无数次试验，终于在 1774 年掌握了制作碧玉炻器的完善技术，它成为新古典主义趣味的最重要表现之一。这种技术使用一种白色的素胚，以金属氧化物通体着色，或在着色后用浸入同样金属质泥釉的办法，获得绝对均匀而无光泽的底子，其色彩有各种浓淡的蓝色、绿色、淡紫色、黄色、褐

图 4.1.11 韦奇伍德，碧玉炻器仿制的波特兰花瓶，1790 年
这种均匀而无光泽的底子能够将模塑的白色装饰有效地衬托出来，从而获得有如雕刻宝石般的效果。

色、褐黑色。碧玉炻器能够用来模仿硬石雕刻（hardstone cameos），因此韦奇伍德用它来仿制古罗马著名的波特兰花瓶（图4.1.11）。

第二节

19 世纪的设计

工业革命的开始让 19 世纪变成一个充满活力的变革时代，铁路、摄影、电报、汽车、电话和飞机等，无一不体现出社会的进步。在 19 世纪兴起的新消费文化中，设计正起着重要的作用。在批量生产产品，以及百货商店、广告招贴板和邮购订货单首次出现之后，设计师的角色和设计的社会功能就成为重要的讨论话题。以今天的眼光来看，正是早期工业发展的力量和信心，使 19 世纪成为一个富于魅力的研究领域。始于 18 世纪的工业革命并非有计划、有步骤地向前发展，而是处于不断的尝试之中：在充满错误和激烈的市场生存竞争的简单规律下，逐步而又几乎恣意地发展起来。只有到了 19 世纪，标准化和机械化的观念才开始真正地对设计产生作用。

一、工业革命的产物——博览会模式

19 世纪 30 年代，社会评论家和资本家开始分析工业革命的社会和环境效应，许多人发现那些效应非常惊人。一些评论家开始陷入对英国过去充满浪漫田园风光的时代怀旧当中，而那些跟工业生产联系更密切的评论家，则由于各种原因而惊异于工业革命的社会结果。他们同意这样一个观点：英国虽然在技术方面领先于别国，但并没有充分注意到产品的设计问题，所以市场对消费商品的大规模需求导致审美标准的降低。问题之严重让国会都开始担心英国的设计水准是否会影响贸易水平，于是，国会于 1835 年决定任命一个艺术暨工业特别委员会来讨论产品设计问题，制订发展计划。在政府干预下，许多重要的新发明出现了，这些新发明很大程度上是对欧洲其他地区，特别是法国设计发展道路的一种反应。委员会决定投资于设计教育和贸易展销会，作为促进工业设计的主要途径。

举办规模盛大的设计展览是 19 世纪的一个特征。这些事件的目录表印刷成册，就变成了现代设计发展的一个重要年表。这一年表反映了那个时代的渴望、成就和雄心壮志，即通过展览，展示设计的专业面貌，并提供一个讨论机会，以展示关于质量、款式、品位、教育、工业和商业的主要观点和相关论辩。举办设计作品展览的历史最初是在法国开始的，很快传遍了欧洲的其他地方。法国政府于 1798 年首次组织贸易展览，定名为"工业博览会"（Exposition de l'Industrie），在后来的五十年中又陆续出现十一个这样的博览会。一般来说，法国后来在 19 世纪举办的博览会最为突出（图 4.2.1）。

法国早期的贸易展销会，促使英国政府举办了也许是 19 世纪最为著名的设计展览——1851 年的万国博览会。这个展览的全称是"万国工业产品博览会"（Great Exhibition of the Works of Industry of all Nations, or Great Exhibition），由于该世博会展馆建筑的名声，有时也称之为"水晶宫博览会"（Crystal Palace Exhibition，图 4.2.2）。这个展览的举办在很大程度上是维多利亚女皇的丈夫阿尔伯特亲王（Prince Albert, 1819—1861）与设计改革者亨利·柯尔努力的结果。对英国而言，这是一次炫耀其强大工业实力的机会。展览会官方目录导言称："像举办这样一个展览会的大事，在其他任何时代是不可能发生的，而且也不可能在除我们自己以外的任何民族中发生。"可以说，在客观上，这个展览是蒸汽机、铁路、动力纺织机等工业革命的产物给英国带来的礼物。

大型展览会被看作是对工业革命后的新技术和新发明的庆贺，迎合大众的设计是自信的、大规模的和华丽的。但当时的批评家对这些产品并不十分感兴趣，他们认为展品审美情趣水准普遍较低，而改变这种状况的途径只有通过教育。水晶宫展览的一

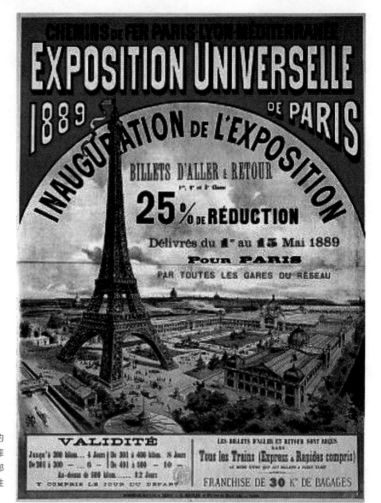

图 4.2.1　1889 年法国博览会海报

1889 年巴黎主办了 19 世纪最盛大的一次国际博览会，这次博览会用埃菲尔铁塔做中心装饰，并且第一次全部用电来照明。这些事件诱发了全球性的博览会。

图 4.2.2　1851 年，为万国博览会而建的坐落在海德公园的"水晶宫"。

"水晶宫"由帕克斯顿（Joseph Paxton，1803—1865）设计而成，它是世界上第一座使用金属铁架和玻璃建造的大型建筑。博览会的盛行带动工业设计的发展，水晶宫是 19 世纪工业设计发展下的产物，被誉为"19 世纪英国的建筑奇观之一"，也是工业革命时代的象征物。

个有趣的结果，是在 1852 年建立了制造业博物馆（the Muse-um of Manufactures）。它本来是作为设计师教学基地而兴建的，后来成为南肯星顿博物馆（the South Kenstington Museum），又于 1899 年更为现名维多利亚和阿尔伯特博物馆（Victoria and Albert Museum）。现在，这个博物馆拥有世界上最大的装饰艺术设计的收藏。该馆的第一任馆长亨利·柯尔，率先收集了当时的设计作品作为教学材料。该博物馆的这种做法后来被世界多国效仿。1863 年，维也纳应用美术博物馆（Museum of Applied Arts, Vienna）作为奥地利帝国皇家艺术和工业博物馆成立。1864 年，巴黎成立"工业实用美术中央同盟"（l'Union centrale des beaux-arts appliqués à l'industrie，1882 年改称装饰艺术联合中心 l'Union centrale des arts décoratifs）。

二、19 世纪的设计教育和设计改革

除了开展贸易展销会，推动设计教育的发展被看作是提高工业设计水平最重要的方式。19 世纪 30 年代，英国政府支持建立培训师资的设计学校。1860 年，这一工程迅速扩展到 80 家学校，学生人数从 3000 人上升到 85000 人，可是这些设计学校都存在教师应该如何教和教些什么的不同观点。关于教学大纲的激烈争论反映了人们关于设计在社会中角色的巨大分歧，直到今天这种争论仍十分热烈。当时一个重要的思想流派认为学设计的学生需要和工业直接接触，但更大分歧是关于设计师训练的方式和途径。这方面的争论成为理解 19 世纪设计的关键。

19 世纪设计方面的讨论主要是关于设计应该用什么样风格的装饰。从工业革命开始，关于装饰的程度、生产、数量和制造方法已引起无数的讨论。这是 19 世纪设计的中心问题，以致人们尝试把装饰提高到真正的艺术形式的地位。设计通用语言的研究引起了工业革命后关于新产品合适的装饰形式的研究。出版社大量出版作为设计资料的书，从学术性的到普及性的，林林总

图 4.2.3　琼斯《装饰的基本原理》中的插图，1856 年

《装饰的基本原理》汇集了欧文对建筑和装饰艺术中形式与色彩组合的总结，其于 19 世纪下半叶受到各设计学校的高度关注。时至今日，作为当代设计师主要灵感来源的《装饰的基本原理》仍在出版。

总，向人们提供世界各地设计传统的信息。这些书中最著名而后来不断重印的，是欧文·琼斯的《装饰的基本原理》（图 4.2.3）。

琼斯对装饰的分类表明 19 世纪对历史主义的偏爱，即使对于最进步的设计师，历史主义也被认为是设计不可缺少的一部分。历史主义为设计师和制造商提供设计的材料，其中有阿兹特克式、伊丽莎白式、罗马式和伊斯兰式等各种不同的历史风格。

从这一研究体系发展出了许多装饰和设计的重要理论和方式。设计师必须迎合大众的需要，因为几乎所有的消费商品都重复某种形式，而设计学校认为这种装饰要有几何形体的基础。在这个意义上，伊斯兰艺术的材料就很重要，因为伊斯兰艺术提供了抽象造型的范例，避免了过分自然主义的倾向，然而这种倾向同样引来诸多质疑之声。

1842 年，当时的设计学校校长威廉·戴斯（William Dyce，1806—1864）在其出版的教材《素描手册》（*The Drawing Book*）中提出一条指导性原则，认为几何形式为装饰图案提供了最合适的风格。其他的试验表明，植物构造和植物学为设计提供了有意义的途径。法国的美术学校和英国设计学校的视觉试验把自然界看作实验室，要用科学的方法来研究，并将研究出的原理应用于设计。这种方法为装饰设计创造了一套合理的法则，提供给学设计的学生新的训练方法，使他们可学到更多有用的东西。领头的教育家们认为，简单几何设计的练习锻炼了手和眼，也锻炼了现代工业世界所需要的操作技能。这些思想变得特别流行。例如，阿尔伯特亲王鼓励他的孩子们学习和泥砌砖，而教育家弗勒贝尔（Frederick Froebel，1782—1852）为孩子们创造了积木，提出"构成的游戏"（constructive play）概念。多年来这些观念都被人们所接受，甚至像包豪斯这样的高等学校在 20 世纪 20 年代也重新介绍了简单几何形体的练习。

和这些理论相反的观点认为，设计学校的东西是冷漠的，甚至是粗野的，它们忽略了宗教的力量，忽略了自然和人类的精神，这一非机械的、不可归结为一套简单管理的东西。这些设计改革者认为哥特式风格理应向前发展。从 19 世纪 60 年代，哥特式的复兴在不同层次和形式上支配了 19 世纪的意念和趣味。早在 19 世纪 40 年代，哥特式风格已成为反对工业革新及机械化的抗议运动的一部分。这一抗议运动一个有名的例子来自皮金。从 30 年代开始，皮金的著述中就包含了一个简明的思想：过去的设计，特别是中世纪的设计（他称其为哥特式），体现了

图 4.2.4　查尔斯·巴里、皮金，议
会大厦上议院内景

英国议会大厦大部分建筑于 1834 年
遭火灾破坏。其后，查尔斯·巴里
（Charles Barry）和皮金受命重新设
计议会大厦上议院。重新设计的议院
房间以红色、金色为主调，配以皮金
设计的各式新哥特式风格装饰，典雅
堂皇之余却不失庄重严肃。

一种非凡的成就水平和一种 19 世纪不可企及的简单的美感。对
皮金来说，哥特式从视觉和道德的观念来看是唯一能起作用的风
格（图 4.2.4）。

　　这个简明的思想支持了 19 世纪其他设计改革家的观点，许
多设计家开始把中世纪看作一种通过设计进行社会改革的方法。
在这方面，他们受到拉斯金的影响。拉斯金是 19 世纪最重要的
设计作家和批评家，在形成设计的品味和观念方面，拉斯金的成
就比他同时代任何一个人都要大，他的文章成了他同代和下一代
人的经典课本。拉斯金鄙视英国领先的工业世界，对机器制造的

装饰特别不满和厌恶。他的名著《建筑的七盏明灯》和《威尼斯之石》（*The Stones of Venice*），充满激情而又猛烈地为哥特式风格辩护。而他的研究以两个重要理论作基础：一个是装饰和设计应该建立在风格化的自然形式上；另一个是设计有着强烈的道德内涵。虽然哥特式复兴在设计方面并不使用具体的哥特设计的细节，但它对于乡土形式、材料真实和设计在社会中的角色等方面的观点，却隐含了哥特式的精神。这些观点虽然可以说是幼稚的，但它们对哥特式风格的复兴产生了巨大的影响。哥特式作为进步和变革的一种风格，对于 20 世纪初的学者来说是一个费解的概念，但在维多利亚时代的人于中，哥特式确实是一种设计的语言。这种设计语言所产生的结果，可以激起无穷尽的解释和想象。英国的**艺术与工艺运动（the Arts and Crafts Movement）**就是一个证明。

三、古代装饰的工业化复兴

尽管英国是第一个经历工业革命的国家，但它同时出现了一个反工业化的组织，并很快起名为**"艺术与工艺运动"**。这个组织最重要的设计师毫无疑问是莫里斯，他是一个作家、社会活动家和他那个时代里最有影响的设计思想家。作为受过训练的建筑师，莫里斯借助于他富有的家庭和罗塞蒂（Dante Gabriel Rossetti，1828—1882）这样的朋友，通过家具定制保持了同设计业的联系。1861 年，他顺理成章地开办了自己的公司，莫里斯·马歇尔·福克纳公司（Morris, Marshall, Faulkner & Co.）。这个公司及其产品仍然保留着艺术和手工艺的思想（图 4.2.5）。它的第一个原则是材料的真实性。莫里斯与该运动的许多其他设计师认为，每一种材料都有它自身的价值，比如木头有自然的颜色，做得好的罐子有光泽。就像维多利亚时代的任何其他设计师一样，莫里斯也花了大量时间研究诸如伊丽莎白时代的石膏像和伊斯兰瓦片这些材料的自然主义图案。他欣赏传统的民族形式，

图 4.2.5 莫里斯，雏菊纹样墙纸，1861年

得益于工业革命，19 世纪的英国出现专门生产墙纸的工厂，墙纸在 19 世纪末期进入普通家庭的家居装饰中。莫里斯开办的设计公司则将墙纸生产列为重要项目之一。滚筒印刷是当时生产墙纸的主要方式，但意在保持手工艺思想的莫里斯却抛弃大批量快速生产的方法，坚持选用手工木刻版印刷，以此来抵制工业生产。

因为它反映了一个创造性和现实的发展过程。艺术与工艺运动的另一个理想是通过设计进行社会改革。莫里斯把他自己看成一个革命者，在某些方面，他的政治观点和他的设计似乎有矛盾。"公司"的产品（"公司"是他自己的亲切叫法）曾卖给、也始终卖给富裕的中产阶级。莫里斯他自己也承认这一点，他曾苦涩地说自己毕生都在迎合"有钱人贪婪的奢侈"。他相信美的设计会丰富生活，设计师有使其作品更有社会作用的道德责任。不幸的是，这实在不是以他的个人能力所能够办到的。

长期以来，莫里斯被看作是对工业和资本主义现实无望的梦想者和理想主义者，但最近人们承认了他思想中的革命性，即一些仍与 20 世纪有关的思想。即使莫里斯的生活和工作有着潜藏的矛盾，但毫无疑问的是，自 1880 年之后，他对设计的影响却有着世界性的意义。他成了他的同时代人中最重要的设计师，在英国设计史上有独特的贡献。艺术与工艺运动在这个国家开出了独特的天才之花，这意味着到了 20 世纪，英国又成了国际上新的设计思想的中心。英国的设计虽然有生命力，但一直遭受远离欧洲大陆的落后和隔离之苦，对于这样一个国家来说，莫里斯显然是一个惊人的转折点。英国设计师第一次在国际范围内领先了。他们中的佼佼者有：克兰（Walter Crane，1845—1915）、戈德温（Edward Godwin，1833—1886）、沃伊奇（C. F. A. Voysey，1857—1941）、麦金托什（Charles Mackintosh，1868—1928）、韦伯（Philip Webb，1831—1915）、萨姆纳（Heywood Sumner，1853—1940）和格里纳韦（Kate Green-away，1846—1901），这些都是英国出色的设计师。这些设计师除了组织他们自己的社团展览，还对设计的发展有另一重要贡献——他们写下了大量关于设计思想和方法的文字，这是他们时代文化传统的一部分。印刷出来的文字是交流的媒介，他们留下了大量的文章和著作，在国内外一直影响很大。

值得一提的是，对设计的另一个重要影响是日本的时尚。美国海军准将佩里（C.Perry，1794—1858）的舰队于 1854 年驶入日本江户湾，美军的"黑船"结束了德川幕府长达 250 年的闭关自守。欧洲对日本的影响结束了日本原来对中国文化的兴趣。大量日本家具、漆器、印刷物和瓷器进入了欧洲。西方的设计师开始意识到日本的设计文化有着与众不同的独特审美趣味。同样地，他们逐渐又对一些原始文化感兴趣，虽然很少有人尝试把这些文化形式综合成他们那个世纪的设计，但一些有趣的试验后来成了 20 世纪更重要的力量。例如，德雷瑟模仿阿兹特克的器皿来设计他的陶器（图 4.2.6）。1886 年，伦敦的"殖民地和印度展览"第一次展出了黄金海岸精巧的非洲木雕。在西方人的眼里这些是很好的样本，它们为形式和装饰的理性实验提供了理由。

19 世纪末，艺术与工艺结合的理想已不是设计的唯一思想了。这个时期有最后一个伟大的装饰风格兴盛，叫**"新艺术"（Art Nouveau）**。从 1895 年到 1905 年，这种风格风行世界，其著名的特点是弯曲的、自然主义的风格，运用了植物、昆虫、女人体和象征主义。新艺术运动的设计师们把感觉因素引入到设计，并经常运用明显的性感形象。法国以所谓南希学派（School of Nancy）的埃米尔·加莱（Emile Gallé）和路易·马乔勒（Louis Majorelle）的设计作品领先（图 4.2.7）。

但新艺术此时用来泛指 19 世纪装饰艺术的复兴，这个复兴从布鲁塞尔、米兰和维也纳这些城市传播至美国，再到世界各国。其中**"维也纳工艺场"（Wiener Werkstatta）**成立于 1903年，它以英国设计师阿什比（Charles Robert Ashbee，1863—1942）于 1888 年成立的"手工艺同业会"（Guild of Handi-craft）的思想为基础，但也有些重要的区别。总的来说，维也纳工艺场的作品，因其利用简约的几何形体形成独特的艺术风格而愈显前卫。不过，维也纳工艺场的作品并没有把前卫设计和制造工业的问题协调起来，它更多地关心风格的问题，而不是通过莫里斯愉快劳动的理想来改变社会，这个特点解释了为什么英国 19 世纪末的设计力量竭力反对新艺术运动。

新艺术设计的目的和理想中没有社会因素，它根植于和社会无关联的东西，更趋于形式层面的设计思想使其看上去特别排斥艺术与工艺运动的纯真意义。英国人对"新艺术"的批评态度，反映在他们给格拉斯哥学派（Glasgow School）起的绰号"幽灵学派"（the Spook School）。英国主要的前卫实验与王尔德（Oscar Wilde，1854—1900）的写作联系在一起，像比亚兹莱（Aubrey Beardsley，1872—1898）的插图和戈德温（Edward Godwin，1833—1886）的室内设计。

与此同时，美国的设计师同样做出了诸多改变设计史进程的尝试，他们提出了有关制造、生产和销售的实际问题，而且被证明对设计而言是根本性的问题，它标志着设计的发展从 19 世纪

向现代设计的过渡。在这一意义上，美国和德国显得很重要。美国面临较特殊的问题，就是大量欧洲移民涌入带来了欧洲的生产技术与设计思想。最初，这些定居者依靠自己生产简单的产品如肥皂、衣服和家具。工业化程度的提高把生产放到了大公司的手中，大公司在 19 世纪末为美国提供了标准的家庭用品。为了解决分配的问题，连锁店从渥魏斯（Woalworth）开始在 19 世纪 80 年代兴起，而邮购成了有效的销售技巧。到 1900 年，西尔斯·鲁巴克公司（Sears Roebuck & Company）每天都处理约 10 万件订单。

　　这个伴随美国零售革命而导致的重要生产变革，叫**美国体制（American system）**；它的原则很简单：用统一标准的零件设计产品，使之能在国内的任何地方生产或修理。把一件产品拆成简单的组成部分，这一思想引出了工厂管理重要的新理论，如泰勒（Frederick Taylor）在 1911 年出版的《科学管理原理》（*The Principles of Scientific Management*）一书。泰勒提倡把生产过

图 4.2.6　德雷瑟，斯塔福德郡瓷砖，1875 年

图 4.2.7　埃米尔·加莱，新艺术风格浮雕玻璃花瓶，约 1885—1900

加莱对园艺以及东方异国情调有着极大兴趣，他善于在作品中融入花卉、昆虫等的象征意义。如蜻蜓象征着短暂而美好的生命，采蜜的蜜蜂代表着自然界的循环。加莱以植物为主题的创作很好地体现出新艺术运动所提倡的清新自然的思想。

图 4.2.8 福特生产流水线上的装配工人，1913 年

福特主义（Fordism）是一套完整的生产系统，旨在通过设计生产的标准化，生产廉价的商品，并为其工人提供足够体面的工资来购买它们。福特主义包括三个原则，即产品的标准化，生产流水线的应用，以及付给工人较高的工资，以便他们成为该产品的消费者。

程分成最小的部分，形成资本主义生产流水线，以从中获得更多利润。他的思想即**泰勒主义**，影响了亨利·福特这个制造业先驱。1913 年，亨利·福特带领一批优秀的研发人员经过无数次的试错与改良后，成功地将泰勒的生产理念实际应用于汽车生产，发明出福特生产流水线（图 4.2.8）。这一具有革命性的生产方式极大地提高了生产效率，推动了工业发展，扫清了汽车在美国甚至世界普及的障碍。福特主义代表了 20 世纪生产的最高成就，对欧洲现代运动有着重要影响。

随着第一次世界大战的爆发，19 世纪的设计观念不可避免地遭受逆转。战争分裂了欧洲，它的破坏性极大，整整一代人在战壕中死去；战争更是改变了社会的期望和观念。社会需要一个新的方向，而设计同样也会脱胎换骨，现代设计运动应运而生。维多利亚时代的"手工艺与机器生产"之争和"设计目的与功能之争"，虽然仍是重要的话题，但此时的设计师们，最想要的是有机会去面对 20 世纪机器时代的挑战。

第三节

现代主义设计

"在第一次世界大战前的十五年间发展最快的国家是美国、法国、德国和奥地利。……而唯独德国，以及那些依赖于它的国家（如瑞士、奥地利、斯堪的纳维亚诸国），对第一批先驱们的大胆创新所获得的成就赞赏备至，热烈响应，而我们时代为大家所接受的风格也就是从他们各自的创造中逐渐形成和发展起来的。"

——尼古拉斯·佩夫斯纳《现代设计的先驱者》

一、色彩实验

对现代设计而言，科学理论的进步日益成为设计发展不容忽视的动因。特别是从物理学到设计学表现出对色彩实验的浓厚兴趣，在不断地为视觉传达提出新问题的同时，也影响并指导着设计师设计出更符合人视知觉规律的产品。

1704 年，艾萨克·牛顿（Isaac Newton，1643—1727）在著名的《光学》一书中，系统地阐释了他的光谱色彩实验，并证明了色彩是由光产生的。这一具有革命意义的发现，不仅是物理学界的重大发现，更对视觉传达产生了深刻的影响，后来的网点印刷技术就是在此原理基础上的发明。后来，人们依据牛顿的理论研究出**色环（Colour Wheel）**，它用以计算色彩混合的效果。

然而，牛顿的色彩理论更多地停留在物理学层面，真正从艺术学的角度去认识色彩，又对艺术家的创作产生直接影响的人，是歌德（Johann Wolfgang von Goethe，1749—1832）。他在

1810 年出版的《色彩论》中，从描述色彩现象出发，试图向我们展示人眼主观产生色彩的过程，并通过对色彩的观察归纳出定性的、可检验的物理现象。他认为："我们通过光、影和色这三样东西能构成可视的世界，这个可视世界又使得绘画成为可能，绘画是在平面上构建无比完美的可视世界的一门艺术，这个完美的可视世界连真实的世界也无法媲美。"歌德主观而又相当神秘的色彩理论，最具说服力的部分是他对色彩的和谐及美感的讨论。例如他将绿色视为天堂和希望的象征，与之相对应的红色则象征尘世的权力。他还敏锐地意识到色彩与人的情绪之间的关系，这是色彩研究在心理学上的首次尝试。此外，歌德对色彩知觉的生理学研究，受到浪漫主义艺术家的大力拥护，尤其是对德拉克罗瓦（Delacroix，1798—1863）和 19 世纪的画家影响至深。

就工业时代而言，值得一提的是，法国化学家谢弗勒尔（Michel-Eugène Chevreul，1786—1889）1839 年出版的《论色彩的同时对比原则及其应用》对艺术与工业发展的影响。这部被德拉克洛瓦等人视为圣经的著作，得益于他在哥白林挂毯厂担任色彩指导的经历，提出了所谓的"色彩同时对比原则"。而这一理论是基于对**互补色（complementary colours）**的理解；他认为："人眼在同时看见两个相邻色的情形下，两个相邻色会显得尽可能不同，这种不同不仅表现在它们的光学构成上，而且还表现在它们的色彩纯度上。"谢弗勒尔的这一研究受到欧洲大陆和英国的极大关注；该著第二年即被译成德文，十五年后又被译成英文，并迅速为英国建筑师和设计师欧文·琼斯转换成其名著《装饰的基本原理》中的第二十四条原则。由此，谢弗勒尔这一最初对写实画家影响甚大的研究便影响到了抽象的艺术设计领域。

真正让西方从牛顿到谢弗勒尔的色彩理论与现代的美术与设计教学发生联系的是约翰内斯·伊顿（Johannes Itten，1888—1967）。伊顿从 1919 年至 1922 年任教于包豪斯，其间在包豪斯丛书系列里发表了自己的教案《色彩艺术：对色彩的主观体验

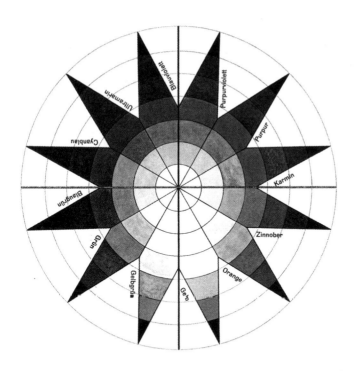

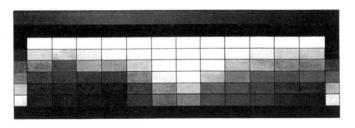

图 4.3.1 伊顿，由 7 种明度及 12 种色
      调组成的色彩球，1921 年

伊顿在图注中写道："内部的灰色是
不确定而神秘的，我可以沿着一条路
走，也可以结合两条、三条甚至更多
的路……我可以用定型的对比方法控
制球体。"

与客观阐释》。在书中他建立起著名的伊顿"色彩球"，将色彩
球打开呈现星形，两个相对的色彩互为补色，由外向内逐级变
亮趋于白色，反方向逐级变暗至黑色（图 4.3.1）。伊顿由此发展
出七种色彩对比的理论：**色相对比（Contrast of hue）、深浅对
比（Light-dark contrast）、冷暖对比（Cold-warm contrast）、
补色对比（Complementary contrast）、同时对比（Simultane-
ous contrast）、纯度对比（Contrast of saturation）、外延对
比（Contrast of extension）**。这套理论使得色彩教学实现了体
系化，将以往感性而粗放式的色彩教学，变成了可以量化、标准

化的科学系统。更为重要的是，伊顿等人的努力促成了国际标准色卡的发明，它解除了一直以来困扰设计师、制造商、零售商和客户之间实现色彩识别、配比和交流的障碍。目前，国际上通用的国际标准色卡主要有美国 Pantone 色卡、德国 RAL 色卡、瑞典 NCS 色卡和日本 DIC 色卡。

二、现代主义运动

设计史上的"现代运动"这一概念，是佩夫斯纳在 1936 年出版的《现代运动的先驱者》一书中提出的。但在这里，现代主义运动是指一批建筑师、设计师和理论家开始探求 20 世纪新的审美观。对大多数持这一审美观的实践者来说，它不单是风格，而且是一种信仰。现代主义的主要特点是理性主义，以及从 19 世纪起突然崛起的客观精神。而在这以前的建筑师和设计师，一直都是抱着风格复兴和装饰的观念。与艺术与工艺运动不同，现代主义相信未来城市的一切都可能由机械时代的新发明和新产品制成。现代主义的另一个关键的含义是"形式服从功能"。这一口号反映了此项运动理性、有秩序的现代设计方式。

现代主义的设计师，想通过大规模生产最终得出纯几何形式；他们这样做的结果就是反对装饰。现代主义者密斯·凡·德·罗（Mies van der Rohe, 1886—1969）喊出的"少就是多"，以及勒·柯布西耶把房子描绘成"供人居住的机器"，更是加强了这些观念。现代主义者将这些对待设计的态度和方法贯穿于整个 20 世纪。然而，这种纯粹的方法并不是现代运动的全部。从 20 世纪 20 年代开始，现代主义就不是单一的同源运动。之所以会给人如此单一的印象，其实是由于第二次世界大战后的几年里，人们在讲述 20 世纪设计史时小心地删除了单个的、表现主义者的设计作品。

一个有趣的例子是**包豪斯（Bauhaus）**——那一时期最著名的设计学校。他们致力于从事最新观念和最先进的设计。包豪斯成立于 1919 年，学校建在德国的魏玛，它的第一任校长是格罗皮乌斯（Walter Gropius，1883—1969）。1925 年格罗皮乌斯把学校迁址到德绍，他把学校建筑和师生日用设备设计成完全现代主义的风格。他还成功地聘请了现代运动中一些最重要的设计家来此工作，其中包括赫伯特·拜耶（Herbert Bayer，1900—1985）和约翰尼斯·伊顿。第一次世界大战后包豪斯所做的对未来甚有影响的事，是强调一种单一的现代运动的设计方法，即利用现代材料和工业生产技术，以原色和圆形及方形为基础形成的纯几何形式。他们排除了对学校形形色色的争论，表现主义理论对现代主义者的强硬观点是一个很大的支持。在全世界范围内，都能看到现代主义不同流派各种各样的设计。现代设计后来也被称为**国际式风格（International Style）**，这是他们的这一新方向所产生的巨大影响而获得的美称。

现代运动中突出的代表有荷兰的**风格派（De Stijl）**，俄罗斯的**构成派（Constructivism）**，法国的勒·柯布西耶，意大利的**未来派（Futurism）**，斯堪的纳维亚的阿尔多（Alvar Aalto，1898—1976）和阿斯普朗德（Erik Gunnar Asplund，1885—1940）的设计，以及美国的**流线型设计**。尽管这些设计和制作展示出复杂多变性，但其中还是有着共同的联系。例如，荷兰艺术和设计运动中的风格派，提倡严格的审美观，除了在设计中使用白色、灰色和黑色之外，他们还使用原色；平面和立体的造型都严格按几何式样——最有名的代表作是 1918 年里特维尔德（Gerrit Rietveld，1888—1964）设计的红蓝椅子（图 4.3.2）。其各个成员都被一种所谓"神智学"（theosophy）的精神所鼓舞，他们设计中严谨的和清教徒的元素，反映出荷兰传统文化中的加尔文主义。因为对抽象形式特别喜欢，他们都抵制装饰。这一点和俄罗斯构成派有相似之处。然而，苏联的设计师有一个特别不同的思维方式，尽管仅是短短的一段时期，但是却成为政治运动的一个组成部分。他们的工作目标集中于为革命生产实际产品，像衣服、书、工人的酒店和住房。

**图 4.3.2　里特维尔德，红蓝椅子，
　　　　1918 年**
这把红蓝椅子以传统折叠式的方式实
现了风格派的线条及平面在三维空间
上的组合，这是对蒙德里安《红黄蓝
构成》在家具设计上的一种回应。

　　法国勒·柯布西耶的设计是一种更个人化的方式。他的建筑
设计艺术是把纯粹的现代主义精神具体化的杰出代表。在他闻名
世界的著作《走向建筑》（ *Vers une Architecture,* 1923 ）一书中，
勒·柯布西耶提倡简洁、纯净的几何形式，他认为这是一种具有
普遍意义的、永恒的形式，在这方面，他的作品和古典建筑有直
接的关系。但是，他相信成批生产所得到的质量，一样能成为适
合他们时代的新型建筑。它们给人们提供舒适的享受，灿烂的阳
光和明亮的房间，整个建筑给人秩序感与和谐感。这意味着他设
计的建筑物的内部空间，是新型的、开放式的，而且保持着戏

图 4.3.3 勒·柯布西耶，萨伏依别墅，1929－1931 年

剧般的白色混凝土轮廓。他设计的有名的萨伏依别墅（the Villa Savoye），就是这样一类建筑（图 4.3.3）。

其他国家的设计没有完全服从这一规则。例如瑞典和美国，创造了一种为一般民众所接受的流行的现代风格。事实上，斯堪的纳维亚和英国的设计师宁愿采取不那么极端的方式，尤其是在材料的选择上。他们一般更喜欢用天然材料而不太喜欢过于几何形的。美国流线型设计在风格发展上起着重要的作用。20 世纪 20 年代后期的大萧条，在美国出现了一小批工业设计先锋，他们把机械时代的设计应用到诸如火车、冰箱、真空吸尘器和汽车这样一类产品上（图 4.3.4）。这些设计师包括罗维、蒂格（Walter Dorwin Teague，1883—1960）和格迪斯。他们的作品 1939 年在纽约世界博览会展出，主题是展示未来的图景。尽管坚定的现代主义者企图不承认美国的成就，但是现在这点越来越清楚，即美国的设计师对 20 世纪的设计语言作出了重大贡献。

装饰在这段时期仍然很重要。流行设计经常使用建筑上的几何形式语言，创造了一种取得高度成功的风格。1925 年 4—10 月法国政府在巴黎举办了"装饰艺术展"（Exposition des Arts

图 4.3.4　罗维设计的 PRR S1 型蒸汽机车在纽约世界博览会上展出，1939 年

流线型风格原本是出于功能的目的而在交通工具上使用的式样，由于消费者对于这种式样的追捧，使得流线型风格几乎波及了美国 30 年代工业设计所有类型的产品。

Decoratifs，图 4.3.5），旨在突出欧洲乃至世界的建筑、室内装潢、玻璃、珠宝及其他装饰艺术的新型现代风格，这一风格被命名为**装饰派艺术（Art Deco）**。一些评论家认为这种风格仅仅是模仿现代艺术的表面现象，而并没有真正理解其内在的原则和理论。这些批评并没有妨碍流行的装饰艺术在 1930 年代的设计风格发展。不仅如此，它还变得十分流行，但是现代主义者把它排除在外，并将其戏称为"摩登风格"（Style Moderne）。

　　遭到流行趣味的挑战，现代运动实践者更自我奋发，勇敢地探索，并且常常聚在一起讨论理论问题。尽管这群设计师从来没有一个宣言，但是，通过"国际现代建筑协会"（CIAM）这么一个组织，他们确实逐渐有了个大概的宣言。20 世纪 30 年代，参加现代运动的建筑师、作家和设计师们会经常在一起阐述各家观点。两位重要的现代主义设计作家出现了。第一位是作家、"国际现代建筑协会"秘书长吉迪恩，另一位是社会美术史家佩夫斯纳。佩夫斯纳出版的《现代运动的先驱者》和八年后吉迪恩在美国出版的《机械化的决定作用》（*Mechanization Takes Command: Contribution to Anonymous History*, 1948），可以看作是现代运

图 4.3.5   1925 年巴黎"装饰艺术展"
发行的明信片

动的宣言。

直到第二次世界大战结束之后，被视为理所当然的现代主义
和它的价值才受到严峻的挑战。第一次挑战来自 20 世纪 60 年
代的**波普设计（Pop Design）**，第二次挑战来自 1970 年代的**后
现代主义**。人们用挑剔的眼光重新审视现代主义，给予的批评声
越来越大，十分有力。现代主义使用的方法太有限了，以致无法
设计，它对机械的崇拜压制了人类思想的发明和创造力。同时它
忽略了给予物体个人的感情和复杂意义，认为只有一种设计方法
是对的和适当的，这种观念无疑是错误的。

战后，欧洲和美国的设计师们在那些变为废墟的城市里，采
用现代主义的观念和风格去实施大规模的重建计划。这一做法的
一些成果却不怎么令人鼓舞，常常是梦想中的亮丽城市风光蜕变
为了令人感到悲哀的水泥森林（图 4.3.6）。这些重建计划的遗产
已证明是令人挥之不去的伤痛，它们成为现代主义运动的修正
论者猛烈抨击的对象，而修正论者在英国的代言人就是威尔士
亲王。然而，现代运动在 20 世纪设计中依然最有影响力。毫无
疑问，20 世纪大多数走在最前面的建筑学家、设计家和理论家，

图 4.3.6 威廉·凡·阿伦（William van Alen，1883—1954），克莱斯勒大厦，1928—1930 年，美国纽约

无论以何种形式出现，都是属于现代主义者。

现代运动重视道德，它把重点放在所有产品的成批生产上，以及设计和社会功能的关系上。因为这些原因，一般都把现代运动与左翼的价值及战前时代联系在一起。然而，它伟大的成就并不局限于那个时代。1950 年后，现代主义在拉姆斯的工业设计上有所体现。近来，建筑学家诺曼·福斯特（Norman Foster，1935—）以及理查德·罗杰斯（Richard Rogers，1933—2021）重新解释了现代运动对同时代的积极作用。而以 20 世纪 90 年代的眼光来看，这一点又是必然的，即运动的历史和英雄崇拜的传统，与相矛盾的因素，以及使争论不断加剧的神学，都错综复杂地交织在一起。

三、第二次世界大战后的设计

1939 年，战争导致了消费品设计文化的暂时停滞。以前投在消费商品设计上的人力、物力，现在一起都转向为炮弹工厂、为枪支、为世界战争的交通设施以及其他军事器械的设计。以前生产家具的工厂现在生产起战斗机，布匹这时用来制作降落伞和军服。在战争的环境里，一直持续到 30 年代的、相当有意义的设计讨论这时也告一段落。设计师像从事其他职业的人一样，被号召起来战斗，为国家光荣献身。只有在一些特殊的情况下才允许设计师工作。在这种情况下，画图纸的设计师被命令制作宣传材料，另一小批设计师被要求设计军事武器和机械。在后来的工程师、发明家和设计师的名录里，巴恩斯·沃利斯爵士（Sir Barnes Wallis，1887—1979）是一位重要的设计家，他设计了惠灵顿战斗机和著名的"飞跃炸弹"，成功地摧毁了德国的埃德尔大坝。在美国，家具设计师查尔斯·埃姆斯负责设计胶合板做的夹板，用以挽救负伤战士的生命。

然而，唯一的设计实验却是在战时的英国进行。1941 年，为解决因第二次世界大战而导致的原材料供应短缺问题，温斯

顿·丘吉尔（Winston Churchill，1874—1965）制定出一个叫
作效用计划（Utility scheme）的方案。所谓效用计划就是设计
出一个消费商品的限制范围，包括餐具、衣物、收音机和家具。
效用设计意味着给每个人相同的选择，按严格控制的定量计划消
费。对英国来说，这是一个很特别的社会实验，只有在战争的压
力下才会运用效用设计。这意味着像诺曼·哈特内尔（Norman
Hartnell，1901—1979）这样的高级时装设计大师每天为普通妇
女设计便装，而马克斯（Enid Marx，1902—1998）则设计纺织
品，高登·拉瑟尔制作家具（图4.3.7）。

　　只有在英国才出现了效用设计，欧洲的其他地方却没有。从
1939年至1945年欧洲在设计方面最有影响力的，是德国纳粹
和意大利法西斯分子的建筑、勋章和产品的设计。这些极权国家
提倡在建筑和设计上体现他们偏爱的古典主义风格。造型艺术和
表达国家主义的铅字字样要模仿哥特风格。纳粹分子把现代运动
同犹太人或共产主义象征联系起来，所以现代运动是他们不可接
受的。意大利、德国、西班牙的法西斯形象永远都是强硬的、令
人害怕的，让人一眼看去就能够唤起记忆。但它的强有力是以制
造工业和设计为后盾的。法西斯主义观念造就了一些重要的设计
成果。到1945年，当德国人、意大利人、日本人从军事专政中
解放出来获得自由的时候，专制国家强加给各方面的观念意识及
其兴办的企业，战后都走上了正轨，为家园的重建发挥了积极的
作用。

　　1945年，战争留下的是荒芜、物质匮乏和实体经济的崩溃。
参战国中除了北美和澳大利亚保持完好外，其他国家都陷入困境
中。为了帮助恢复经济，美国提出"马歇尔计划"，不仅向同盟
国提供巨款和技术上的帮助，而且还向战败的德国和日本提供同
样的援助。在这些重建计划中，关键的战略是使设计在增加出
口、促进贸易和生产中发挥作用。如英国成立了"工业设计委员
会"（the Council of Industrial Design），以这种政府机构去提高
公众和工业的设计水平。现在这个设计委员会还在发挥着重要的

图 4.3.7　英国战时"效用设计"家具展，伦敦，1942 年
在该展览上，展出有"效用设计"家具的首套原型品，该系列包括有橱柜、餐桌、餐椅和床等家居产品。

作用。其他国家也纷纷效仿英国：1950 年，德国成立"造型设计委员会"（Rat fur Formgebung）；1954 年，日本组织了"日本工业设计者联盟"（JIDA）。各国政府开始恢复设计展览以及国内外设计技术贸易交易会，著名的例子有"米兰三年展""英国节"（图 4.3.8）"五五芬兰设计"。新闻出版界开始关注设计，国际设计界多年来无以施展的局面被打破，现在机会来了，他们迫不及待地加入到新的世界中去。

　　20 世纪 50 年代受战争的影响，人们还处于物质短缺和定量配给状态，此时设计观念却发生了全新的变化，这几乎不令人感到惊奇。人们把变化后的设计称为"当代风格"，它不仅是一种新设计风格，更代表着未来的图景。

　　战争给人们留下共同的目的和事业，这就是重建未来，所以"当代风格"并不是一种时髦的设计风格，而是实实在在为人们设计各种东西。在战后的最初几年内，大家都认为现代设计应该没有阶级区分，它应该适合于富裕家庭和平常工人家庭。设计家、消费者和政府都有一个重要的设计观念，例如挪威政府的目

**图 4.3.8　英国节的标志——节日之
　　　　　星，亚伯兰·盖姆斯设计，
　　　　　出自《南岸展览指南》封
　　　　　面，1951 年**

英国节是 1951 年夏天在英国各地举
办的一场全国性的博览会。这是一场
由政府组织而推动的盛会，包括建
筑、设计、艺术、电影和科学技术等
各个方面，吸引了数百万游客，使战
后的英国民众重塑信心。

的是刺激销售，所以它生产漂亮的家具以吸引新婚夫妇。在英
国，"设计委员会"用"当代风格"设计装修新城区的样板间，
以证明它的优越性和花费低廉。尽管这种设计的理想主义偏离了
1950 年代的基本风格，但是设计界一致认为，设计对社会发展
有着很重要的作用。设计形势最基本的变化是第二次世界大战后
经济的迅速好转。设计不仅对美国具有重大意义，而且也促进了
欧洲和日本 1950 年代末的经济。全世界设计师的任务是为战后
的家庭设计用品，这些用品要求达到灵活、简洁的效果，比如隔
开房间用的屏风，可改装的沙发床。同时市场上还大量地需求小
汽车、摩托车和其他消费商品，包括冰箱、炊具、收音机和电视

机。经济的繁荣不仅给设计师提供了大量施展才华的机会，而且激励了生产者重整旗鼓的信心，他们相信现代设计的产品一定会有销路。

20 世纪 50 年代的新风格也称为**"有机设计"（Organic Design）**，因为它曲线的、雕塑感的形式来自纯美术的发展，如雕塑家亨利·莫尔（Henry Moore，1898—1986）、卡德尔（Alexander Calder，1898—1976）和让·阿尔普（Jean Arp，1886—1966），还有画家保罗·克利（Paul Klee，1879—1940）、米罗（Jean Miro，1893—1983），他们的风格对设计都产生了很大影响。由此设计形式呈现出新面貌，变得灵活多变，用曲线装饰，而且具有表现的意味。这些"当代风格"的成分表现在设计上，使诸如沙发、烟灰缸、收音电唱两用机等物品呈现出各式各样、丰富多彩的面貌，而且还出现了 20 世纪最稀奇古怪的非对称形状。

1950 年代设计的另一个重要变化是重新出现明亮色彩和大胆的图案，这是对战争带来的物质短缺、定量供给以及各种束缚限制的自然反应。消费者为餐具或室内设计挑选大胆而具有冒险性色彩和图案。这个时代的色彩，是热烈的粉红、深橙、天蓝和嫩黄一齐走进了战后人们的家庭；墙纸、纺织品、地毯都采用这一类色彩。肌理效果是另一个重要主题。典型的 1950 年代家庭不仅以明亮的颜色为特征，而且还使用各种质地不一的材料，把福米加（Formica）塑料贴面和自然木材与砖石结合起来。家具表面很讲究触觉效果，利用先进技术诸如冷却和酸腐蚀，加上刻、雕以及印的各种图案，触觉效果的确大不一样。与此相对应的是抽象表现主义绘画对设计师的重要影响。

另外，科学的作用以及战后新的审美和新技术也有不可忽略的重要作用。1950 年代是原子弹和人造卫星的年代，展现在人们面前的崭新的未来景象深深打动了设计师。这种对新技术的态度促进了两个发展。第一个是工业生产过程中采用了新材料和新技术。1942 年聚乙烯、聚酯和 1957 年聚丙烯的发现，提高了塑料技术。胶合板是战争期间获得巨大发展的有趣例子。随着合成胶水的发明和先进的烧窑技术的出现，使得随意地造型成为可能。对于使用珀斯佩（Perspex）有机玻璃和福米加塑料贴面材料的新技术实验，以及胶合板生产和化纤玻璃技术来说，家具是一个尤其重要的领域。同时市场上正出现人造纤维如涤纶和纤烷丝。

科学对设计的第二个影响，是设计从科学中吸取营养和得到动力。原子、化学、宇宙探索和分子构成启发了设计家们，他们把由此得到的图像都吸收到了 1950 年代的装饰语言中，结晶体的图案和分子构成图都被设计师运用到设计中。宇宙探索是另一个重要主题。1957 年，英国的天文学机构，焦德雷尔·班克实验站（Jodrell Bank Experimental Station）建成；同年，俄罗斯人发射了第一、二号人造卫星（图 4.3.9）。于是，火箭的形象就在平面设计和纺织品设计上出现并广泛传播。人们对太空旅游抱有普遍的幻想，无论它是否真实。

为什么设计在战前和战后的这段时间，经历了如此重要的突破呢？一个重要的原因是：重要的设计国家之间的实力均衡发生了偏斜。20 世纪初曾左右了国际设计趋势的国家如法国和德国，到了 1950 年代便逐渐被意大利、美国和斯堪的纳维亚国家取代了。

意大利成为设计界的先锋和改革者，这是一件令人颇为惊奇的事情。早在 20 世纪初期，意大利的工业发展缓慢。战争期间法西斯运动企图实现国家现代化，鼓励工业和新工业产品的发展，例如电车、火车、小汽车等。然而家具、玻璃器皿、陶瓷这一类传统工艺的生产方式依旧如初。第二次世界大战后，国家满目疮痍，几乎耗竭了全部物力，直到 1940 年代末，政府下决心重整山河，意大利进入国家重建期。推翻了法西斯主义，设计师得到了解放，他们把设计当作新意大利民主主义表达的契机，并反对那种支持独裁政治的形式主义风格。不到十年时间，意大利一跃成为现代工业国家，能够与法国、德国相媲美。更令人兴奋

图 4.3.9 人类第一颗人造地球卫
星——斯普特尼克 1 号
（Sputnik 1），1957 年

的是：特色鲜明的意大利设计品几乎瞬间占领了市场。意大利设计十分具有现代性，它的设计师也走上了一条全新的道路。典型的意大利形式是公司之间的合作，例如卡希纳（Cassina）、阿特鲁希（Arteluce）和特克诺（Techno）公司之间的合作，还有建筑设计师卡罗·莫里诺（Carlo Mollino，1905—1973）与吉奥·庞蒂（Gio Ponti，1891—1979）的合作。专门为意大利新的设计美学作展示的场所，现在成为闻名遐迩的"米兰三年展"。每三年一次在米兰举行的设计展览，不仅展出意大利人的设计潮流和信心，而且还鼓励同行之间进行热烈的讨论。这一切大大丰富了意大利的设计（图 4.3.10）。

到了 20 世纪 50 年代末，一种具有意大利特征的设计方法在时装和电影艺术上取得成功，这种设计又将一些设计偶像介绍给了消费者，例如 1946 年阿斯坎尼奥（Corradino d'Ascanio）为皮阿乔公司（Piaggio）设计的维斯帕牌小型摩托车（Vespa scooter，图 4.3.11），1945 年庞蒂为帕沃纳公司（La Pavona）设计的咖啡机，以及 1948 年马切诺·尼卓利（Marcello Nizzoli）为奥利维蒂公司（Olivetti）设计的打字机。

斯堪的纳维亚是欧洲另一个在设计上很有实力的地区。当瑞

图 4.3.10 吉奥·庞蒂，带瓶塞的玻璃瓶，约 1949 年，布鲁克林博物馆藏

图 4.3.11 维斯帕牌小型摩托车（《罗马假日》2013 年法国重映版电影海报），1953 年

典、丹麦、芬兰在战后获得了身份的认同之后，它们就考虑要在 50 年代把斯堪的纳维亚独有的设计推向市场。这个策略很成功，所以近十年后斯堪的纳维亚设计出 1950 年代的家庭风格。它的特征是设计简朴，功能性好且每个人都能买得起的日常用品。他们的成就在战前就有很深的根基，例如 1930 年斯德哥尔摩展览会上，马松（Bruno Mathsson，1907—1988）和弗兰克（Josef Franck，1885—1967）的瑞典家具，还有阿斯普伦德的建筑给世界设计界留下了深刻的印象。他们这种对待现代主义的人文化和有节制的态度，当时便与战后表现性色彩和有机形式等因素联系了起来。

20 世纪 50 年代，斯堪的纳维亚的设计形成了它自己的风格，从玻璃器皿上可以看出它们的特点和精湛之处，尤其是纺织

图 4.3.12　雅各布森，为 SAS 皇家酒店设计的第一代"蛋型椅"，1958 年，弗里茨·汉森公司生产

品和瓷器更是独树一帜。在家具领域，丹麦的家具设计在质量和创意方面一直都备受推崇。像芬·约（Finn Juhl，1912—1989）的家具设计，他能使有韧性的轻质木材具有雕塑感。雅各布森（Arne Jacobsen，1902—1971）设计的可以成堆叠放的"休闲椅"，是 1950 年代最成功的批量生产的椅子。雅各布森把形式和新技术结合起来，创造了一系列经典设计，其中包括办公室系列的"蛋型椅"和"天鹅椅"。这些椅子采用纤维玻璃，加垫乳胶泡沫，并用纤维尼龙布或毛织物盖在上面（图 4.3.12）。

　　芬兰在实用艺术方面的一系列激进实验也终于引起了国际设计界的关注，其中卫卡拉（Tapio Wirkkala，1915—1985）设计的玻璃器皿可谓代表（图 4.3.13）。他从写实和抽象的形态里吸取营养。卡伊·弗兰克（Kaj Franck，1911—1989）所设计

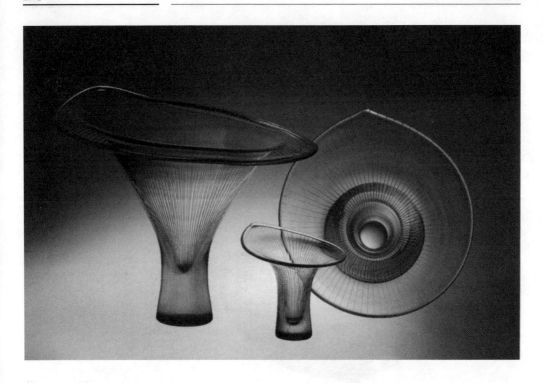

图 4.3.13 卫卡拉，玻璃花瓶，1947
年

的餐具，针对仓储和产品标准化这类工业问题，在设计中了采用了表现性的形状和明亮的色彩。瑞典的高斯塔伯克公司（Gustavberg）在产品的革新和批量生产瓷器方面都走在世界前列，其产品风格紧跟 1950 年代最新的审美潮流，给消费者提供了色彩丰富、图案和造型多种多样的选择。斯堪的纳维亚此类公司的产品，例如，玛利麦柯公司（Marrimekko）的纺织品便进入了国际市场，像"斯文斯克"（Svensk）和"旦斯克"（Dansk）这类专卖店遍及世界各大城市。事实上，斯堪的纳维亚设计师几乎控制了 1950 年代的设计，甚至可以说那时的每个西方家庭都会有丹麦的椅子或瑞典的地毯。

20 世纪 50 年代的美国设计也很突出。尽管美国也卷入战争，但是它并没有像欧洲那样遭受如此大的创伤，所以到 1950 年代，美国成为世界经济和政治大国。从 1954 年到 1964 年，美国十分繁荣发达，在各种消费品、工业设计和生产上，它都位居世界的领导地位。在 1950 年代，美国开发出两个重要的设计方向。首先是在建筑和家具设计领域，和欧洲的设计相比，美国

图 4.3.14 沙里宁，郁金香椅，1956 年

式的建筑和家具算是当代风格。就设计创新而言，诺尔（Knoll）和米勒（Herman Miller）两家公司占了主导地位。它们对功能、结构和材料的重新审视，使得它们成为当代设计的先驱者。技术革新，是它们的产品的重要特征。最初，诺尔公司最有影响的设计家是伯托亚（Harry Bertoia，1915—1978），他设计了一种很有名的椅子，是用弯曲的金属线编织成格子状而制成。而沙里宁设计了一种可以用模子一体成型，并使用人造材料——玻璃纤维和铸铝的底座制成的"郁金香椅"（图 4.3.14）。在这个时期，米勒公司的设计主持是尼尔森（George Nelson，1908—1986）。他手下一个著名的设计师查尔斯·埃姆斯，设计出用模子成型的胶合板和塑料家具，并且将其投入规模生产。

美国另一个重要的设计方向，源于它作为世界上最先进的大众消费文化大国的地位。这类设计以一些"发明"为代表：汽车电影院、麦当劳、迪士尼乐园、电视和青少年的电影、音乐。这是消费者设计，因此它们无论是形式还是细节都极为夸张；这种设计简直就是在赞美这个国家巨大的消费能力。20 世纪 50

图 4.3.15　厄尔与"别克 Y-Job"轿车，1939 年

1939 年，通用公司的设计部在厄尔的带领下，设计出了著名的别克 Y-Job 轿车，这是汽车工业领域的第一款概念车。

有计划的商品废止制

谈及厄尔，就不得不说到他在通用公司所执行的"有计划的商品废止制"。这项影响了美国甚至全球工业设计的制度，是由厄尔和斯隆（Alfred P. Sloan，1875—1966）所指定的"动态废止制"（Dynamic Obsolescence）逐渐演变而来的。它要求人为地限制产品的使用寿命，在某一段时间（通常为 2～3 年）内通过使产品式样过时，或功能废止，以加速产品淘汰更新。

年代，美国汽车仍然是"平民豪华"（Populuxe）文化的持久偶像。美国汽车一系列著名的设计都出自为通用汽车公司服务的厄尔之手。为设计"雪佛兰"汽车和"别克"汽车，他模仿火箭和喷气式飞机，在尾翼片和许多细节之处大量使用镀铬的方式。他还将全部的色系用于汽车设计，包括新发明的两色调罩面漆（图 4.3.15）。如此注重式样的设计理念，正是基于厄尔所倡导的**"有计划的商品废止制"（Planned obsolescence）**而形成的。这项制度与美国的消费文化不无关系，也使通用公司一跃成为汽车工业的领头羊。

20 世纪 50 年代美国的大众设计与当时欧洲的设计态度完全不同。美国的设计是对消费者的赞美，因此直到今天，它仍然强有力地影响着设计师们的设计态度和设计理想。不过，到了 1950 年代末期，这些设计方向都面临一个新的挑战，那就是波普设计。波普设计作为一种异样的文化力量此时已经开始滋长，它必将推翻 1950 年代设计的全部价值。

四、20 世纪 60 年代的 "波普" 审美观

1960 年代，设计文化经历了翻天覆地的变化。从 30 年代起就占世界主导地位的现代主义传统此时大势已去，不得不让位给波普设计。现代运动主张设计要着重功能，少用或者不用装饰，要经久耐用。到了 1950 年代，在伦敦的年轻一代设计理论家和设计师们，意欲推翻现代主义的这些埋想。

这帮年轻人被称为 "独立小组"（Independent Group），他们开始探讨这种非传统的价值体系。从 1952 年到 1955 年间，他们常常在 "当代艺术研究所"（the Institute of Contemporary Arts，ICA）非正式地聚会。这一组织包括了艺术家、建筑师和作家。他们主张：设计的价值不必是普适的，但应该是合乎情理的短暂，因此设计的价值不应当过于注重功能价值，而应当多注重消费者的愿望和需求。他们的聚会直接导致对大众文化的新分析。他们企图消除在高雅文化与通俗文化之间的传统分界；在传统分界线的一边是戏剧、艺术和歌剧，另一边则是音乐厅、大众娱乐和漫画。在那个年代，不存在既属高雅文化又属通俗文化的跨界人。"独立小组" 确定的观念是艺术家和设计师应该去调查和了解这个大众文化的世界。在一系列后来甚为有名的研讨会上，他们着手开发一个科幻小说、广告、玩具和漫画的世界（图 4.3.16）。到了 1950 年代末，他们的探讨便有了成果，那就是一系列早期的波普绘画和雕塑，以及一些实验性建筑项目，还有班纳姆有关设计的写作。1991 年，伦敦的皇家学院（the Royal Academy）举办了一次重大的波普艺术回顾展，展览会确立了 "独立小组" 作为波普艺术奠基者的地位。然而，波普艺术稍晚一些在美国独立地发展起来，并在国际的范围内从艺术领域蔓延到设计领域。

图 4.3.16　独立小组成员、画家汉密
　　　　　尔顿为美国消费主义所列
　　　　　的清单：到底是什么使得
　　　　　今日之家如此吸引人？
　　　　　1956 年

　　一场不同的革命使得波普文化被广泛地接受成为可能，这场
革命的源头也是在美国和英国，那就是在 1950 年代出现的独立
的青年文化。在那个十年里，青少年发展出独立于成人世界之外
的时尚、语言和音乐。尤其是在英国，有趣的是这场革命是由工
薪阶层的青少年掌控的。这些年轻人从战后的发展中获益不少，
他们第一次有了钱，也有了创造自己时尚的信心。根据 1959 年
一个有关工薪阶层青少年消费的市场报告图表显示，青少年消费
占全国可支配收入的百分之十，而他们的趣味偏好影响了诸如服
装、摩托车、录音机等商品的生产。

　　起初，英国青少年文化受美国货的影响，例如普莱斯利
（Elvis Presley，1935—1977）的音乐，马龙·白兰度（Marlon

Brando，1924—2004）主演的电影以及牛仔裤、汉堡包、百事可乐等。但到了 50 年代末，他们开始对欧洲货有信心了。科林·麦金尼斯（Colin MacInnes，1914—1976）关于那个时期写过一部风靡一时的小说《绝对生手》（Absolute Beginners），书中描写了时尚如何转向有咖啡机的咖啡屋、意大利鞋、特定缝制的衣服和维斯帕牌小型摩托车。充满活力和智慧的文化，如才华横溢的音乐、小说和表演的出现，更增强了英国青少年的自信心。这是一场逐步渗透、最终改变现状的革命。英国青少年才能的迸发，以利物浦和披头士音乐的出现为代表。在 1956 年的时候，约翰·列侬（John Lennon，1940—1980）还是泰迪男孩（Teddy boy）的形象：身穿皮茄克，额发上梳；但到了 1960 年代的初期，披头士乐队就变成新的欧洲人形象了：身着配紧身裤和短茄克衫的意大利套装，脚蹬切尔西短统靴，头上留的是"拖把头"（mop-top）发型。

这些变化标志着，在电影、摄影、文学、讽刺作品、时装和音乐等方面，伦敦已成为新的波普文化的中心。20 世纪 60 年代也许是伦敦作为国际设计新潮中心的唯一时段。1964 年《时代》杂志登出一篇关于该市的文章，创造出一个新名词"赶时髦的伦敦"（Swinging London，图 4.3.17）。文章配发了导游图，地图上标出的不是白金汉宫和伦敦塔这类传统景点，而是散布在伦敦街头的时装店和奢侈品专卖店。

那个时代的伦敦，商业街的礼品和服装销售说明了波普设计的优势，它是瞬时的、易耗的、巧智的和讽刺的。那个时代的典型图案包括国旗、牛眼、条纹和圆点花纹，这些都来自那个时代的波普绘画，来自旅游地、广告和漫画书籍的流行文化。这类图案的视觉效果并不期待持久，它们的视觉来源也不限于波普艺术。1960 年代的设计师们又重新发现了 19 世纪，尤其是发现了维多利亚时代的趣味和想象中怪诞的方面。这些怪诞元素包括画家爱德华·利尔（Edward Lear，1812—1888）写的打油诗，以及刘易斯·卡罗尔（Lewis Carroll，1832—1898）写的《爱丽

图 4.3.17 "赶时髦的伦敦",卡尔纳比街,约 1966 年

丝梦游仙境》,书里描写爱丽丝喝了一种奇怪的东西,使她能对梦境中的动物说话。欣赏 19 世纪的艺术又变得时髦起来;齐柏林(Led Zeppelin)摇滚乐队买下了由维多利亚时代的建筑师柏吉斯(William Burgess,1827—1881)设计的塔楼。出版业蜂拥再版装饰派的甜俗作品、"新艺术"的招贴画、疯子画家达德(Richard Dadd,1817—1886)的"疯"画,以及出版一些已被遗忘的人物传记,比如关于建筑师查尔斯·雷尼·麦金托什的书籍;今天我们很难相信,其实在 25 年前,除了他的格拉斯哥同乡之外,没人知道麦金托什是谁。

这些复古主义的元素以一种随意的方式被用在波普艺术中,更加说明了波普文化的基本概念:设计是暂时的,在有些情况下简直就是一次性的。1964 年英国家具设计师默多克(Peter Murdoch,1940—)设计了一种家具,他用五层厚的层压纸作材料,价格便宜,更换方便,不用时便可扔掉。同样的原理适用于纸衣服,穿过一两次就丢掉。意大利前卫的设计家们发明了可以充气的椅子和著名的"二号袋椅"(Il Sacco),英国人称它为

"萨克袋椅"（Sag Bag），就是用普通的布缝制成由许多小袋连成一块的坐垫，袋子里用聚苯乙烯粒子填充。这种设计被认为真正体现了新时代的新审美（图 4.3.18）。

1960 年代设计的另一个重要因素是崇尚高新技术。比如法国时装设计大师安德烈·库雷热（André Courréges，1923—2016）设计的太空时代系列，以"迷你"裙配白色塑料短统靴为特征。太空漫游是 60 年代的一大壮举。1969 年美国成功登月让世界震惊，于是各种版本的宇航员银白色套装风行一时。人们相信未来，也相信即将发生的全面技术革新。这种态度影响到设计的面貌，从大众的平面设计使用计算机字体，到詹姆斯·邦德（James Bond）电影里未来派的室内设计。就实际技术而言，新材料如 PVC（即聚氯乙烯）便已进入市场。这种经过增塑的织品从前用来做防水幕和雨衣，现在它熔接缝口的生产问题解决后便可以用来制作成衣。塑料技术取得了重大的进步，大大促进了意大利家具的发展。然而，所期待的技术的实际影响并没有即刻到来。

日本对技术的发展作出了突出贡献。尽管对国际设计界而言，当时的日本只是一个新手，在设计观念上还相当倚重西方，但它持续领导着新的工业革命——率先使民用产品如收音机和电视机等晶体管化；在装配线生产上较早使用机器人，并使其计算机化（图 4.3.19）。不过，像马歇尔·麦克卢汉（Marshall McLuhan，1911—1980）这样的一类作家所描述的 1960 年代技术革命，其真正地成为现实，则要到了家庭电脑、传真机和手提电话普及的 1980 年代。

在整个 1960 年代，支撑着波普设计变化的一些理论引得各界热议，这些理论也很值得研究。像设计师一样，当代作家也试图严肃对待从前评价不高或被忽略的流行文化。从 1958 年到 1965 年间，班纳姆首先在一系列文章中对波普设计作出有见识的评价，其讨论的话题从风靡一时的电影到儿童的科幻木偶剧《雷鸟》（Thunderbirds）和民间艺术。班纳姆摒弃那种"室内和

图 4.3.18 皮埃罗·加迪、切萨雷·保利尼、弗朗科·提奥多罗,"二号袋椅",1968 年

图 4.3.19 "Trinitron" 彩电,1965 年,索尼公司生产

家具设计只能在建筑论文里讨论"的观点,并以其深邃的洞察力重建起设计写作的世界。他在美国的一个同类是汤姆·沃尔夫。沃尔夫发明"新新闻主义"一词描述一种设计写作风格,这种风格实际上是波普设计的一种书写形式。新新闻主义采用一种通俗的写作风格,比如使用俚话、口语和广告词等;他 1968 年《令人振奋的兴奋剂试验》(*The Electric Kool-Aid Acid Test*)一书的标题,便凸显出他的这种写作风格。像波普艺术一样,新新闻主义对严肃的学术写作传统发起挑战,学术写作只用自己的语言面对少数专门读者。班纳姆和沃尔夫的写作在"赶时髦的 60 年代"(the Swinging Sixties)变成了基本读物,而且影响了整整一代人。

五、技术与反技术

另一些对文化和设计有影响的精神领袖讨论新的电子时代带来的变化,其中最重要的是麦克卢汉。1951 年,麦克卢汉出版

《机器新娘》(*Mechanical Bride*),这是当时对美国广告的独家分析报告,他在书中预言世界会成为地球村。麦克卢汉一类的知识分子使传统的学院派变得彻底地陈旧和过时;但麦克卢汉们的基本信仰"技术为王",进入 1960 年代后便顷刻遭受到一系列更有效的批评。设计改革者如帕卡德(Vance Packard,1914—1996)质疑工业进步的益处,特别是质疑"有计划的商品废止制"。帕卡德在写作中将淘汰视为一种社会罪恶来批判,他的观点得到许多较小、却日益壮大的设计师团体的赞同。譬如富勒(Buckminster Fuller,1895—1983)的试验性设计工作,便倡导循环技术,模仿自然形式,提倡设计与社会学家和人类学家的工作之间建立更紧密的关系。到了 1971 年,帕帕奈克(Victor Papanek,1923—1998)在他的畅销书《为真实的世界设计》(*Design for the Real World*)中,便普及了上述设计改革者的观念。

1960 年代末期,随着嬉皮士运动的出现,及其拒绝消费文化和工业的态度,这些选择性观念(alternative ideas)变得愈加重要。在嬉皮士理想主义者的手中,设计注重"自己动手"(do-it-yourself)住宅装饰、安装太阳能板,以及重学诸如编织、制鞋等手艺活。尽管这些选择性观念反映的只是少数人的思考,但却有效地指向了生态和环保问题,因为到了 1990 年代,生态和环保问题变得非常重要了。对于嬉皮士文化的重要性,人们至今仍有争议;因为它反映出的某些方面更多是自我放纵的中产阶级观念,而不是一场寻求社会改变的纯粹运动。但是,嬉皮士运动引入了一种相当不同的设计方式。超短裙和早期波普设计中的光效应艺术(Op-art)图案,转变为一场被称为"迷幻"(Psy-chedelia)的运动。1967 年披头士的唱片专辑《帕伯军士孤独之心俱乐部乐队》(*Sgt Pepper's Lonely Hearts Club Band*)便标志着这种转变(图 4.3.20)。

迷幻文化对平面设计的影响是毋庸置疑的。创刊于 1967 年的《Oz》杂志就是迷幻平面风格的最佳范例。它采用幻觉感的

图 4.3.20 彼得·布莱克（Peter Blake, 1932—），唱片《帕伯军士孤独之心俱乐部乐队》封面，1967 年

装饰字体和重叠的图像，这些重叠的图像又是印刷在亮紫和蓝色色纸上。不过，最完美的迷幻媒介是波普招贴画，它廉价、批量生产，并且表达出迷幻文化直接的视觉冲击力。像这类二维平面设计的更典型例子，就是像披头士乐队的苹果精品店类建筑物里的大型装饰壁画。迷幻文化是一个短命的设计风格，它在 1970 年代便躲进了迪斯科厅和流行音乐会的世界里。

1970 年代早期的世界经济萧条，是由 1973 年的石油危机而引发的；经济萧条有效地结束了 60 年代设计的乐观主义和实验。波普设计短暂的价值及其巧智、实验性视觉风格，都与保守主义的新情绪不协调。生产商和消费者不再有信心或经费去支持实验性设计。这种新的社会情绪寻求安全感和传统感，典型如劳拉·爱什莉（Laura Ashley, 1925—1985）的设计师们，他们复兴了乡村的手工产品和织品印染。波普设计的时代已经结束。但是波普设计所提出的装饰问题、设计的社会环境和消费者的需求问题绝没有消失，后现代主义的新理论和态度，对所有这些设计问题又都做了重新考量。

第四节

后现代主义设计

　　后现代主义，最初是作为现代主义原则和价值的批判者出现的。战后的新一代人感到，现代主义在方式上太具约束性和拘谨刻板。正如许多批评家注意到的，现代主义的理想是拒绝装饰、大众趣味和人类欲望的表达。而后现代主义则发展出了全面的设计方式，复兴所有被现代主义否定的观念、材料和图像。后现代主义的另一个重要方面，是它已变成了一个广泛的文化现象；它不仅影响到建筑和设计，它的新方法还影响到了科学、批评理论、哲学和文学。从这一更广泛的角度来看，后现代主义可以被看作是 20 世纪思想的重要转折，正如现代运动是对 20 世纪初工业机器时代的反响一样，而后现代主义可以被视为对 20 世纪末期计算机技术时代的反响。

一、后现代主义与设计

　　自 20 世纪 70 年代末期以来，**后现代主义（Post-Modern-ism）**这个术语，便在被广泛用于描述设计和文化中的变化。这个术语本身就是对现代主义的赞美，是对主宰了 1920—1970 年代设计的现代运动理念和设计师的赞美。建筑史家查尔斯·詹克斯（Charles Jencks，1939—2019）1977 年出版了极有影响力的《后现代建筑语言》（*The Language of Post-Modern Archi-tecture*）一书，从而使"后现代主义"概念普及开来（图 4.4.1）。这一术语不仅用于讨论建筑，也用来讨论设计和文化中的变化。

　　就后现代设计而言最有趣的发展之一是：许多影响到设计的重要概念和理论，都不是直接来自于设计界。例如，新思维的各

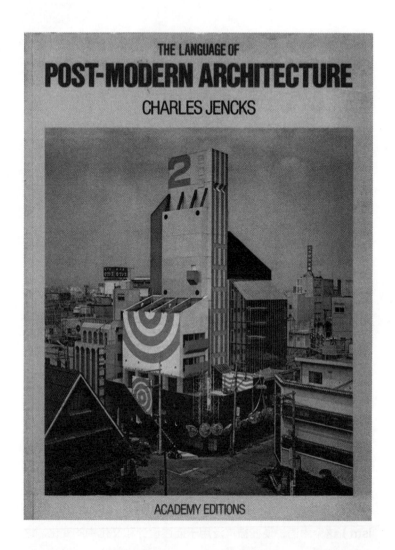

图 4.4.1 《后现代建筑语言》书影

　　个方面来自法国的哲学传统，以及将设计看作是后现代主义新气象部分的一群知识分子。一些概念比如**"符号学"**（Semiotics）、**"结构主义"**（Structuralism）、**"解构方法"**（Deconstruction）和**"混沌理论"**（the theory of chaos），现在都进入设计界的辩论和讨论的语汇中。这些知识运动全方位扩大了设计的领域，并将设计从实用性的、解决问题的行为变成了一个更大的知识思想世界。

二、新时代的设计现象

由于媒体的频频曝光，设计的新地位得到进一步强调。大量的书籍以设计为题材；在 1970 年代，电视和广播还少有报导设计的，现在却频繁地专题介绍设计；报纸从 1960 年代开始给设计以专栏；有关设计的杂志大量增加，虽然更多的是关于时尚生活的出版物，但 1980 年代也见证了专业设计期刊的发展，包括美国的《大都市》(Metropolis)，英国获奖的《蓝图》(Blueprint)和商贸周报《设计周报》(Design week)。

1980 年代是设计渗入到大众意识各个方面的时代。广告开发了新的消费意识，同时更多的机构如博物馆，也开始研究公众的这一新兴趣。传统上的博物馆把设计只当成是历史行为，现在却集中精力于展示更新的设计潮流。意大利孟菲斯集团(Memphis group)出现于所有主要的国际展览中。伦敦的维多利亚和阿尔伯特博物馆，将其首次个人展给予年轻的平面设计师布罗迪(Neville Brody, 1957—)，并通过一系列展览勾勒出当代设计的走向，展览的组织者是一个称作"锅炉房"(Boilerhouse)的新机构。锅炉房是康兰(Terence Conran)的精神产品，当时暂居在维多利亚和阿尔伯特博物馆。它 1989 年搬到伦敦的道克兰区(Docklands)，是世界上第一个专业的设计博物馆。以同样的冒险精神，商业公司维特拉(Vitra)在瑞士开办了一家新的家具博物馆。纽约的现代艺术博物馆，五十多年来都通过其收藏品勾勒现代设计的轮廓，现在又发展了另一种有趣的倾向：它的商店出售 19 世纪的设计经典，这种方式证明 1980 年代以来的设计主要是零售。

1980 年代的经济发展环境见证了新一代设计师的独立，在英国，有菲奇·贝诺伊(Fitch Benoy)、彼得斯和戴维斯(David Davies)等人。设计事务所的出现也是 20 世纪的新现象。设计师像其他专业人员如会计师或律师那样来自于事务所，这种方式始于 1920 年代美国的蒂格这类设计师。但是，真正的设计事务所出现于 1960 年代，其中包括五星设计联盟和康兰设计等，它们现在已经成长为国际公司。这些设计事务所力图使自己远离传统的做法——向客户提供包括平面、产品设计和市场调查等仅仅关乎风格的一系列服务。在繁荣的 1980 年代，许多这类设计事务所通过股票上市筹集资金来发展新业务。一些设计师如康兰和费奇等，也首次进入了英国富人排行榜。有趣的是，随着工业设计领域设计团队的发展，1980 年代居然出现了独立的超级明星设计师。诸如意大利时装设计师乔尔乔·阿马尼（Gorgio Armani，1934—）和吉安尼·维沙思（Gianni Versace，1946—1997），他们在公众心目中同电影明星一样。他们与其他设计名人一道受到媒体的关注，出现在电视的谈话节目里，以及成为流行杂志的封面人物。还有法国设计师菲力浦·斯塔克（Phillipe Starck，1949—），他历经传统的建筑、室内和家具设计生涯之后，逐渐变成了一个设计巨星，他最广为人知的作品莫过于那个赋予日常生活用品以幽默感的"柠檬榨汁器"了（图 4.4.2）。

今天的每个商业中心和繁华街道，都有销售设计品的专店。这些"经典"意味着永恒和长久，它们跨越了无休止的风格和趣味之争。像卡斯纳（Cassina）这样的公司，靠着销售里特维尔德和麦金托什的设计复制品而获得巨大成功。在不断变换价值观的后现代主义世界里，这类设计品有着令人欣慰的血统。1980 年代对经典的迷恋，又与崇拜设计师之风的兴起交替进行。此时，"永恒"的重要性远远不及"时尚"和"流行"，一群新的、社会地位日益上升的奢侈品消费者，希望通过购买某位设计师的作品而进入设计师生活方式的神话世界里。那时的崇拜对象是李维斯（Levi's）501 系列牛仔裤，包装饮料如沛绿雅（Perrier）矿泉水和可口可乐，还有英国的 Filofax 牌记事本。年轻的消费者对待设计，是以设计来确定一种时髦和特殊的身份。时装鼓励的是对设计师名头的尊敬：穿的是哪个设计师的作品比穿的是什么更重要，品牌决定了你的身份和地位。不过，这些态度和价值观在 1990 年代忽然全部消失了，消费主义被新的意识所取代，

DONALD A. NORMAN
AUTHOR OF *THE DESIGN OF EVERYDAY THINGS*
EMOTIONAL DESIGN

Why we
love
(or hate)
everyday
things

图 4.4.2 斯塔克，柠檬榨汁器，1990 年，维多利亚和阿尔伯特博物馆、纽约现代艺术博物馆藏

此图为诺曼（Don Norman）在《情感设计》上，以斯塔克著名的作品"柠檬榨汁器"作为该书的封面。这件足以成为"20 世纪末后现代设计象征"的经典作品，其设计灵感源于餐桌上摆着的鱿鱼。颇具雕塑意味的设计，使柠檬榨汁器的形式意义远大于其功能意义，让它极具争议，成为设计批评家们热议的对象。

这种新意识被新闻界称作新时代的价值观。

　　尽管 1990 年代的经济萧条，意味着设计与其他服务业一样面临严重的财政困难，但一个重要原则已经确立，即：设计此时已被看作是一个重要的商业事项，设计不只是令人喜爱的锦上添花，更是所有成功企业议程上的固定项目。1990 年代，全球性的企业如索尼和 IBM 便在设计方面投资巨大，但它们的方式显然不同于上面提到的设计事务所。对于大型企业来说，设计是一个团队的运作程序，是一种多重依存的行为。这些企业开创了一

个新方向：组织跨学科的设计团队，设计团队的成员来自不同的
领域和学科。当今在这类设计团队里，除了设计师之外，还包括
电子工程师、社会学家、生产主管和服务人员。这种组织方式加
强了现代制造需求的现实性；在这一现实中，如计算机类的产品
需要工业设计师设计外型，平面设计师设计使用手册，还有人机
工程学专家、工程师和程序员设计计算机。因此，跨学科的设计
团队要对整个项目负责。

三、新时代的设计产品

1. 媚俗风格

在 1980 年代，没有确定规则的设计开发了其他文化领域，
这种做法具有挑战现状的意义。例如，忸怩风格（Camp）和媚
俗风格（Kitsch）从前代表的是少数人的趣味，现在却进入了设
计的主流。设计师以一种嘲讽态度来采用传统中被称作"坏的"
趣味。"忸怩"和"媚俗"给予设计师以合法的机会，让他们进
入从前的禁区里工作。例如，在室内设计中，通过使用文化暗示
和引进不恰当和夸张的局部，以一种故意的、不自然的方式来采
用"忸怩"元素。通过这种方式，"忸怩"和"媚俗"成为某种
特定设计和情感的逗趣的许可证，同时也给设计师提供机会去发
现从前被认为亮丽无比，现在又被视为过时而遭人嘲笑的设计元
素。"媚俗"指没有真正用途的物品——装饰品、旅游纪念品和
一般小摆设（图 4.4.3），也为设计师提供了新的词汇。

2. 市场导向设计

消费对设计活动的影响不可忽略，以市场为导向的设计是新
时代设计的特点。通过市场的需求，激励新产品、新服务的开发
与研制，既促进了经济的发展，也刺激了设计活动的前进。创办
于 1943 年的瑞典宜家公司（IKEA），以简便、价廉的特点深受
广大消费者的喜爱。宜家的商品种类囊括家具、厨房餐具、灯

图 4.4.3　阿尔多·罗西（Aldo Rossi，1931—1995），茶与咖啡套装，1979—1983 年设计

图 4.4.4　"好易握"削皮刀，橡胶和不锈钢，长 15cm，OXO 公司制造

具、儿童玩具以及其他家居用品，分店分布于全球多个国家。除了富有现代感的外观设计之外，宜家家居还采用瑞典制图师吉利斯·伦德格伦（Gillis Lundgren）所提出的"自行组装家具"的概念，并在 1956 年推出其第一款自行组装家具，后来宜家的产品统统围绕这个概念进行设计、生产和销售。被设计成简单套件的家具产品，其包装体积比现成家具小，大大地降低了包装、储存和运送的成本，从而降低其销售价格，这也是宜家家居受欢迎的原因之一。

　　为了满足某些特殊群体的需求，新的设计形式与新材料的运用也会被考虑。美国的工业设计师山姆·法伯（Sam Farber，1924—2013），因其患有关节炎的妻子抱怨传统的把手细小的削皮器使她难以完成工作，从而萌发了制作"好易握"（Good Grips）系列厨具的灵感。他改进了削皮器的把手，采用柔软的橡胶把柄，更易拿握，并无毒、耐高温（图 4.4.4）。山姆后来创建了 OXO 厨具公司，将橡胶把柄应用到冰激凌勺、土豆搅拌器、开罐器等日常厨房工具上去。虽然原本是为了老年人而设计的工具，后来其市场覆盖范围却远超于此，达到了"通用设计"的标准。直至现在，这一系列仍是 OXO 公司的常青树。

3. 数码技术设计

影响设计的另一个重要因素是数码技术的发展，这些新技术包括计算机辅助设计、机器人技术、信息技术。今天的平面设计师在计算机上工作，不用复印和拼版。光碟直接送到印刷厂，或者是计算机之间直接"对话"。新技术促使小型化成为工业设计中重要的元素，硅片集成电路为工业产品和家用电器的小型化提供了条件。摩托罗拉公司于 1995 年生产了世界第一款翻盖手机 StarTAC（图 4.4.5），重量仅有 88 克，取代了此前被戏称为"板砖"的 DynaTAC 8000X，此后移动电话的发展往轻便和智能方向前进。

最早的工业机器人出现在 1960 年代的日本汽车工业中，它的工作主要是定点焊接和喷漆。1969 年日本早稻田大学加藤一郎实验室研发出第一台以双脚走路的机器人，后催生出了本田公司的 ASIMO 系列和索尼公司的 QRIO 系列（图 4.4.6）。今天，日本仍然在机器人方面处于世界领先地位。现在的机器人能执行复杂的任务：利用感应器监测温度、压力和密度。不过，机器人要进入家庭和工作室的人类世界，还有两个主要问题有待解决。首先是机器人的运动现在受到限制，只能依靠轮子或履带，并远远达不到平稳。其二是还仅仅处于研究阶段的人工智能，人工智能的突破将使机器人能做出决断。"模糊逻辑"（Fuzzy logic）是一个新术语，用来描述机器开始做决断的过程；模糊逻辑让程序员以并不精确和严密的计算机语言输入，用来处理千变万化的日常生活。例如洗衣机能够设计为先检查衣物的脏污程度，再选择一种合理的洗衣程序。

"虚拟现实"（Virtual Reality）是计算机技术的又一大突破。它给观者提供了一个可触的、生动的世界，使观者成为积极的参

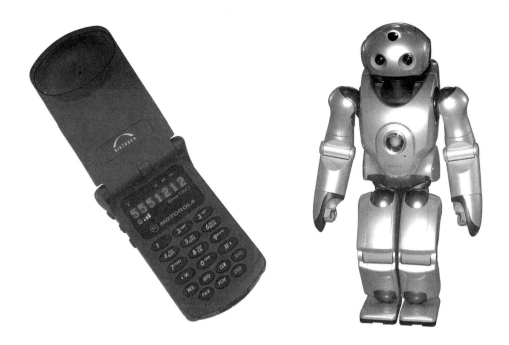

与者而不是被动的观察者。使用这种互动计算机时，观者戴上立体声的全景头盔，戴上装有动作传感器的手套。借助这种技术，设计师能够创造出三维物像并将其放入"虚拟"的世界里，由此可使客户体验"完工"的建筑或室内装修；广告公司也能为消费者设计互动式广告。这些发展代表了人－机（person-machine）界面的革命。信息技术的两个主要领域，数据处理和远程通信已经在一个更高的平台上汇合。其在今天的运用，就是发端于美国的多媒体技术已全面地进入到地球村的文化之中。

图 4.4.5　第一代 StarTAC 翻盖手机，94 毫米 ×55 毫米 ×19 毫米，88 克，摩托罗拉公司，1995 年

图 4.4.6　索尼 QRIO 机器人，身高 58 厘米，体重 7 千克，2003 年，日本索尼公司研发
这是一款集科技与娱乐于一身的梦幻机器人，多达 38 个可转动关节，不仅可跳舞、唱歌、踢足球，更可即时调整姿势来适应各种环境；具有辨识的功能，透过纪录声音与脸部特征，可与人进行即时互动。

4. 交互设计

随着技术的发展，以及人们使用这些技术的熟练程度不断增加，交互设计领域不得不处理更多、更先进的技术和交互哲学。从理解和可用性领域的扩大，到加入情感因素，朝着关注于体验和享受的方向发展。如今，越来越多的产品中包含有隐藏的潜入式微处理器（电脑）和通信芯片，其结果是交互设计现在几乎成为所有设计的一个重要组成部分。

——唐纳德·A·诺曼《与复杂共处》

1974 年，蒂姆·莫特（Tim Mott）在设计一套出版系统时，提出类似"办公室景象"的桌面概念，人可以通过鼠标在屏幕上操控所有文件，并在办公室随意移动、展示。后与拉里·特斯勒（Larry Tesler，1945—2020）经过设计与测试，整理出一套使用者程序，拉里将图标（icons）应用到桌面上去。拉里后来转入苹果公司，与其合作者设计出了滚动条式的功能选项、对话框以及单按键鼠标。苹果公司的 APPLE LISA 1 于 1983 年面世，是为全球首款将图形用户界面和鼠标相结合的个人电脑，针对企业及个人用户，拥有全新的操作方式（图 4.4.7）。隔年面世的麦金塔电脑（Macintosh）虽不是 Lisa 的相关系列产品，但有着非常接近的操作方式，并且实现了"使用鼠标作为游标工具""进行'双击''拖放'等操作""'所见即所得'的文字处理系统以及图像修改软件""长档名"这些创新之处。

比尔·莫格里奇（Bill Moggridge，1943—2012）在 1984 年提出了"Soft-face"的概念，定位为软件与使用界面设计的综合体，后更名为交互设计（Interaction Design），并招募成立世界上第一支交互设计团队。2003 年他受聘为意大利伊夫雷亚交互设计学院的指导委员，并于 2006 年出版《关键设计报告——改变过去影响未来的交互设计法则》（*Designing Interactions*）一书，莫格里奇访谈了近 40 位在交互设计领域颇有建树的设计师，使我们可以直观地感受到仍在发展中的交互设计如何形成，又将如何改变未来。

5. 3D 打印技术

3D 打印（3D printing），又称立体打印、增材制造，或积层制造，是指在计算机的控制下将材料有序地沉积、叠层的过程。这项得益于塑料的成熟与普及而发展起来的技术，在 20 世纪 80 年代出现并快速发展起来。塑料解放了设计师在材料选择和控制上的限制，特别是 3D 打印技术的出现，让设计师的设计过程变得更加直观，更加自由。此时，设计师可以控制的结构和形状也

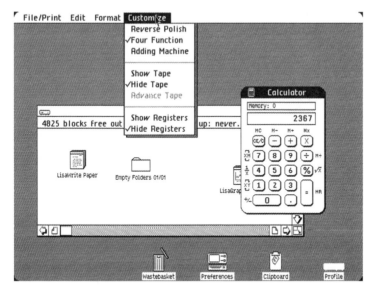

图 4.4.7 Lisa 办公系统 3.1 屏幕截图
苹果公司

越来越复杂，3D 打印技术不可谓不是制造与设计行业的一场革命性发明。虽然，3D 打印技术很快便在工业、医疗、军事、艺术和民用行业广泛应用，但是，这种具有强大复制功能的技术同样带来了知识产权保护和枪支管理等方面的问题，需要通过立法来规范这种技术的应用。

当然，3D 打印技术不仅仅是作为一项设计制作的辅助性技术存在的，这种技术同样也应用于依靠"复制"而设计的产品。迈克尔·伊顿（Michael Eden，1955— ）是一位非常擅长运用 3D 打印技术来创作的雕塑家和设计师，在他的作品中常常思考"3D 打印作品"与其对象之间的历史关系。现藏于大英博物馆的波特兰花瓶（Portland Vase）是一件制作于公元 5—25 年的古罗马宝石玻璃花瓶，这件曾被韦奇伍德公司"复制"过的花瓶，在 2012 年又被伊顿再次复制，只不过，韦奇伍德用的是陶瓷，而伊顿选用 3D 打印技术，它被命名为"Prtlnd 花瓶"（图 4.4.8）。

伊顿有意识地复制得并没那么精细，他用来复制的原始材料

图 4.4.8 迈克尔·伊顿，Prtlnd 花瓶，2012 年

是利用搜索引擎找到的多幅波特兰花瓶的图片，并通过计算机软件将花瓶切割成多边形组合而成的三维形体，并简化了所有的装饰细节，于是这件经典的古罗马花瓶依靠 3D 打印技术再次焕发了青春。

　　20 世纪 90 年代以来的设计，并未就设计程序或者设计美学提出过某个单一的理念。现时的经济萧条对设计而言是一种约束，同时又给我们提供了机会去重新思考设计的方向。正如我们在 21 世纪的前二十年里所看到的，设计正面临着新的挑战。后现代主义帮助创造了成熟的消费者，也使设计面对一个丰富多彩的文化世界。设计师要对上述现实作出反应，同时还得面对这一事实：21 世纪的新技术发展和由此带来的新文化诉求必将改变整个世界。

课后回顾

一、名词解释

1. 石版印刷术
2. 奇彭代尔
3. 《装饰的基本原理》
4. 艺术与工艺运动
5. 新艺术
6. 风格派
7. 效用计划
8. 有计划的商品废止制
9. 麦克卢汉
10. 3D 打印技术

二、思考题

1. 试简述 19 世纪博览会的出现对设计发展的意义。
2. 请简述 19 世纪的设计师在艺术与工艺方面的探索。
3. 色彩理论的发展不断地刷新艺术与设计的面貌，试简述色彩研究的发展对现代设计的意义。
4. 第二次世界大战后（20 世纪 50 年代），现代设计发生了重大的变化与革新，主要体现在哪些方面？
5. 试论述 20 世纪 60 年代的波普艺术对现代设计的影响与意义。

第五章

设计的
现代分类

1851 年万国工业博览会中琳琅满目的展品。

　　一般来讲，人们通常将设计分为功能性设计和非功能性设计两类。功能性设计主要分为产品设计、平面设计、环境设计三种类型；非功能性设计指的是用于装饰的艺术设计，它包括从手工艺、摄影到绘画等各种以审美为目的的设计行为。此外，信息时代的高速发展带来了空前的科技革命，新媒介设计日益成为设计类型学中不可或缺的一个组成部分。因其媒介的多元化和高速的发展，它不仅具有功能性设计的一般特征，而且也具备非功能性设计的装饰美感。然而，就设计学专业而言，由于美术学的专业设置中已涵盖几乎全部非功能性设计，因此设计学就对功能性设计作进一步分类。

　　随着现代科技的高速发展和设计领域的不断扩展，过去的划分已很难适应当今世界纷繁复杂的设计现象和设计活动。近些年来，越来越多的设计师和理论家倾向于按设计目的之不同，将设计大致划分成：为了传达的设计——视觉传达设计；为了使用的设计——产品设计，为了居住的设计——环境设计，以及为了互动的设计——新媒介设计四大类型。

　　不同的设计类型，各有其特殊的现实性和规律性，同时又都遵循着设计发展的共同规律，并在此基础上相互联系、相互渗透、相互影响。研究不同设计类型的区别和联系，揭示其特点和规律性，不仅可以帮助设计师更好地掌握和发挥各种设计类型的特长，并且可以使不同类型的设计师彼此取长补短，相互促进，有利于设计整体的繁荣和发展。

第一节

视觉传达设计

"视觉传达设计"一词于 20 世纪 20 年代开始使用，作为专有名词正式形成于 1960 年代。"视觉传达设计"简称"视觉设计"，是由英文"Visual Communication Design"翻译而来。但是在西方，普遍仍使用"Graphic Design"一词。英文"graphic"源于希腊文"graphicos"，原意为"描绘"（drawing）或"书写"（writing），通过德语"graphik"转用而来。视觉传达设计在过去习称商业美术或印刷美术设计，当影视等新映像技术被应用于信息传达领域后，才改称视觉传达设计。在西方，有时也称之为"信息设计"（Information Design）。

一、视觉传达设计的历史沿革

"视觉传达设计"可以通过"视觉符号"与"传达"这两个概念来理解。广义的符号，是利用一定媒介来代表或指称某一事物的东西。符号是实现信息贮存和记忆的工具，又是表达思想情感的物质手段。人类的思维和语言交流都离不开符号。符号具有形式表现、信息叙述和传达的功能，是信息的载体。只有依靠符号的作用，人类才能进行信息的传递和相互的交流。作为人类认识事物和信息交流的媒介，广义的符号由人类不同的知觉感官接受，因此它包括视觉符号系统、听觉符号系统、触觉符号系统、味觉符号系统和嗅觉符号系统等。

所谓视觉符号，是指人类的视知觉器官——眼睛所能看到的，表现事物一定性质（质地或现象）的符号（图 5.1.1）。视觉符号系统也可与其他符号系统通过新的关系综合成新的复合系

图 5.1.1　布罗迪，皇家艺术学院展览与论坛招贴画，1994 年

视觉符号系统，主要包括如摄影、电视、电影、造型艺术、建筑视觉信息、设计、城市建筑以及各种科学、文字，也包括舞台设计、音乐（记谱系统）、纹章学、古钱币等。

统，例如现代视听学习系统或多媒体系统（如彩色电视、广告），它可以由几种或全部感官来接受。所谓传达，是指信息发送者利用符号向接受者传递信息的过程。它既可以是个体内的传达，也可以是个体之间的传达。包括所有的生物之间、人与自然、人与环境以及人体内的传达。一般可以归纳为"谁""把什么""向谁传达""效果、影响如何"这四个程序，因此对视觉传达而言，设计师、媒介与受众之间的关系显得尤为重要。

　　人类很早就懂得利用视觉符号来进行信息传达。比如原始人就曾使用过结绳、契刻、图画等方法，以辅助口头语言完成信息传达的任务。中国新石器时代不少器物上的契刻符号，欧非大陆洞窟的古代岩画，都是为传达某种神秘信息服务的。这种信息传达的方法，从古至今，一直为人们日常生活所普遍使用。例如古代的咒术、图腾、各种节日的庆祝形式、祭礼仪式、徽章、旗帜、地图、标识、乐谱、解剖图及产品说明图，以至哑剧、舞蹈等，所有这些，在人们的生活中都有很深的基础。

　　历史上，视觉传达设计在材料、技术诸方面，经历过多次革命性的发展。古代西亚、埃及和中国的文字发明，是人类信息传达文明史上的第一次革命。中国造纸术的发明是第二次革命。8 世纪前后中国产生了雕版印刷，宋仁宗庆历年间（1041—1048年）毕昇发明了活字印刷术。1450 年左右，德国的谷登堡发明了金属活字，印刷了欧洲第一本书，成为印刷时代开始的标志，这是第三次革命。印刷术的发明，是使视觉传达设计向大众传播信息迈入的最重要的一步。

　　19 世纪初发明的石版印刷，经过改良，促成了 19 世纪中叶兴起的商业招贴画的繁荣。现代的视觉传达设计，正是以招贴画为中心的印刷品设计发展起来的（图 5.1.2）。20 世纪 20—30 年代，摄影图版开始被用于招贴等视觉设计中。1946 年美国和英国开始播放黑白电视，1951 年美国正式播放彩色电视。映像技术的革命，大大拓展了视觉设计的领域。到了 80 年代，电脑辅助设计（CAD）技术开始在世界范围内普及，一场新的设计技术革命正在悄然兴起，它在很大程度上改变了视觉传达设计的面貌，开创了视觉传达设计的新纪元。

　　随着现代通信技术与传播技术的迅速发展，人类社会加快了向信息时代迈进的步伐。视觉传达设计也正在发生着深刻的变化，例如传达媒体由印刷、影视向多媒体领域发展；视觉符号形式由平面为主扩大到三维和四维形式；传达方式从单向信息传达向交互式信息传达发展。在未来更高级的信息社会，视觉传达设计将有更大的进步，发挥更大的作用。

视觉传达设计，正是利用视觉符号来进行信息传达的设计。设计师是信息的发送者，传达对象是信息的接收者。信息的发送者和接收者必须具备部分相同的信息知识背景，即是说：信息传达所用的符号至少有一部分既存在于发送者的符号贮备系统中，也存在于接收者的符号贮备系统中。只有这样，传达才能实现，否则，在发送者与接收者之间就必须有一个翻译或解说者作为中间人来沟通。例如，对一个没有任何西方文化知识背景的中国人来说，"Just do it"的文字符号，就不能勾起任何"激情、运动"的感觉；"十"字图案符号也不能唤起"神圣、赎罪"的意念；"维纳斯"的图像符号也不一定引起"爱与美"的联想。所以，信息传达设计中作为发送者的设计师必须针对接收者，根据接收者的知识背景与传达内容来选择符号媒介，这是传达设计的基本原则。

视觉传达设计主要是凭借视觉符号来进行传达，不同于靠语言文字进行的抽象概念的传达。视觉传达设计的主要功能是传达信息，有别于直接以使用功能为主的产品设计和环境设计。视觉传达设计的过程，是设计者将思想和概念转变为视觉符号形式的过程，而对接收者来说，则是个相反的过程。在凯瑟琳·麦克伊（Katherine McCoy，1945— ）自己设计的课程大纲招贴中，传统的模式被各种用以分析与评论的术语打断，此正是"克兰布鲁克的论演方式"（Cranbrook discourse）及其设计思想（图5.1.3）。对麦克伊夫妇来说，设计师与受众之间的关系不再是主要问题，也不再是严格意义上交流的单一途径。恰恰相反，与解构主义相似，他们对意义进行了质疑。

视觉设计师不同于视觉艺术家的是：他的工作受到更多的限制。为了向特定对象传达特定的信息，他的设计最终必须是他的特定对象易于认知和理解的视觉符号，这一点从根本上不同于拥有更多"自我表现"自由的视觉艺术家。另一方面，视觉设计师

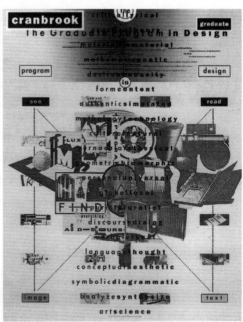

图 5.1.2 亚历克塞·布罗德维奇（Alexey Brodovich, 1898—1971）为 *Athélia* 杂志设计的招贴

布罗德维奇在设计中坚持"震惊效应"（shock value），他很熟悉超现实主义者的视觉策略，常出人意料地对画面对象进行切割；并大量使用空白，在开敞的版面上以娴熟的手法处理文和图的关系，大胆地试验其他时尚杂志从未试过的排版方法。

图 5.1.3 凯瑟琳·麦克伊，《克兰布鲁克：研究生设计课程》海报，1989 年

就平面设计而言，克兰布鲁克的设计师变得具有反形式的倾向，他们把本土语汇作为资源引入设计，超越无衬线字体，采纳多层次的图文关系，具有典型后现代主义特征。

有时还必须考虑其设计的复制或制作计划的问题。而且，在设计过程中，还可能受客户意见的影响而不得不对设计反复修改。

二、视觉传达设计的基本要素

在纷繁复杂的视觉符号系统中，文字、标志和插图是视觉传达设计的基本构成要素。

1. 文字

约公元前 3500 年，欧洲的克罗马农（Cro-Magnon）文化把平面交流的基础确立在洞窟绘画和其他设计之上。史前艺术家们共用一套视觉语言，这表明了他们在同一个社会公认惯例体系中工作。史前艺术家通过组织画面去区别图形（figure）和背景（ground），他们一致地使用各种形式作为象征价值（symbolic value）的符号。

对这种符号的系统运用是交流的基础。在此基础上，约公元前10000 年，类文字在记号和图章中成形。到公元前 3000 年，发展出更多雕、刻和写的专门工具，并应用于耐用性各异的材料之上，如黏土、石头、纸莎草、皮、骨头、蜡、金属和木头。

文字是人类祖先为记录语言、事物和交流思想感情而发明的视觉文化符号，它对人类文明起了很大的促进作用。文字主要有象形、表意和表音三种类型。经过数千年的文明历程，世界文字在数量、种类和造型等方面都有了很大的发展，据统计英文单词有近五万种，汉字语词也有近五万个。文字主要可划分为中文字和外文字。中文字以汉字为主，另外还有蒙古文、藏文、回文和壮文等（图 5.1.4）。外文中以英文为主，此外还有法文、德文等拼音文字，在亚洲地区还有曾为汉字文化的日文、朝鲜文、越南文等文字。

我们的文字仍然采用早期发明的文字象征符号中的某些变体。文字改变语言力量，它通过经济、政治、宗教和其他社会活动与支配文化达成一致。文字传播了法规和限制，是符号而不是物质力量强调了法规和限制。书写语言的使用和影响将文字文化与口语文化相区别。然而，文字作为固定代码的设计在表示语言时所依赖的不仅是工具和媒材，文字设计还需要视觉符号与语言系统的观念联系。

最早的象形文字、字母和符号的形状与现今的字母表和基于字符的手写体相关。1917 年纽约达达主义者创办了自己的杂志《盲人》（*The Blind Man*），第一期在 4 月 10 日出版，马塞尔·杜尚（Marcel Duchamp，1887—1968）设计的封面洋溢着滑稽和荒诞，手绘的插画及手写体文字有意地违背标准化的机器感（图 5.1.5）。该杂志只出过两期，但成了他们挑战艺术与文化传统、批判博物馆艺术传统主义基础的园地。

2 . 标志

标志是狭义的符号，有时称标识、标记、记号等。它以高度

图 5.1.4　中文字体的象形特征
中国文字，公元前 2000 年至今。汉
字从原初的图画式转变为后来的符号
化，这一过程并不太长。汉字常常或
表意或表音，或者音意结合。要一个
书写符号对应一个词的书写体系绝对
不可行。日语、朝鲜语和其他语言采
用汉字，表明汉字书写的易变性。

**图 5.1.5　马塞尔·杜尚,《盲人》第
　　　　　 一期封面, 1917 年**

概括的形象代表或指称某一事物，表达一定的含义，传达特定的
信息。相对文字符号，标志表现为一种图形符号，具有更直观、
更直接的信息传达作用。正如文字在不同的上下文中，意义可能
不一样，标志在不同的使用环境，传达信息也可能不一样。比如
同是心形标志，出现在贺年卡上和出现在医学资料书上，传达的
意思就完全不一样。

　　标志有多种类型。按性质分类，标志可分为指示性标志和象
征性标志。指示性标志与其指示对象有确定的直接的对应关系，
例如红色的圆表示太阳，箭头表示对应的方向等。而象征性标志
不仅可以表示某一事物及其存在性，而且可以表现出包括其目
的、内容、性格等方面的抽象概念，例如公司徽标和商标等（图
5.1.6）。

　　按使用主体分，标志可分为公共标志和非公共标志。公共标
志指公众共同使用的标志，例如公共场所指示标志（如洗手间指
示标志、公用电话指示标志）、公共活动标志（如体育标志）、物
品处理说明标志（如洗衣机上的操作说明标志），还有交通标志、
工程标志、安全标志等。非公共标志是指专属某机构、组织、会
议、会计、私人或物品使用的标志，如国家标志的国旗、国徽和

企业标志、会议徽标、商品标志（商标）等，中国人的印章、欧
洲贵族的纹章和日本人的家族徽章等，均属此类。

3．插图

插图是指插画或图解。传统的插图主要用来形象地表现文字
叙述的内容，是作为文字的补充说明而存在。今天作为设计要素
的插图，不仅有补充说明的作用，更因为其造型和色彩诸方面的
引人注目，而发挥着视觉中心的信息传达作用。

插图有绘画插图、影像插图和复合插图三种。绘画插图是指
用各种绘画材料或电脑绘制而成的插图，有抽象画、具象画、漫
画和动画片等多种形式，表现手法灵活，富有个性；影像插图是
指用摄影和摄像技术制作的插图，包括照片图像和影视图像，比
手工绘制速度快捷，真实感强；复合插图是利用手工或电脑图像
处理软件，将绘画图像和影像图像合成、变化制作而成的插图，
制作手法新颖，有意想不到的效果。1894 年 4 月，著名出版商
莱恩（John Lane，1854—1925）创办著名杂志《黄面志》（The
Yellow Book），由奥博利·比亚兹莱担任其美编（图 5.1.7），亨
利·哈兰德（Henry Harland，1862—1927）做其文编。此杂志
一经出版即引起轰动，成为 19 世纪 90 年代的象征，比亚兹莱
成为其灵魂人物。

图 5.1.6 奥运会赛场标志，1968 年，
墨西哥

墨西哥奥运会的标志是对欧普艺术
（Op art，亦称 Optical art）的参考。
欧普艺术产生于法国的 1960 年代，
通过使用明亮的色彩造成刺眼的颤动
效果，达到视觉上的亢奋。

图 5.1.7 比亚兹莱，《玫瑰园的秘
密》，《黄面志》第四期插图，
1895 年

比亚兹莱被视为一个装饰艺术家，他
往往采用大量发丝般纤细的线条与黑
色块面的奇妙构成来表现事物的印
象，充满着诗意般的浪漫情愫和无尽
的幻想，以此向人们展示一个充斥罪
恶的激情和颓废格调的另类世界。

三、视觉传达设计的类型

1．字体设计

文字是约定俗成的符号。文字的形态，受书写工具和材料的影响。例如早期的甲骨文、石鼓文以及后来的毛笔字，因为材料与工具不同，同一文字，字形各异。印刷术发明以后，字形分为印刷体和书写体两类，文字排列方法也随之发生了变化。在人类的信息传达与交流活动中，文字是最普遍使用的视觉符号元素。

文字形态的变化，不影响传达的信息本身，但影响信息传达的效果。因此，有必要运用视觉美学规律，配合文字本身的含义和所要传达的目的，对文字的大小、笔画结构、排列乃至赋色等方面加以研究和设计，使其具有适合传达内容的感性或理性表现和优美的造型，能有效地传达文字深层次的意味和内涵，发挥更佳的信息传达效果，这就是字体设计。字体设计主要有中文字体设计和西文字体设计。设计字母能以两种截然不同的方式区分：作为一系列表现性的动作和作为一组用作复制的理想形状或构建而成的范本。

设计字体包括基础字体设计变化而成的变体、装饰体和书法体等。字体设计被广泛运用于标志设计、广告橱窗、包装、书籍装帧等设计中。字体设计一般与标志、插图等其他视觉传达要素紧密配合，才能取得完美的设计效果，发挥高效的传达作用。1961 年，英国 Letraset 公司开发了即时干式转印（Dry transfer）字母工艺，这一项技术能让设计师在更短的时间里以更低的成本来设计各种平面上的字母元素，甚至可以实现以前不可想象的标题排版方式。Letraset 公司的信息库不断增加，其中不仅包括从原始铸字公司获得许可的字体副本，还包括其自己的设计（图 5.1.8）。

2．标志设计

作为大众传播符号的标志，由于具有比文字符号更强的视觉

信息传达功能，所以被越来越广泛地应用于社会生活的各个方面，在视觉传达设计中占有极其重要的地位。标志设计必须力求单纯，易于公众识别、理解和记忆，强调信息的集中传达，同时讲究赏心悦目的艺术性。设计手法有具象法、抽象法、文字法和综合法等。

　　德国现代主义设计师彼得·贝伦斯重新设计了德国通用电气公司（the Allgemeine Elektrizitäts Gesellschaft，简称 AEG）的企业标志。贝伦斯用稳重简朴的 Behrens-Antiqua 字体取代了飘逸华丽的 Eckmann 字体，三个字母以品字排列，都分别为等大的六边形框限，它们又被统摄于一个同样比例的大六边形中，意味着作为一个整体的 AEG 是由每个规整个体单元组合而成（图5.1.9）。后来，贝伦斯把这个简洁清晰的标志和 AEG 这三个粗重的字母广泛地应用到该公司的厂房、企业宣传手册、产品目录、包装、广告，以及所有产品中，并确保公司的所有印刷品采用一致的字体和版面，如是为 AEG 建立起高度统一的企业形象，从而开创了现代 CI 设计的先河。

图 5.1.8　Letraset 公司的几种字体设计，20 世纪 60 年代，英国

附图最上方是米尔顿·格拉瑟（Milton Glaser, 1929—2020）设计的 Baby Teeth 字体，最下方是科林·布里格纳尔（Colin Brignall, 1940— ）设计的 Countdown 字体。这些字体均带有波普的味道，在 20 世纪 60 年代的科幻小说封面中，常常可以见到这类风格的字体。

图 5.1.9　贝伦斯，AEG 企业标志，1907 年

贝伦斯（Peter Behrens, 1868—1940）肃清装饰的干扰，将理性而沉稳的风格运用在字体设计上。他以更具理性特点的罗马字体（Roman typeface）为基础，对德国人习用的哥特字体（Gothic script）进行科学分析，将两者融合起来，创造出在印刷和识别上极具简易性的 Behrens-Antiqua 字体。

3. 插图设计

插图具有比文字和标志还强烈、直观的视觉传达效果。作为视觉传达设计的要素设计之一，插图设计被广泛应用于广告、编排、包装、展示和影视等设计中。插图设计不同于一般性的绘画和摄影、摄像，它受指定信息传达内容与目的的约束，而在表现手法、工具和技巧诸方面，则是完全自由的。随着摄影、摄像技术和电脑辅助设计技术的发展，插图设计的面貌异彩缤纷，呈现出无限的可能性。

插图的设计必须根据传达信息、媒介和对象的不同，选择相应的形式与风格。例如机械精工的商品，宜采用精密描绘、真实感强的插图；而对于儿童商品，则采用轻松活泼、色彩丰富的插图效果会更好。插图设计在 20 世纪的杂志封面设计上推陈出新。美国平面设计师瑞·埃文（Rea Irvin，1881—1972）不仅为 1925 年创刊的《纽约客》(the New Yorker) 封面绘制了装饰风艺术的漫画形象尤斯塔斯·提利（Eustace Tilley）（图 5.1.10），还创造了新奇的字体题写标题，这让该杂志逐渐形成自己独特的艺术风格，并成功地吸引观众注意。直到 1994 年，《纽约客》封面的基本设计都保持了埃文所使用的两种元素：全出血（full-bleed）的图片和左侧那条被称为 strap 的垂直色带。

4. 编排设计

编排设计，即编辑与排版设计，或称版面设计，是指将文字、标志和插图等视觉要素进行组合配置的设计。目的是使版面整体的视觉效果美观而易读，以激起观看和阅读的兴趣，并便于阅读理解，实现信息传达的最佳效果。

编排设计主要包括书籍装帧和书籍、报刊、册页等所有印刷品的版面设计，以及影视图文平面设计等。当编排的是广告信息内容时，便同时属于广告设计；当编排的是包装的版面时，便又属于包装设计。

　　文字编辑、图版设计和图表设计是构成编排设计的三个要素设计，它们各自具有独特的设计特征与手法，但是通常需要综合运用三个要素设计，才能达到整体版面易读美观的效果。此外，还须根据传达内容的性质、媒体特点和传达对象的不同，进行综合分析研究，确定最佳的编排版式。从 1937 年起，美国设计师莱斯特·比尔（Lester Beall，1903—1969）为美国农村电力化管理局制作大量招贴（图 5.1.11），目的在于向还未通电的农村推广电力，这正是罗斯福"新政"中的重要经济计划。明晰简单的设计具有直接的感染力，能够很容易被阅读能力有限的人所理解。比尔的这种设计手法贯穿于整个系列的招贴中，形成统一的视觉传达效果。

图 5.1.10　瑞·埃文《纽约客》封面，1925 年 2 月，美国

作为《纽约客》杂志的第一刊封面，画面描述的是一个穿戴着早期维多利亚服饰的绅士，手握一枚单片眼镜观察一只蝴蝶。如此设计是为了迎合受爵士文化影响、思维新潮的精英阶层，以此来讽刺纽约食古不化的上层阶级，同时也是该杂志的自嘲。

图 5.1.11　莱斯特·比尔为美国农村电力化管理局制作的系列招贴之一，1937 年

比尔采用对比强烈的色彩把画面分为上下两部分，以白色箭头传达电力的强大威力，并配上相应的简短文字。

5. 广告设计

广告的历史非常悠久，在原始社会末期，商品生产和商品交换出现以后，广告也随之出现。最早出现的是口头广告和实物广告，印刷术发明之后，出现了印刷广告。现代电讯传播技术，导致了电台与影视广告的诞生。广义的广告，除了以营利为目的的商业广告外，还包括非营利性的社会公益性广告，以及政府公告、各类启事、声明等。

作为视觉传达设计的广告设计，是利用视觉符号传达广告信息的设计。广告有五个要素：广告信息的发送者（广告主）、广告信息、信息接收者、广告媒体和广告目标。广告设计就是将广告主的广告信息，设计成易于接收者感知和理解的视觉符号（或结合其他符号），如文字、标志、插图、动作（和声音）等，通过各种媒体（或多媒体）传递给接收者，达到影响其态度和行为的广告目的。

根据媒体的不同，广告设计可分为印刷品广告设计、影视广告设计、户外广告设计、橱窗广告设计、礼品广告设计和网络广告设计等。CI 设计是广告设计领域的一种新形式。一般是为了创造理想的经营环境，而有计划地以企业标志、标准字和标准色等要素为设计中心，将广告宣传品、产品、包装、说明书、建筑物、车辆、信笺、名片、办公用品，甚至账册等所有显示企业存在的媒体都加以视觉的统一，以达到树立鲜明的企业形象，增强企业员工的凝聚力，提高企业的社会知名度等目的。

商业广告设计，必须先经过科学和充分的市场调查分析，制定针对性的广告目标和策划，以此为导向进行设计，避免凭主观想象和个人偏好的所谓艺术表现的盲目性设计。在美国 20 世纪 50 年代，成功与地位、机器与未来、美丽与健康、休闲与方便成了广告一再重复的主题。劳德·卡尔弗特（Lord Calvert）威士忌广告让历史上著名的杰出男士都端着该品牌的威士忌，配以广告"献给杰出的男士……劳德·卡尔弗特"（For Men of Distinction...Lord Calvert，图 5.1.12）。于是，生产和设计、市场和

图 5.1.12 劳德·卡尔弗特威士忌广告，20 世纪 50 年代，美国
广告隐含着这样一个三段论：所有杰出人士都喝这种威士忌，他们在喝这种威士忌，所以他们也是杰出人士。在这个广告中，仿佛杰出成就与文化气质是一个消费问题，而不是品味与判断力的问题。

广告共同制造了让消费者无法抗拒的信念：个人满足是通过消费和丰裕的物质来达到的。最终，消费文化通过商业广告的设计和传达成功占据人们生活的每个角落。

6. 包装设计

包装设计是指对制成品的容器及其他包装的结构和外观进行的设计，习称包装装潢设计，是视觉传达设计的重要组成部分。包装可以分为工业包装和商业包装两大类。包装有保护产品、促进销售、便于使用和提高价值的作用。工业包装设计以保护为重点，商业包装设计以促销为主要目的。

包装原来的目的只是使商品在运输过程中不致破损，便于储存，迅速明确品名、生产者、数量和预见质量等。而现代的包装，除了这些基本目的外，逐渐成为产品设计中不可或缺的一部分，成为争夺购买者的重要竞争手段。随着商品竞争的加剧，人们对个性化商品的需求日增，包装的作用也日益明显。对易耗消费品来说，包装的促销作用尤其突出。

包装的视觉设计在设计方法和步骤上，与编排设计和广告设计有相同和相似的地方。包装设计也必须以市场调查为基础，从商品的生产者、商品和销售对象三个方面进行定位，选择适当的包装材料，先进行包装结构的设计，然后根据包装结构提供的外观版面，通过文字、标志、图像等视觉要素的编排设计表现出来，做到信息内容充分准确，外观形象抢眼悦目，富于品牌的个性特色（图 5.1.13）。

7. 展示设计

展示设计，或称陈列设计，是指将特定的物品按特定的主题和目的加以摆设和演示的设计。它是以信息传达为目的的空间设计形式，包括博物馆、科技馆、美术馆、世博会、广交会和各种展销、展览会等，商场的内外橱窗及展台、货架陈设也属于展示设计。

早前的展示设计只是商人对自己店铺货架上的商品加以布置摆放和简单的装潢，意在引起顾客的注意，起到诱导购买的作用。随着社会经济与技术的发展，展示设计也迅速发展成为一种综合性的空间视觉传达设计。

展示设计包括"物""场地""人"和"时间"四个要素。成功的展示设计，必须建立在综合处理好这四个要素的基础上。必须在形态、色彩、材料、照明、音响、文字插图、影像及模型等多方面充分利用新技术、新成果，借以全面调动观众的视觉、听觉、触觉，甚至嗅觉和味觉等一切感知能力，形成"人"与"物"的互动交流。此外，还应充分考虑展示时间的长短、展品的视觉位置、人流的动向、视线的移动、兴奋点的设置以及观众

的年龄、性别、兴趣、职业等因素，把展示场地设计成为一个理想的信息传达环境（图 5.1.14）。

8. 影视设计

影视设计是指对影视图像和声音及其在一定时间维度里的发展变化进行设计，使之借助影视播放技术，将特定的信息更加生动鲜明、快速准确地传递给信息接收者。影视设计属于多媒体的设计，它综合了视觉和听觉符号进行四维化的信息传递。

影视设计包括电影设计和电视设计。电影自 19 世纪末问世以来，在图像、声音、色彩和立体感方面都有了很大的进步，它是现代最具综合性的艺术设计形式。电视虽然没有电影的大画面，但是它可以利用电波在瞬息之间将影像和声音广泛地传送出去，自然地渗入到大众的生活中，影响之大超过其他所有的信息传播媒体。

影视设计包括各类影视节目、动画片、广告片、字幕等的设计。自从引入电脑辅助设计 CAD 技术和镭射制作技术以后，影视设计的视听效果更加精彩，信息传递更加高效，影响也更广

图 5.1.13 罗维，"Lucky Strike"香烟包装盒，1942 年

优秀的包装设计，可以提高商品的价值，诱发目标消费者的购买欲。此外，随着超级商场流通机制的普及发展，顾客购物靠自己选择，商品包装设计的视觉魅力成为促进购买的重要因素。

图 5.1.14 康蓝设计小组，habitat 商店，约 1973 年

展示设计不是单一的视觉传达设计，它兼有产品设计和环境设计的因素。事实上，它是一种多种设计技术综合应用的复合设计。

图 5.1.15 "Why Not" 联盟，为英国维京唱片公司设计的国际会议影片中的片断，2000年

"Why Not" 联盟的解决方案是要成为"技术支持的革新者"（techno-friendly innovators），通过保留多样化的技巧而有弹性地接受其他同行的设计方法。由于 CAD 技术的快速发展，这种方案成为可能。

泛。1987 年，刚从皇家艺术学院毕业不久的三位英国设计师安迪·阿尔特曼（Andy Altmann）、大卫·埃利斯（David Ellis）、霍华德·格林哈尔希（Howard Greenhalgh）成立了平面设计小组 "Why Not" 联盟。这几位年轻人把自己定义为既不与主流妥协又不自我疏离于时尚杂志的设计师（图 5.1.15）。通过使用新技术，他们的小规模公司得以维持下去，并且逐渐拓展业务，有机会承接大公司的委托。

第二节

产品设计

　　产品设计，即是对产品的造型、结构和功能等方面进行综合性的设计，以便生产制造出符合人们需要的实用、经济、美观的产品。

　　广义的产品设计，可以包括人类所有的造物活动。从第一块敲砸而成的石器，到今天的照相机、汽车、电子产品、服装、家具和各式的数码产品，都是人类产品设计行为的结晶。在产品设计出现以前，人类的祖先只能依靠大自然的"施舍"获得生存的资料。经过漫长的进化和与自然斗争的过程，人类逐渐具备了利用和改造自然的能力。他们利用自己的双手和工具，发挥意志和理智的力量，通过艰辛的劳动，创造了无比丰富的物质产品；从而在第一自然的基础上，建立起了符合人类生存发展需要的"第二自然"，特别是工业革命以后，更加丰富的工业产品进一步扩大了"第二自然"的外延。虽然第一自然是人类生存的摇篮，但是只有在人工产品构成的"第二自然"的世界里，人类才能拥有自己的家园，才能生活得更加自由，更加美好，才能实现自我的价值。这些正是产品设计的意义所在。

一、产品设计的基本要素

　　产品的功能、造型和物质技术条件，是产品设计的三个基本要素。功能是指产品所具有的某种特定功效和性能；造型是产品的实体形态，是功能的表现形式；功能的实现和造型的确立需要构成产品的材料，以及赋予材料以特定的造型乃至功能的各种技术、工艺和设备，这些被称为产品的物质技术条件。

功能是产品的决定性因素，功能决定着产品的造型，但功能不是决定造型的唯一因素，而且功能与造型也不是一一对应的关系。造型有其自身独特的方法和手段，同一产品功能，往往可以采取多种造型形态，这也是工程师不能代替产品设计师的根本原因所在。当然，造型不能与功能相矛盾，不能为了造型而造型。物质技术条件是实现功能与造型的根本条件，是构成产品功能与造型的中介因素。它也具有相对的不确定性，相同或类似的功能与造型，如椅子，可以选择不同的材料，材料不同，加工方法也不同。因而，产品设计师只有掌握了各种材料的特性与相应的加工工艺，才能更好地进行设计。

产品的功能、造型与物质技术条件是相互依存、相互制约、而又不完全对应地统一于产品之中的辩证关系。正是因为其不完全对应性，才形成了丰富多彩的产品世界。透彻地理解并创造性地处理好这三者的关系，是产品设计师的主要工作。

二、产品设计的基本要求

产品设计是为人类的使用进行的设计，设计的产品是为人而存在，为人所服务的。产品设计必须满足以下的基本要求：

1. 功能性要求

现代产品的功能有着比以前丰富得多的内涵，包括有物理功能——产品的性能、构造、精度和可靠性等；生理功能——产品使用的方便性、安全性、宜人性等；心理功能——产品的造型、色彩、肌理和装饰诸要素予人愉悦感等；社会功能——产品象征或显示个人的价值、兴趣、爱好或社会地位等。

2. 审美性要求

产品必须通过其美观的外在形式使人得到美的享受。现实中绝大多数产品都是满足大众需要的物品，因而产品的审美不是设

图 5.2.1 松鼠缝纫机，1858 年
缝纫机发明于 19 世纪中期，起初只专门销售给工厂。但工厂对缝纫机的需求有限，缝纫机生产商不得不把目光投向家庭市场。因而，制造商想方设法让缝纫机变成受欢迎的家用设备。除降低成本，制造商还生产出各种不同造型的缝纫机以符合人们家居装饰观念。

计师个人主观的审美，只有具备大众普遍性的审美情调才能实现其审美性。产品的审美，往往通过新颖性和简洁性来体现，而不是依靠过多的装饰才成为美的东西，它必须是满足功能基础上的美好的形体本身（图 5.2.1）。

3. 经济性要求

除了满足个别需要的单件制品，现代产品几乎都是供多数人使用的批量产品。产品设计师必须从消费者的利益出发，在保证质量的前提下，研究材料的选择和构造的简单化，减少不必要的劳动，以及延长产品使用寿命，使之便于运输、维修和回收等。尽量降低企业的生产费用和用户的使用费用，做到价廉物美，这样才能既为用户带来实惠，最终也为企业创造效益。

图 5.2.2　不同公司所生产的智能手机
电话自被发明后便担当传递信息的工作，而智能手机的出现扩展了电话的功能，让本来只负责传播信息的电话，具备娱乐、办公等一系列功能。面对着压力巨大的市场竞争，各大公司围绕安装软件、产品外形、硬件设备等不断进行创新研发，以保持自身的竞争力。

4. 创造性要求

设计的内涵就是创造。尤其在现代高科技、快节奏的市场经济社会，产品更新换代的周期日益缩短，创新和改进产品都必须突出独创性。一件产品设计如果没有任何新意，就很容易被进步着的社会所淘汰，因而产品设计必须是创造出更新更便利的功能，或是唤起新鲜造型感觉的新的设计（图 5.2.2）。

5. 适应性要求

设计的产品总是供特定的使用者在特定的使用环境中使用的。因而产品设计不能不考虑产品与人的关系、与时间的关系、与地点的关系。例如产品的设计，必须考虑是成人用还是小孩用（图 5.2.3）？春天穿还是冬天穿？家居穿还是室外穿？也不能不考虑产品与物的关系，比如冰箱如果不适应各种食品存放就失去了意义；另外还得考虑产品与社会的关系，因为社会传统中存在着某些忌讳的图像，例如仿"纳粹"标志的产品造型是应该被禁止的。所以，产品必须适应这些由人、物、时间、地点和社会诸因素构成的使用环境的要求，否则，它就不能生存下去。正如日本夏普公司的总设计师净志坂下提出的：应该在产品将被使用的整体环境中来构想产品。夏普公司就聘请了社会学家来研究人的生活与行为状态，然后设计出产品来填充他们发现的鸿沟。

图 5.2.3　梅布尔·露西·阿特韦尔，蘑菇房子造型的幼儿茶具，1926 年

1883 年出版的《农舍、田园和别墅建筑百科》一书中，将育婴家具单独列出作特殊类别。这是首次人们意识到应该为孩童们专门开发不同于成人用的家具，如易于打扫的玩具柜，或使用不同颜色或动物图案作为装饰等。19 世纪末，满足不同儿童需求的育婴家具产品才成熟发展。

除此以外，产品设计还应该是易于认知、理解和使用的设计，并且在环境保护、社会伦理、专利保护、安全性和标准化诸方面，也必须符合相应的要求。

三、产品设计的分类

产品设计是与生产方式紧密相关的设计。从生产方式的角度来看，产品设计可以划分为手工艺设计和工业设计两大类型。前者是以手工制作为主的设计，后者是以机器批量化生产为前提的设计。

1.　手工艺设计

手工艺设计（Craft Design）是以手工对原料进行有目的的加工制作的设计，主要依靠双手和工具，也不排斥简单的机械。范围主要包括陶瓷器、漆器、玻璃制品、皮革制品、皮毛制品、

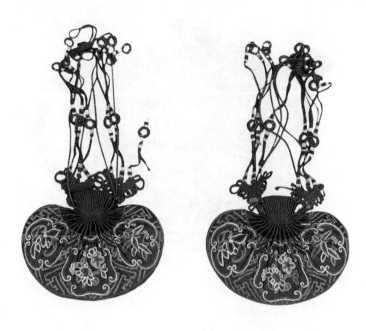

图 5.2.4　清中期　拉锁子彩绣花卉
　　　　　香囊（一对）

纺织、线、木工制品、竹制品、纸制品等的手工设计制作。在工业革命以前，手工设计制作是人类获得产品资料的主要手段。世界上多数民族都有自己历史悠久、各具特色的手工艺传统（图5.2.4）。

　　由于手工艺设计与制作往往没有完全分离，传统风格与个人经验趣味的影响常常贯穿于整个产品的生产过程。因此，相比于标准单一、使人有冷漠感的工业产品，手工艺产品更具民族化、个性化、风格化的特征。其独有的亲切、细腻与自然的美感，是机制产品所不能替代的。但是由于受生产手段的制约，以及相对封闭和分散的发展形式，造成了它不能像工业产品一样广泛地进入普通人的生活。

　　手工艺是"工"与"艺"的结合，内涵具有"技术、技巧、技艺"之意。手工艺设计师双手的技巧是手工艺设计制作的前提。手工艺设计往往不仅承袭传统的技术与传统的设计样式，连制作原料也继承传统的选择。随着技术的进步和新的物质材料的发现和应用，手工艺设计在继承前人优秀传统的基础上，也将不断地革新和发展。

2. 工业设计

工业设计是经过产业革命，实现工业化大生产以后的产物，以区别于手工业时期的手工设计。工业设计（Industrial Design）这个词，最早出现在 20 世纪初的美国，用以代替工艺美术和实用美术这些概念而开始使用。在 1930 年前后的大萧条时期，工业设计作为应对经济不景气的有效手段，开始受到企业家和社会的重视。

广义的工业设计几乎包括我们所指的"设计"的全部内容，所以有人干脆以"工业设计"代替整体的"设计"的概念。一般理解的、即狭义的工业设计，是指对所有的工业产品进行的设计。其核心是对工业产品的功能、材料、构造、形态、色彩、表面处理、装饰诸要素从社会的、经济的、技术的、审美的角度进行综合处理。既要符合人们对产品的物质功能的要求，又要满足人们审美情趣的需要，还要考虑经济等方面的因素。它是人类科学性、艺术性、经济性、社会性有机统一的创造性活动。

通常工业设计的直接目的，是设计出市场适销、用户满意的产品，借以提高产品附加价值，降低企业经营成本，增加企业经济效益。而从根本上来说，作为人–环境–社会的中介，工业设计是以人的需求为起点，以形形色色的工业产品为载体，借助工业生产的力量，全面参与并深刻影响着人们生活的方方面面。它是以创造更加完美的生活方式，改善人类的生存环境和提高人类的生活质量作为其根本宗旨。

从英国威廉·莫里斯发起的"艺术与工艺运动"算起，经过德意志制造联盟（Deutscher Werkbund）（简称 DWB）的推动及包豪斯设计革命到现在，工业设计已有一百多年的历史，世界上

工业设计的定义

成立于 1957 年的国际工业设计协会联合会（ICSID）曾多次组织专家给工业设计下定义。在 1980 年举行的第十一次年会上公布的工业设计定义为："就批量生产的产品而言，凭借训练、技术知识、经验及视觉感受而赋予材料、结构、构造、形态、色彩、表面加工以及装饰以新的品质和资格，叫作工业设计。"2015 年，协会更名为"世界设计组织"（WDO）并将"设计"定义为："首先引导创新，促成商业成功的同时，为人类提供更好质量的生活，是一种将策略性解决问题的过程应用于产品、系统、服务及体验的设计活动，它将创新、技术、商业、研究及消费者紧密联系在一起，共同进行创造性活动并将其作为建立更好的产品、系统、服务、体验或商业机会，提供新的价值及竞争优势。"

各个先进国家由于普遍重视工业设计，从而极大地推动了工业和经济的发展与人们生活水平的提高。

工业设计包含的内容非常广泛。按设计性质划分，工业设计可以分为式样设计、形式设计和概念设计。

式样设计——对现有的技术、材料和消费市场等进行研究，改进现有产品的设计。

形式设计——着重对人们的行为与生活难题的研究，设计出超越现有水平，满足数年后人们新的生活方式所需的产品，强调生活方式的设计。

概念设计——不考察现有生活水平、技术和材料，纯粹在设计师预见能力所能达到的范畴内考虑人们的未来与未来的产品，是一种开发性的、对未来从根本概念出发的设计。

按产品的种类划分，工业设计可以包括家具设计、服饰设计、纺织品设计、日用品设计、家电设计、交通工具设计、文教用品设计、医疗器械设计、通讯用品设计、工业设备设计、军事用品设计等内容。

（1）家具设计

家具是人类日常生活与工作必不可少的物质器具。好的家具不仅使人生活与工作便利舒适、效率提高，还能给人以审美的快感与愉悦的精神享受。家具设计，是根据使用者要求与生产工艺的条件，综合功能、材料、造型与经济诸方面的因素，以图纸形式表示出来的设想和意图。设计过程包括草图、三视图、效果图的绘制以及小模型与实物模型的制作等（图5.2.5）。

家具设计既属于工业设计的一类，同时又是环境设计，尤其是室内设计中的重要的组成部分。家具的陈设定下了室内环境气氛与艺术效果的总基调，对整个室内空间的间隔，以及人的活动及生理、心理上的影响都举足轻重。因而室内设计不能缺少家具设计的因素，同时室内家具的设计也不能脱离室内设计的总要求。同样，室外家具的设计，也必须与周边的环境保持协调。

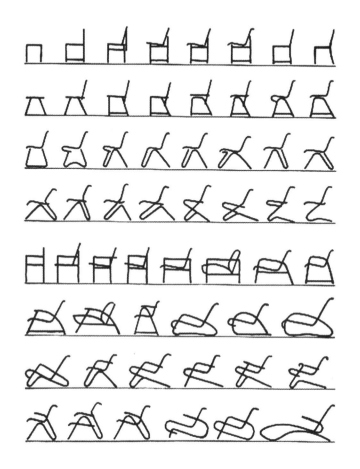

图 5.2.5 埃里克·迪克曼，金属管椅子的开发设计图，1931 年

作为包豪斯最重要的家居设计师之一，迪克曼（Erich Dieckmann，1896—1944）开发出不同类型的座椅。迪克曼从木制家具处得到灵感，并以木制家具的形式为基本，发展出用金属管材料制作的家具。

　　家具种类繁多，按功能划分主要有坐卧家具、凭依家具和贮存家具；与此对应的主要有床、椅、台、柜四种家具；按使用环境可分为卧室、会客室、书房、餐厅、办公室及室外家具；按材料可以分为木、金属、钢木、塑料、竹藤、漆工艺、玻璃等家具；按体形可以分为单体家具和组合家具等。

　　（2）服饰设计

　　衣、食、住、行之"衣"也是人类生活的必需品。衣服是广义通俗的词语，指穿在人体上的成衣。衣服经过思考、选择、整理，和人体组合得当的衣服着装才叫服装。服饰设计，是指服装设计及附属装饰配件的设计。

原始人已学会用树叶、羽毛、兽皮等当衣服披在身上，并能用兽牙、贝壳等制作朴素的装饰品，可见服饰设计历史之久远。现代人的穿着不只是为了保暖、御寒、遮体，也不只是为了舒适实用，作为人体的"包装"和文明的标志，更重要的是展示穿着者的个性爱好及衬托其气质风度、文化水准与身份象征等。因此，服饰设计不仅需要具备设计技术素质，还需掌握人们的服饰心态、民风习俗等社会文化知识。

世界各地区各民族都有各自传统的服装，如旗袍、西装、和服、纱丽及阿拉伯长袍等。现代服装种类更加繁多。按效用分类，有生活服装、运动服装、工作服装、戏剧服装和军用服装等，还可以按人们的年龄和性别、季节、款式、材料等进行分类。

服装设计包括服装的外部轮廓、造型、内部结构（衣片、裤片、裙片）和局部结构（领、袖、袋、带）设计，还包括服装的装饰工艺和制作工艺设计。设计时必须综合考察穿衣季节、场合、用途及穿衣人的体型、职业、性格、年龄、肤色、经济状况和社会环境等，以使服装不只合于穿着、舒适美观，同时符合穿衣人的气质性格特点。

服饰设计除了服装设计，还有附属装饰品设计。其中耳环、项链、别针和戒指等，佩饰于身上可与服装交相辉映，更加焕发服装的生命力（图 5.2.6）。还有其他如帽子、手套、皮包和围巾等，除了发挥原有的实用价值外，更能突出发挥装饰的作用。

（3）纺织品设计

纺织品泛指一切以纺织、编织、染色、花边、刺绣等手法制作的成品。纺织品设计也叫纤维设计，一般包含纤维素材（纺织品）形成的设计和使用这种纤维素材的制品的设计两种。诸如西服料子、领带、围巾、手帕、帆布、窗帘、壁挂、地毯和椅垫等，选择何种材料、式样、色彩、质感等的设计，均称纺织品设

图5.2.6 勒内·拉里克（René Lalique，1860—1945），蜻蜓女人胸饰，1897—1898 年

拉里克是新艺术运动的代表人物，他也是较早将女人裸体作为装饰元素运用到珠宝设计中的设计师之一，他将半裸露的女人体与蜻蜓躯干结合，创作出这件富有灵性的胸饰。

计。纺织品设计的历史非常久远，在世界各地区都具有各自浓郁的地方特色。作为设计的传统领域，现代纺织品设计在色彩、质地、柔感、图案与纹样的设计以及制品的种类与表现诸方面都取得了长足的发展。

纤维和纤维制品是人们生活的日常用品，可以做衣服和装饰配件穿戴在身上，也可以作家具、日用器具（如椅子的座面和坐垫）等室内用品，还可作床上铺盖物、墙面材料、窗帘布、壁挂等，在满足人们生活和美化生活空间方面起到了独特的作用。随着新的纤维材料和技术的发展，纺织品设计在人们生活中将会占有越来越重要的位置。

（4）交通工具设计

交通工具设计是满足人们"衣、食、住、行"中"行"的需要的设计，主要包括各类车、船和飞机设计。人类很早就设计发明了简单的舟船和有轮子的车用于交通和运输，而飞机则

图 5.2.7　弗拉米尼奥 · 伯通尼，雪铁
　　　　　龙 DS 豪华轿车，1955 年

由伯通尼（Flaminio Bertoni）设计的
DS 豪华轿车可以说是一座出色的抽
象表现主义雕塑，尖锐的头部对基于
空气动力学的流线型进行夸张处理，
另一方面也似乎有意地与代表法国传
统文化的哥特式尖顶建立联系，象征
古老的典雅趣味。这款华丽而霸道的
豪华轿车迅速受到人们的追捧并成为当
时尊贵身份的象征。

是近代的产物。

　　以前人们"行"的目的，主要是从一个地点到达另一个地
点，因而往往更注重交通工具的速度和安全。现代人的"行"不
只是为了安全快速地到达目的地，有时甚至根本就不在意目的地
是哪里，他们更在意的是"行"的过程中的自由舒适的感觉，而
且，交通工具已经成为一个人财富和地位的象征。所以，现代载
人交通工具的设计，在安全和速度的设计以外，尤其注重舒适性
的结构设备设计和个性化、象征性的造型设计，以满足各种各样
不同阶层人士的需要（图 5.2.7）。

　　现代生活方式受交通工具设计的影响越来越大。地球日益
"变小"也主要是得益于交通工具设计的不断进步。交通工具
设计中的汽车设计是融入流行文化的流行设计。随着社会生活
潮流的流行变幻，汽车设计也跟着花样翻新，有时还扮演起社
会时尚的引导者和新生活方式开创者的角色。

第三节

环境设计

经济计划、城市规划、城市设计和建筑设计的共同目标，应当是探索并
满足人们的各种需求。

——1981 年国际建筑师协会第十四届世界大会《华沙宣言》

一、什么是环境设计

在视觉传达设计、产品设计、环境设计、新媒介设计这四类
设计中，环境设计与新媒介设计都是近年才逐渐形成的设计类型概
念。它不同于 20 世纪初现代派艺术家在湖中筑起螺旋形防波堤、
在峡谷中挂起幕布之类的环境艺术。它是工业化的发展引起一系列
的环境问题，人类的环境保护意识加强以后，才逐渐产生的设计
概念。最早是在日本，这个国土狭小、资源缺乏而又高度工业化
的国家，环境问题尤其严重，因而那里的设计师首先意识到环境
设计的重要性。1960 年在日本东京举行的世界设计会议上，会议
执委会中的"环境设计部"集中了城市规划、建筑设计、室内设
计、园林设计等各个领域的专家，可见 1960 年代的设计师已经意
识到不止限于防止环境公害的环境设计概念。到了 1980 年代，环
境设计的观念已经被人们所普遍认同。然而，至今国际上并没有
对环境设计制定统一的定义，也没有严格地规定其设计范围。

一般地理解，环境设计是对人类的生存空间进行的设计。区
别于产品设计的是：环境设计创造的是人类的生存空间，而产品
设计创造的是空间中的要素。

广义的环境，是指围绕和影响着生物体周边的一切外在状态。所有生物，包括人类，都无法脱离这个环境。然而，人类是环境的主角，人类拥有创造和改变环境的能力，能够在自然环境的基础上，创造出符合人类意志的人工环境。其中，建筑是人工环境的主体，人工环境的空间是建筑围合的结果。因而，协调"人–建筑–环境"的相互关系，使其和谐统一，形成完整、美好、舒适宜人的人类活动空间，是环境设计的中心课题。

建筑一直是人类根据自己的需要，用以适应自然，塑造人工环境的基本手段。古典时期的建筑，常常是联系人体的比例进行设计的。例如古希腊的多立克、爱奥尼亚和科林斯柱式，都是人体形态的反映。文艺复兴时期的建筑师阿尔贝蒂从古罗马建筑师维特鲁威的书中继承了这一传统，并以四肢伸展的人体形象置于圆形与方形的正中，象征人是世界的中心以及人与环境的和谐关系。后来的达·芬奇也描画过这种形象。而到了工业革命，人类逐渐掌握了控制环境的材料与技术，从 1851 年的"水晶宫"展览馆（图5.3.1）开始，人类竭尽技术之所能，把建筑也推向了"工业化生产"。在过去一百多年的时间里建造的建筑，比以前所有史载时期建造的建筑还要多。建筑的集中形成了城市，城市化本来是人类文明的标志，然而建筑缺乏规划设计的急剧集中，却促成了城市的畸形发展，给人类带来了不利的一面：人口过密，交通挤塞，空气、水体与噪声污染严重，气候反常，人与自然被钢筋水泥的建筑隔离，人们生活节奏加快，易于疲劳、孤独，人际关系淡漠，人情失落……人们逐渐发觉，现在的建筑和其他人工因素塑造的环境，还远远不是他们希望的理想的生存空间，它还有太多的缺陷。因而有必要重新以人为中心，对"人–建筑–环境"的关系进行科学化、艺术化和舒适化的设计协调，也就是我们说的进行环境设计。

我们塑造了我们的建筑，但是后来，我们的建筑改变了我们。

——丘吉尔

人是环境设计的主体和服务目标，人类的环境需求决定着环境设计的方向。当代人的环境需求，表现为回归自然、尊重文化、高享受和高情感的多元性、自娱性与个性化倾向。当代环境设计，理当以当代人的环境需求为设计创作的指导方向，为人类创造出物质与精神并重的理想的生活空间。

图 5.3.1 帕克斯顿，水晶宫，1854 年拍摄

能清楚地看到建筑架构的主要材料：铁架和玻璃板。

二、环境设计的类型

环境有自然环境与人工环境之分，自然环境经设计改造而成为人工环境。人工环境按空间形式可分为建筑内环境与建筑外环境，按功能可分为居住环境、学习环境、医疗环境、工作环境、休闲娱乐环境和商业环境等。而环境设计类型的划分，设计界与

城市总体规划纲要应当包括下列内容：

1. 市域城镇体系规划纲要，内容包括：提出市域城乡统筹发展战略；确定生态环境、土地和水资源、能源、自然和历史文化遗产保护等方面的综合目标和保护要求，提出空间管制原则；预测市域总人口及城镇化水平，确定各城镇人口规模、职能分工、空间布局方案和建设标准；原则确定市域交通发展策略。
2. 提出城市规划区范围。
3. 分析城市职能、提出城市性质和发展目标。
4. 提出禁建区、限建区、适建区范围。
5. 预测城市人口规模。
6. 研究中心城区空间增长边界，提出建设用地规模和建设用地范围。
7. 提出交通发展战略及主要对外交通设施布局原则。
8. 提出重大基础设施和公共服务设施的发展目标。
9. 提出建立综合防灾体系的原则和建设方针。
　　——《城市规划编制办法》自 2006 年 4 月 1 日起施行。

理论界都未有统一的划分标准与方法。一般习惯上，大致按空间形式，分为城市规划设计、建筑设计、室内设计、室外设计和公共艺术设计等。

城市规划设计

作为环境设计概念的城市规划，是指对城市环境的建设发展进行综合的规划部署，以创造满足城市居民共同生活、工作所需要的安全、健康、便利、舒适的城市环境。

城市基本是由人工环境构成的。建筑的集中形成了街道、城镇乃至城市。城市的规划和个体建筑的设计在许多方面其基本道理是相通的。一个城市就好像一个放大的建筑物：车站、机场是它的入口，广场是它的过厅，街道是它的走廊——它实际上是在更大的范围为人们创造各种必需的环境。由于人口的集中，工商业的发达，在城市规划中，要妥善解决交通、绿化、污染等一系列有关生产和生活的问题。1950 年前后，里约热内卢是巴西的首都，城市人口的高度集中使之染上了严重的城市病。为了改变巴西的工业和城市过分集中在沿海地区的状况，开发内地不发达区域，1956 年，巴西政府决定在戈亚斯州的高原上建设新都，定名为巴西利亚，并由奥斯卡·尼迈耶（Oscar Niemeyer，1907—2012）担任总建筑师。巴西利亚规划特色颇具特色，城市布局骨架由东西向和南北向两条功能不同的轴线相交构成（图 5.3.2）。它被誉为城市规划史上的一座丰碑，于 1987 年被教科文组织收入《世界遗产名录》，是历史最短的"世界遗产"。

城市规划必须依照国家的建设方针、国民经济计划、城市原有的基础和自然条件，以及居民的生产生活各方面的要求和经济的可能条件，进行研究和规划设计。

建筑设计

建筑设计是指对建筑物的结构、空间及造型、功能等方面进行的设计，包括建筑工程设计和建筑艺术设计。建筑是人工环境

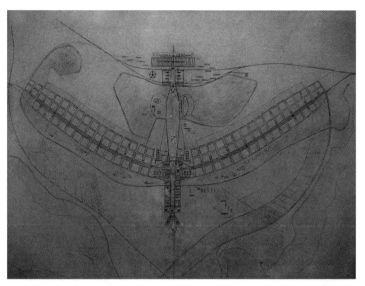

图 5.3.2 巴西利亚的城市规划图和俯瞰图

城市以东西向主轴线和南北向主轴线为骨架。东西线东段布置巴西中央政府的办公大楼,西段主要布置市政机关;南北向轴线与公路连接,主干道两旁是住宅区与商业设施。

的基本要素,建筑设计是人类用以构造人工环境的最悠久、最基本的手段。

建筑的类型丰富多样,建筑设计也门类繁多。主要有民用建筑设计、工业建筑设计、商业建筑设计、园林建筑设计、宗教建筑设计、宫殿建筑设计、陵墓建筑设计等。不同类型的建筑，功能、造型和物质技术要求各不相同，需要施以各不相同的设计。

建筑的功能、物质技术条件和建筑形象，即实用、坚固和美观，是构成建筑的三个基本要素，它们是目的、手段和表现形式的关系。建筑设计师的主要工作，就是要完美地处理好这三者之间的关系。

建筑历来被当作造型艺术的一个门类，事实上，建筑不是单纯的艺术创作，也不是单纯的技术工程，而是两者密切结合、多学科交叉的综合性设计。建筑设计不仅要满足人们对建筑的物质需要，也要满足人们对建筑的精神需要。从原始的筑巢掘洞，到今天的摩天大楼，建筑设计无不受到社会经济技术条件、社会思想意识与民族文化，以及地区自然条件的影响。古今中外千姿百态的建筑都可以证明这一点。

当代的建筑设计，既要注重单体建筑的比例式样，更要注重群体空间的组合构成；既要注重建筑实体本身，更要注重建筑之间、建筑与环境之间"虚"的空间；既要注重建筑本身的外观美，更要注重建筑与周边环境的谐调配合。1962 年，日裔美国建筑师雅马萨奇·山崎实（Minoru Yamasaki，1912—1986）为西雅图世博会所设计的太平洋科学中心（Pacific Science Center，图 5.3.3）便实现了建筑与环境的和谐构成。科学馆采取了建筑物环绕院落布置的方式，不同于传统展览建筑的集中式布局。并且在院中间设置水面，以雕塑花环绕着水面，颇有东方园林建筑的意境。

室内设计

室内设计，即对建筑内部空间进行的设计。具体地说，是根据对象空间的实际情形与使用性质，运用物质技术手段和艺术处理手段，创造出功能合理、美观舒适、符合使用者生理与心理要求的室内空间环境的设计。

室内设计是从建筑设计脱离出来的设计。室内设计创作始终

室内设计四个主要内容：

1. 空间设计，即是对建筑提供的室内空间进行组织调整，形成所需的空间结构。
2. 装修设计，即对空间围护实体的界面，如墙面、地面、天花等进行设计处理。
3. 陈设设计，即对室内空间的陈设物品，如家具、设施、艺术品、灯具、绿化等进行设计处理。
4. 物理环境设计，即对室内体感气候、采暖、通风、温湿调节等方面的设计处理。

受到建筑的制约，是"笼子"里的自由。因而，在建筑设计阶段，室内设计师就与建筑设计师进行合作，将有利于室内设计师创造出更理想的室内使用空间。室内设计不等同于室内装饰。室内设计是总体概念。室内装饰只是其中的一个方面，它仅是指对空间围护表面进行的装点修饰。

室内设计大体可分为住宅室内设计、集体性公共室内设计（学校、医院、办公楼、幼儿园等）、开放性公共室内设计（宾馆、饭店、影剧院、商场、车站等）和专门性室内设计（汽车、船舶和飞机体内设计）。类型不同，设计内容与要求也有很大的差异。然而，不管是何种类型的室内设计，皆以满足人们的精神生活和物质生活要求为目的的，并力求达到使用功能的必需条件和视觉环境的美好享受。1994 年，荷兰建筑师雷姆·库哈斯（Rem Koolhaas，1944—）便为因车祸而需长年坐轮椅的业主设计了波尔多住宅（Maison à Bordeaux，图 5.3.4）。住宅最大

图 5.3.3 山崎实，太平洋科学中心，1962 年，美国西雅图

科学中心庭园中安置的是由艺术家丹·科森（Dan Corson，1964—）所创作五个高 33 英尺的雕塑花，灵感来自澳大利亚菲亚树。这一作品被称为"声波开花"，在其顶端装置着太阳能电池板。当人们接近时，花儿便嗡嗡作响，并在黑夜中发光。

**图 5.3.4 库哈斯，波尔多住宅，
1994 年，法国**
一层与二层大量采用玻璃幕墙，采光
效果极佳，空间开敞通透，波尔多市
美景可尽收眼底。

的特色在于房屋中央设置了一个升降平台，由机器驱动，类似电
梯，但采用开放式设计，结合男主人日常工作的特点，既是他上
下楼的工具，也是他的活动工作台。

室外设计

室外设计泛指对所有建筑外部空间进行的环境设计，又称风
景（或景观）设计（Landscape Design），它包括了园林设计，还
包括庭院、街道、公园、广场、道路、桥梁、河边、绿地等所有
生活区、工商业区、娱乐区等室外空间和一些独立性室外空间的
设计。随着近年公众环境意识的增强，室外环境设计日益受到
重视。

室外设计的空间不是无限延伸的自然空间，它有一定的界
限。但室外设计是与自然环境联系最密切的设计。"场地识别感"

是室外设计的创作原则之一，室外设计必须巧妙地利用环境中的自然要素与人工要素，创造出融合于自然、源于自然而又胜于自然的室外环境。相比偏重功能性的室内空间，室外环境不仅为人们提供广阔的活动天地，还能创造气象万千的自然与人文景象。室内环境和室外环境是整个环境系统中的两个分支，它们是相互依托、相辅相成的互补性空间。因而室外环境的设计，还必须与相关的室内设计和建筑设计保持呼应和谐、融为一体。

室外环境不具备室内环境稳定无干扰的条件，它更具有复杂性、多元性、综合性和多变性，自然方面与社会方面的有利因素与不利因素并存。在进行室外设计时，要注意扬长避短和因势利导，进行全面综合的分析与设计。日本设计师安藤忠雄于20世纪80年代末设计了"教堂三部曲"，其中"水之教堂"（图5.3.5）以"与自然共生"为主题，充分地利用了室外环境，使教堂与大

图5.3.5 安藤忠雄，水之教堂，1988年，日本

教堂的正面由一面长15米，高5米的巨大玻璃组成，所面对的是一个90米×45米的人工水池，池中的水由山间的河引来。冰雪融化之后，巨大的玻璃将完全打开，婚礼仪式便犹如在北海道的大自然中举行。

自然混为一体。

公共艺术设计

公共艺术设计是指在开放性的公共空间中进行的艺术创造与相应的环境设计。这类空间包括街道、公园、广场、车站、机场、公共大厅等室内外公共活动场所。所以，公共艺术设计在一定程度上和室内设计与室外设计的范围重合。但是，公共艺术设计的主体是公共艺术品的创作与陈设。现代公共艺术设计，正是兴起于西方国家让美术作品走出美术馆、走向大众的运动。

一个城市的公共艺术，是这个城市的形象标志，是市民精神的视觉呈现。它不仅能美化都市环境，还体现着城市的精神文化面貌，因而具有特殊的意义。理想的公共艺术设计，需要艺术家与环境设计师的密切合作。艺术家长于艺术作品的创作表现，设计师长于对建筑与环境要素的把握，从而设计出能突出艺术作品特色的环境。此外，作为艺术作品接受者的公众，同时也是作品成功与否的最后评判者。因而，公共艺术的设计创作，不能忽视公众参与的重要性和必要性。1982 年，美籍华裔建筑师林璎（1959—）所设计的越战纪念碑 （Vietnam Veterans Memorial）正式面向民众开放（图 5.3.6）。越战纪念碑由黑色花岗岩所砌成的 V 字型碑体构成的，总长达 500 英尺，刻划着美军 57000 多名 1959 年至 1975 年间在越南战争中阵亡者的名字。V 字型的碑体像一道"伤疤"，分别向两个方向延伸，指向林肯纪念堂和华盛顿纪念碑，通过借景时时刻刻地点明纪念碑与这两座象征国家的纪念建筑之间密切的联系。

以上对设计进行的类型划分，并不是绝对的、最后的划分。在社会、经济和技术高速发展的今天，各种设计类型本身和与之相关的各种因素都处在不断的发展变化中。比如视觉传达设计中的展示设计，也充分利用了听觉传达、触觉传达，甚至嗅觉传达和味觉传达的设计；建筑物中非封闭性的围合，出现了长廊、屋顶花园、活动屋顶的大厅等难以区分室内还是室外的空间……此

外，许多设计概念的内涵和外延都还模糊不清，在设计界和理论界，都还没有给予最后确切的定义和界定。比如：有的专家主张把"工业设计"单列出来，作为与三大领域并列的第四大领域；有的专家认为 CI 设计可以作为一个新的完全独立的设计领域；有的认为园林设计应该自成一体而不属于室外设计……诸如此类的问题不在少数。这些问题的出现，对于设计学这门新兴的、正在发展中的综合性学科来说，是难以避免的，也是必然要经历的过程。随着设计实践的发展和学科研究的深入，相信这些问题最终会在理论和实践的双重层面上得以解答。

图 5.3.6 林璎，越战纪念碑，1982年，美国华盛顿

墙体有镜面反射，当游客凝视刻划的名字时也能看到自己的影子，象征着把过去和现在联系在一起。

第四节

新媒介设计

新媒介当然不同于旧媒介，但主要的区别之一不是内容，而是我们思维方法的强化。我们所见的互动媒介比如互联网不仅是创新的结果，而且本身就是一个创新的机制和过程，它使所有人同览和分享。这是非常令人激动的成就。

——加隆·拉尼尔（Jaron Lanier，1960—）

一、何为"新媒介"

在论及这个时代出现的"新媒介"之前，有必要说明一下，所谓"新媒介"的"新"只能是相对意义上的。正如我们所熟知的电视、电话、广播、电报等旧媒介，在它们初现之时也被认为是新媒介；同样，今日我们认为是新媒介的事物，在若干年后也将被视作旧媒介。罗伯特·洛根（Robert K. Logan，1939—）指出，现在所谈及的"新媒介"，多是指互动媒介（Interactive media），与没有计算的电话、广播、电视等旧媒介相较而言，它具有双向传播的特点，同时也涉及计算，倚重于计算机的作用。新媒介形成了一种新型的文化形态，包含了诸如互联网、移动设备、虚拟现实、电子游戏、电子动漫、数字视频、电影特效、网络电影等方面。罗伯特·洛根还为新媒介下了一个比较保守的定义，他认为旧媒介是被动型的大众媒介，"新媒介"是个人使用的互动媒介。所以，新媒介的参与者不再是被动的信息接收者，而是内容和信息的积极生产者。而伴随着新媒介而生的新媒介设计，既是以新媒介的技术为依托，同时也以更完善地实现其互动性能为目的。

二、互联网

马歇尔·麦克卢汉认为，任何系统发生突变最常见的原因之一，就是与另一个系统的"异体受精"，例如印刷术与蒸汽印刷机的结合，广播和电影的结合。而作为现代生活中必不可少的互联网，正是计算机技术和通讯技术结合所带来的革命性成果。最初的互联网为服务于美军的科学家所组建，设计的目的是支持美国的通讯系统，以防遭俄国核攻击时通讯系统会严重受损。1974年，罗伯特·卡恩（Robert Kahn，1938—）和文顿·瑟夫（Vinton Cerf，1943—）提出互联网协议族（Internet Protocol Suite），定义了在电脑网络之间传送报文的方法。互联网协议族通常被简称为"TCP/IP 协议族"，因其两个核心协议分别为 TCP（传输控制协议）和 IP（网际协议）。1986年，美国国家科学基金会创建了大学之间互联的骨干网络"美国国家科学基金会网络"（NSFnet），到了1994年，该网络转为商业运营。1995年随着网络开放予商业，互联网成功地接入了其他比较重要的网络，包括新闻组（Usenet）、因时网（Bitnet）和多种商用 X.25 网络。自此，整个网络向公众开放。1991年8月，蒂姆·伯纳斯-李（Timothy John Berners-Lee，1955—）在瑞士创立了超文本标记语言（HyperText Markup Language）（简称 HTML）、超文本传输协议（HyperText Transfer Protocol）（简称 HTTP）和欧洲核子研究中心（European Organization for Nuclear Research）的网页后，便开始宣扬他的万维网项目（图5.4.1）。1996年，"互联网"一词被广泛地流传，不过指的是几乎整个万维网。值得注意的是，万维网并不等同互联网，万维网只是互联网所能提供的服务的其中之一，是靠互联网运行的。

由蒂姆·伯纳斯-李所开发的万维网浏览器（WorldWide-

罗伯特·洛根："新媒介"的14种特征

1. 双向传播。
2. "新媒介"使信息容易获取和传播。
3. "新媒介"有利于继续学习。
4. 组合和整合（Alignment and Integration）。
5. 社群的创建（The Creation of Community）。
6. 便携性和时间的灵活性，赋予使用者跨越时空的自由。
7. 许多媒介融合，因而能同时发挥一种以上的功能，许多媒介结合起来了；以照相手机为例，它既有电话的功能，又有照相机的发送照片的功能。
8. 互操作性，否则媒介融合就不可能。
9. 内容的聚合和众包（crowd souring），数字化与媒介融合促成了这样的结果。
10. 多样性和选择性远远胜过此前的大众媒介，长尾现象（long tail phenomenon）由此而生。
11. 生产者和消费者鸿沟的弥合（或融合）。
12. 社会的集体行为（collectivity）与赛博空间里的合作。
13. 数字化促成再混合文化（Remix Culture）。
14. 从产品到服务的转变。

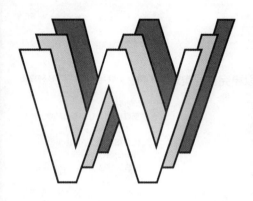

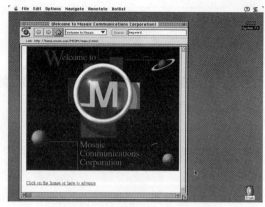

图 5.4.1 "WWW"的历史性图标，1990 年
由与蒂姆·伯纳斯–李一起开发万维网的比利时信息工程师罗伯特·卡里奥（Robert Cailliau）所设计，由三个奥普蒂玛字体粗体的"W"组成。

图 5.4.2 运行于系统 7 的 Mosaic 1.0，展示的是其公司的网站主页面。

Web）是世界上第一个网页浏览器及网页编辑器，后来为了避免与万维网混淆而改名为"链接"（Nexus）。它的导航只用"返回""上一步"以及"下一步"三个按钮，同时还兼具了编辑器的功能。1991 年，由加州伯克利大学 XCF 研究小组的成员魏培源所创建的 ViolaWWW 浏览器是万维网史上第一个流行的浏览器，于 1992 年 5 月被发布，这款浏览器首次出现了上一页（Backwards）和下一页（Forwards）的按钮，日后大多数浏览器都继承了这个设计。1993 年，NCSA Mosaic 网页浏览器 Mosaic 1.0 版本（图 5.4.2）发布，取代了 ViolaWWW 浏览器的常用位置。Mosaic 1.0 是第一个可以同时显示文字和图片，而不是在单独的视窗中显示图片的网页浏览器。

万维网使个人瞬时获得海量信息成为可能，而搜索引擎的出现，则促使这一过程更加便捷。最早的计算机搜索工具 Archie 出现在万维网之前，目的是查询散布在各个分散的主机中的文件，并不能获取诸如网页等其他类型的文件资源，因此它其实是世界上第一个文件传输协议（File Transfer Protocol）的搜索引擎。目前互联网上存在着许多搜索引擎，多是在 20 世纪 90 年代所创立的，其中最流行之一的谷歌（Google）便创立于 1998 年。早在 1996 年，加州斯坦福大学理学博士生拉里·佩奇（Larry Page）和谢尔盖·布林（Sergey Brin）便在学校开启一项关于搜索的研究项目，研发出名为"BackRub"的搜索引擎，后改名为"Google"（图 5.4.3）。区别于传统的搜索技术靠搜索字

眼在页面中出现次数来进行结果排序的方法，谷歌是通过对网站之间的关系做精确分析，采用网页排名（PageRank）技术体现网页的相关性和重要性。网页排名的算法为用户提供一把潜在的标尺，网页的潜在价值由其流行程度来决定，其精确度胜于当时基本的搜索技术。

图 5.4.3　谷歌简洁的界面，1998 年
"Google"来源于表示"10 的 100 次方"的单词"googol"错误的拼写方式，象征着该引擎为人们提供海量优质信息的决心。

三、个人化

真正的个人化时代已经来临了。这回我们谈的不只是要选什么汉堡佐料那么简单，在后信息时代里机器与人就好比人与人之间因经年累月而熟识一样：机器对人的了解程度和人与人之间的默契不相上下，它甚至连你的一些怪僻（比如总是穿蓝色条纹的衬衫）以及生命中的偶发事件，都能了如指掌。

——尼古拉斯·尼葛洛庞帝（Nicholas Negroponte，1943—）

被公认为世界上第一台通用计算机的伊尼亚克（ENIAC）能够编程解决各种计算问题，美国陆军的弹道研究实验室以之来计算火炮的火力值。与机电机器相比，伊尼亚克的计算速度提高了一千倍，可谓是前所未有。此外，其数学能力和通用的可编程能力，令当时的科学家和实业家非常激动。所以，在 1946 年初公布之时，它便被当时的新闻赞誉为"巨脑"。彼时可能谁都无法

设想，在还不到 40 年的时间里，占地 170 平方米、重达 30 吨的大型计算机竟然缩小到能够为每一个个体所独有，那便是由国际商业机器股份有限公司（IBM）所推出的型号为 IBM5150 的"个人电脑"（Personal Computer）。在 IBM5150 出现的六年后，IBM5100 便携式计算机便已面世，它由键盘、5 英寸 CRT 显示器、磁带驱动器、处理器、包含系统软件的储存器等部件组成，重 55 磅，但仅一个小手提箱的大小，可以随意携带收纳。然而，由于运用了当时最领先的技术，IBM5100 定价极高，只有很少数的消费者能够接受，而 IBM 传统的设计无法用来设计廉价的微型计算机，这一矛盾造成 IBM5100 于 1982 年 3 月便宣布停产。因此，IBM 决定破例设置一个特别小组，被授命绕过公司的规则生产市场产品，这个项目的代号叫作"象棋项目"（Project Chess），由唐·埃斯特利奇（Don Estridge）领导，IBM5150"个人电脑"（图 5.4.4）由此诞生，计算机开始进入个人化时代。

正如 IBM5150 一样，后来的个人计算机不仅适用于办公室，也适用于家庭，既可帮助工作，也可以实现娱乐活动。另一方面，个人计算机与互联网的结合，使得每一个个体都能够进入全球网络的中心。只要接入互联网，所有人都拥有搜索、阅读、掌握信息的机会，并可根据个人的需求及喜好来自主选择。便携式计算机使用户的工作、学习环境不再受到局限，只要利用互联网便可以实现与世界各地的人的交流，既可进行商务活动，也可利用网络学校接受教育。

平板电脑（Tablet Computer）是个人电脑的延伸。它是一种小型的、方便携带的个人电脑，以触摸屏代替键盘和鼠标作为基本的输入设备，用户通过触控笔或手指来进行触控、书写、缩放图像等动作，或者通过语音辨识和外接键盘进行操作。第一台面向消费者的平板电脑是 1989 年由三星电子公司和 GRiD 系统公司制作的 GRiDPad，它采用了与当时个人电脑相同的 MS-DOS 操作系统，拥有 10 英寸的屏幕和精确的手写识别能力。

图 5.4.4 IBM5150 个人电脑，1981
IBM 公司称其专为商业、学校和家庭所设计，并附有简单易懂的操作手册。它的特点除了易于使用之外，还拥有多个软件应用程序，甚至能帮助用户开发个人程序。

2002 年，因微软公司大力推广其 Windows XP Tablet PC Edition 系统，平板电脑逐渐流行起来。此前平板电脑只在工业、医学和政府等领域拥有市场，而进入 2000 年后用户群开始扩大到学生及其他专业人群。在 21 世纪的前十年，平板电脑的操作系统多以 Windows 系统为主，与普通的个人电脑相差无二。这是微软公司为了提高平板电脑的性能，将个人电脑级别的内存和中央处理器都运用到其中去，造成了操作上的不轻便。直到 2010 年 1 月，苹果公司发布了 iPad，运用自家研发的 iOS 系统，从操作系统到硬件设备都向智能手机方向优化，并且重量较轻、体形较薄，携带更为方便。iPad 内置无线网络，基本功能包括录影、拍照、播放音乐、浏览网页等，还可从苹果自营的网上应用程序商店下载安装专为 iPad 设计的应用程序（app）以扩展其他功能，其便捷性和趣味性引发了平板电脑的购买热潮。

　　从某种程度上而言，iPad 是一个扩大版的 iPhone 手机，只是缺少了手机的部分通讯功能，这也证明了智能手机与电脑之间的界限越来越模糊。众所周知，手机最基本的功能是电话的延伸。手机这一媒介出现之后，电话线传输信息的模式就被无线传输取代了。后来的手机增添了短信、电子游戏、照相和接入互联网等功能，担任通信工具之余也满足用户部分的娱乐需求。而今日的智能手机则融合了许多媒介，除了最基本的电话，还能充当照相机、音频／视频播放器、计算机、电子游戏机、GPRS 导航，甚至是电子钱包的角色。通过各种应用程序的协助，它还能提供合乎个人趣味的音乐、视频以及读物。从用户开始利用在线应用程序商店（图 5.4.5）选择下载，到在各个应用程序中订阅内容这一过程，是用户从大量的信息流中找到满足个人化需求的信息，是极其私人的个人选择过程。正如罗伯特·洛根所言，手机已经变成一种全功能、移动性的手持计算机终端，能够生产、传输和接收各种形式的数字化信息。智能手机已经改变了社会原有的交流互动性质，甚至正在成为人类的"义肢"。

四、阅读的载体

新媒介的产生挑战了旧有的阅读方式，文字的载体不再局限于传统的书面媒介，而是通过数字化以多种形式出现。电子书便是其中之一。1971 年，米迦勒·哈特（Michael Stern Hart）启动古登堡工程（Project Gutenberg），由志愿者参与，致力于将文学作品进行数字化并归档，同时鼓励创作和发行电子书。电子书的优势在于更便宜、更容易获取和搜索，有利于长期保存，可在各种计算机上阅读。从环保的角度而言，电子书不需要纸张，占据较少的空间与资源。

1998 年，第一款手持电子阅读器火箭（Rocket eBook）问世，采用液晶显示器并能够存储 10 本左右的电子书。在此之前，电子书只能通过计算机阅读，而此后可通过便携的移动工具阅读，电子书市场的结构开始发生转变。2006 年，索尼公司运用电子墨水公司（E Ink Corporation）的电子墨水技术生产了索尼阅读器，其大小与平装书本接近，大约能储存 80 本书。索尼公司开设网上书店提供图书下载，其售价低于印刷书的价格，并且省去邮寄的费用。《华盛顿邮报》报道为"出版业的数字革命

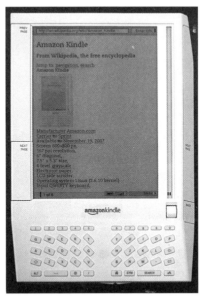

翻开了新的一页"。2007 年，亚马逊公司（Amazon.com Inc.）推出第一代 Kindle 阅读器（图 5.4.6），同时推出 10 万种电子图书提供下载，其中包括经典文学作品与各类畅销书，很大程度上满足了消费者的需求。而今，Kindle 阅读器已发展成为一个系列，大部分采用十六级灰度的电子纸显示技术，能在最小化电源消耗的情况下提供类似纸张的阅读体验。

　　新媒介也为新闻的获取开辟了许多新渠道。随着信息爆炸时代的到来，网络新闻的选择性、多样性与即时性都远胜于传统的报纸媒介。搜索引擎在完成其搜索任务之余也为用户提供新闻，除了每日热点，它们也选择符合用户兴趣的新闻，根据用户的需要每天、每周或每月更新提醒。此外，新闻阅读器（feed readers）、新闻聚合器（feed aggregators）还为用户从分散的源头搜集新闻，并提供对同一新闻的不同观点等内容。它们可能通过软件应用程序、网页等渠道来呈现，而目前最常见的是用户通过手机等移动设备来实现阅读。诸如微软 2016 年面向 iOS 系统所

图 5.4.5　App Store 界面

苹果公司为其 iPhone、iPod Touch、iPad 及 Apple Watch 等系列产品所创建和维护的数字化应用发行平台，允许用户浏览和下载一些由 iOS 软件开发工具包开发的应用程序。

图 5.4.6　第一代 Kindle 阅读器

内置 250 MB 存储空间，可以存储大约 200 本不带图片的电子书。

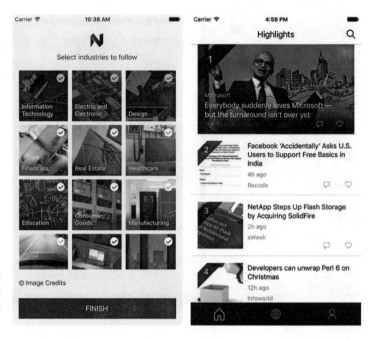

图 5.4.7　News Pro 的软件截图

除了热门文章与新闻热点，用户也可以设置自己感兴趣的话题。另外，它还与 Facebook 和领英（LinkedIn）建立了端口连接，能够实现社交分享。

推出的新闻聚合软件"News Pro"（图 5.4.7），便向用户展示时下最热门的文章或来自必应新闻（bing news）的"新闻要点"。新闻聚合器自动更新内容，节省用户的时间和精力。用户通过订阅来组合、更新自己感兴趣的内容，能够创建自我的信息空间。

许多为用户提供免费内容的网络服务公司，它们的收入多来源于广告。互联网上的广告近年来越来越活跃，2008 年全世界网上广告的收入达 650 亿美元，占全部广告收入的 10%。谷歌 2006 年的全年广告收入达 104.92 亿美元，而其他的收入只有 1.12 亿美元。网络广告吸引广告商的地方在于，成本相对低廉，更容易瞄准目标用户，毕竟用户常访问的网站也揭示了他们的兴趣及需求。广告商为用户的点击次数进行付费，凭借互联网的互动性，他们可以从中了解广告的真实效果，比之传统的广告方式更为直观。谷歌经营两个广告软件，谷歌广告圣（Google AdSense，图 5.4.8）和谷歌广告词（Google AdWords），使得

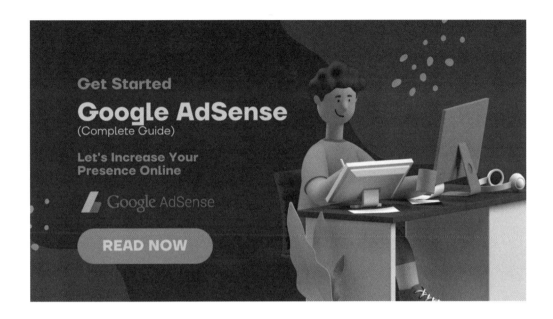

它在营销领域也大获成功。它的手段也正是新媒介广告应该注意的诀窍所在：广告瞄准目标用户，瞄准相关度高、盈利的领域，同时借用人工智能技术，并利用自身开发的全部工具。

图 5.4.8　谷歌广告圣的广告服务
该技术会自动检索目标网页的内容，然后推送与目标对象和网站内容相关的广告。

五、消费与娱乐

20 世纪 50 年代，美国曼哈顿信贷专家麦克纳马拉（Frank X.McNamara）因一次在饭店用餐忘了带钱的狼狈经历，与其商业伙伴组织了"大来俱乐部"（Diners Club），推行世界上第一张由塑料制成的信用卡，会员带着此卡到指定的 27 间餐厅就可以记账消费，过程不需要现金参与，这便是大来国际信用卡公司（Diners Club International）与大来卡的前身。1952 年，美国富兰克林国民银行首先发行信用卡，拉开了信用卡时代的序幕，其他美国银行随其后。信用卡问世之后，货币便从有实际形态的纸币变成了纯数字信息，而互联网与万维网的参与，便促成了电子商务的产生，实现了足不出户也可完成商业交易。

图 5.4.9　亚马逊公司的品牌标志
品牌标志中有一条从字母"A"指向
字母"Z"的微笑箭头，象征着其旗
下的商品包罗万象。

amazon.com®

总部位于美国西雅图的跨国电子商务企业亚马逊公司（图
5.4.9）可以说是目前是全球最大的互联网线上零售商之一，其
业务起始于线上书店，不久之后商品走向多元化，涵盖了计算机
软件、运动用品、珠宝、乐器、家具等领域，除了美国之外，还
开拓了英国、法国、日本、中国、印度、澳大利亚等其他国家
的网络零售市场。亚马逊公司的成功归功于其经营秘诀。作为
首家实施加盟业务的电子商务企业，它与诸如博德斯（Borders.
com）、HMV 音乐公司（HMV.com）、沃登书屋（Waldenbooks.
com）等著名的公司和百万加盟者保持加盟业务关系，这便占其
总成交量的 40％。此外，亚马逊网站还推行顾客打分定级制和
为产品线实施云计算，既给予合作公司准确的反馈，也将自身多
余的计算能力转变为收入。另外，创立于 1999 年的阿里巴巴集
团（Alibaba Group），是一家提供电子商务在线交易平台的中国
公司，业务包括企业间电子商务贸易、网上零售、购物搜索引
擎、第三方支付和云计算服务，旗下的淘宝网和天猫在 2012 年
的销售额达到 1.1 万亿人民币。由此可见，网络电子商务的出现
正在默默地改变用户的消费习惯。

聆听音乐、观看电影等司空见惯的娱乐活动也借用新媒介
为用户实现前所未有的体验。20 世纪 90 年代，存储数码数据的
CD 光盘取代唱片成为录制音乐和存放音频的主要媒介。然而，
CD 光盘的有限寿命成了它的局限。MP3 播放器的出现让 CD 光
盘不再是唯一的音乐配置媒介，并且比后者更具便捷性与持久
性。MP3 播放器的格式把数字音频轨道变成计算机数据文档，
使之能在互联网上传播分享，虽然它的目的是大幅降低音频数据

量，但其音质仍能满足普通用户的听觉需求。由苹果公司设计和销售的 iPod 播放器也是一款便携式多功能数字多媒体播放器，它几乎包含了 MP3 播放器的一切功能，并且还兼容其他许多格式的音频，同时具备文件存储、显示文档等功能。2004 年 1 月，iPod 成为全美国最受欢迎的数码音乐播放器，占领了 50% 的市场份额。2007 年，苹果公司推出 iPod Touch，它拥有触摸屏，除了能够播放音频与视频之外，同时也配有无线网络功能，并可运行 Safari 浏览器，是第一款可通过无线网络连上 iTunes Store 的 iPod 产品。

另一方面，对于电影领域而言，互联网既为其开辟了更为便捷的宣传通道，也增加了被盗版的风险。同时，视频共享网站 YouTube 所提出的"播放你自己"口号催生了个人制作视频的新现象。YouTube 创办的原意是为了方便家人朋友之间分享自己录制的视频，后来逐渐变成用户的资料存储库和作品发布场所。电子游戏吸取电影的虚拟现实形式，运用数码特效和数码动画等技术实现人机互动。最早的电子游戏是一款由示波器实现的互动式乒乓球游戏，1958 年由布鲁克黑文的物理学家威里·希金伯滕（Willy Higinbotham）所开发。电子游戏发展至今日，互动方式与呈现效果都具备了前所未有的丰富。2006 年，由任天堂公司所推出的家用游戏主机 Wii 号称"电视游戏的革命"，它拥有独特的控制器使用方法，可购买下载游戏软件、生活信息内容、连接网络等各项服务。用户使用其遥控器玩类似虚拟网球一类的游戏，能让人身临其境，感觉真的在进行网球运动。另一种更受年轻人欢迎的电子游戏形态是用软件在电脑上玩的游戏，有单机游戏和网络游戏（图 5.4.10）两种形式，能够实现个人冒险或与全世界各地的游戏玩家结盟或对抗。有评论家批评游戏会毁坏年轻人，令他们虚度光阴，而罗伯特·洛根却认为，新媒介的电子游戏因其互动性而有助于用户认知能力的发展，能够在掌握复杂的技术系统的同时锻炼用户数学、逻辑等技能。

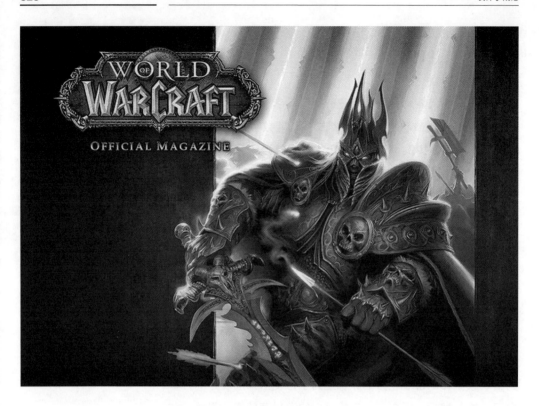

图 5.4.10　魔兽世界（World of Warcraft），经典网络游戏的代表之一

魔兽世界是由暴雪娱乐所制作，支持多人在线的角色扮演游戏（MMORPG, Massively multiplayer online role-playing game）。自 2004 年发布以来，魔兽世界一直是世界上规模最大，最受欢迎的 MMORPG，截至 2022 年，全球魔兽世界总玩家基数超 1.16 亿，每日玩家超 100 万。（数据来源：https://mmo-population.com/）

六、虚拟现实

　　虚拟现实（Virtual Reality，VR）是一种通过计算机模拟现实世界及人与现实世界的交互作用的仿真系统生成技术。虚拟现实的应用包括娱乐（尤其是电子游戏）、教育（如医疗或军事训练）、商业（如虚拟会议）、展览展示等。虚拟现实是当前全球最重要的视觉传播形式之一，沉浸（immersion）、交互（interaction）、想象（imagination）、人工（artificiality）、仿真（simulation）与遥现（telepresence）是其基本特征。其他不同类型的虚拟现实风格技术包括增强现实（Augmented Reality，AR）、混合现实（Mixed Reality，XR）等。

　　目前，以虚拟现实为代表的虚拟世界技术全面介入艺术展览设计领域。虚拟现实等技术在展览中的应用可让展品活起来，通过物理世界和数字世界的融合，实现真实与虚拟的相互转化，使观众不再受到地域、时间的限制，开启沉浸式的展览体验。北京

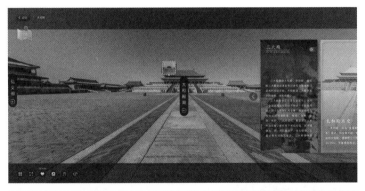

图 5.4.11　故宫博物院，虚拟展览项
　　　　　目"全景故宫"

故宫博物院开发的"全景故宫"虚拟
展览项目，涵盖故宫所有的开放区
域，可以实现网页端、手机端的多平
台全景浏览。其卓越的 VR 技术带来
的沉浸式体验，以及详尽的导览内
容，真正地实现了观众足不出户便可
遍览故宫博物院。（图片来源：https://
pano.dpm.org.cn/gugong_pano/
index.html）

故宫博物院、新加坡国家美术馆、佛罗伦萨乌菲兹美术馆、巴黎
卢浮宫、阿姆斯特丹国家博物馆等纷纷加入到互联网虚拟现实展
览的开拓上，先进科技成果与展览展示的结合与转化已较为普遍
地向大众呈现，如北京故宫博物院与 IBM 合作推出中国第一个
在互联网上展现重要历史文化景点的虚拟世界"超越时空的紫禁
城"（图 5.4.11）；卢浮宫与 HTC VIVE Arts、VR 工作室 Emissive
联手打造首个虚拟现实体验项目——《蒙娜丽莎：越界视野》
等。2019 年 12 月以来，全球受新型冠状病毒疫情影响，世界各
大博物馆、美术馆、展览会对虚拟现实展览的需求快速增长，虚
拟现实技术在展览策划与设计中扮演着愈加重要的角色。

　　除展览领域，2009 年，弗吉尼亚开展的经典雕塑数字化保存项
目（Digital Sculpture Project）开启了虚拟现实技术在文物修复中的应
用先河。之后，美国大都会博物馆在修复"亚当像"时遵循了"清
理→预处理→采集分析→对比分析"的路径，进一步证实了虚拟
现实技术应用于文物修复的可行性。

课后回顾

一、名词解释

1. 视觉传达设计
2. 视觉符号
3. 产品设计
4. 家具设计
5. 服饰设计
6. 纺织品设计
7. 交通工具设计
8. 环境设计
9. 公共艺术设计
10. 虚拟现实

二、思考题

1. 试简述视觉传达设计的要素。
2. 请简述视觉传达设计的类型。
3. 试简述产品设计的基本要求。
4. 试简述产品设计的分类。
5. 试简述环境设计的类型。

第六章

设计师

设计师雷蒙·罗维与斯图贝克（Studebaker）模型车，1946 年摄。

顾名思义，设计师是从事设计工作的人，是通过教育与经验，拥有设计的知识与理解力，以及设计的技能与技巧，而能成功地完成设计任务，并获得相应报酬的人。事实上，任何创造有形的或无形的器物、产品、流程、法律、图形、服务和体验的人，均可称其为设计师。

设计作品是设计师的作品，是设计师物质生产与精神生产相结合的一种社会产品。设计师是社会发展到一定历史时期以后，因为分工的需要和专职的可能而出现的一类脑力劳动者。在日常生活中，任何人都可能设想制作一些比现在使用的物品更实用、更经济、更美观的东西，诸如舒适的住所、便利的交通工具、美丽的城市环境等。但是，一般人由于欠缺设计的专业知识与技能，不具备设计创造的必要条件，只能用语言和文字来描述他们的设想，而不能将其视觉化、具体化，至少不能像专业设计师那样成功地做到这一点。因此，我们研究设计的有关问题时，很有必要对设计创造的主体——设计师进行一番全面而系统的考察。

第一节

设计师的历史演变

我们在第二章开头便说过：从最广泛的意义上来说，人类所有的生物性和社会性的原创活动都可以称为设计。因而广义上的第一个设计师，可以远溯到第一个敲砸石块、制作石器的人，即第一个"制造工具的人"（图6.1.1）。劳动创造了人，创造了设计，也创造了设计师。人类通过劳动设计着他的周围和人类自身，人类是这个星球上唯一的、伟大的设计师。

从"制造工具的人"到现代意义上的设计师，是一个漫长的、渐进的过程。我们还不能非常准确地判定在何时何地首先出现了专业设计师，只能在现有资料的基础上，勾勒出一条大概的演变线索。加上工业革命以前设计与美术、手工艺密不可分的"血缘"关系，艺术家与工匠曾是历史上主要的设计制作者，所以，我们也不可能撇开艺术家与工匠来探讨设计师的产生与发展。

一、工匠

距今七八千年前的原始社会末期，人类社会出现了第一次社会大分工，手工业从农业中分离出来，出现了专门从事手工艺生产的工匠（图6.1.2）。他们的辛勤劳动为人类社会提供了丰富实用的劳动工具与生活用具，推动着社会生产力不断地向前发展。在这个基础上，社会分工不断细化，为专业设计师的产生提供了必要的社会条件。另一方面，手工工匠在长期的生产实践中积累了丰富的设计制作知识与经验，又为专业设计师的产生提供了必要的物质技术条件。

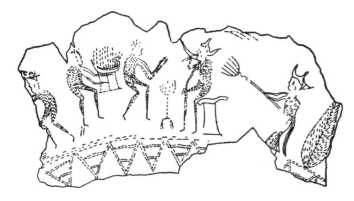

图 6.1.1　劳作图（线刻画像铜器残片），春秋晚期，江苏六合程桥出土

图 6.1.2　埃及工匠正在制作狮身人面金像，仿自底比斯一座墓室中的壁画，约公元前 1380 年

　　在中国的甲骨文和金文中，有形似斧头和矩尺的"工"字，一种解释称"其形如斤"（斤是砍木的工具），工指木工，泛指一切手工制作的人和事。一种解释称其"象人有规矩"，意指按一定规矩法度进行手工制作的人和事。我国最早有关百工及与制作技艺的著作《考工记》，开篇即谓："国有六职，百工与居一焉。……审曲面埶，以饬（治）五材，以辨（办）民器，谓之百工。"由此而知，"百工"在古代即为中国手工匠人以及手工行业的总称。其中从事"画缋（绘）之事"的画工，与"为笋虡"（笋

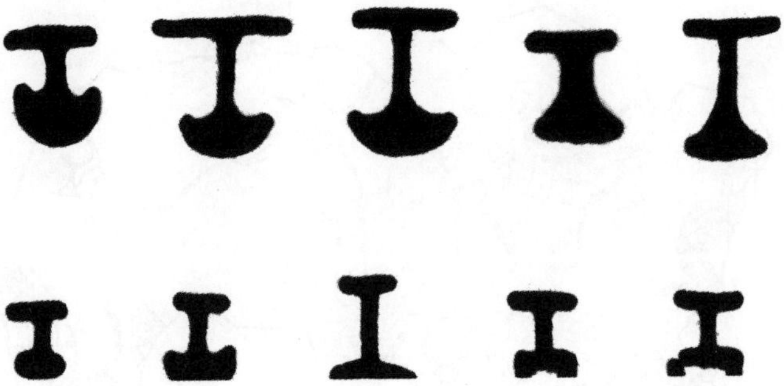

图 6.1.3 上: 金文"工"字; 下: 甲
骨文"工"字

虡是古代悬钟、磬等乐器的架)的"梓人"(即从事装饰雕刻的
工匠),均属"百工"之列,与其他工匠无异(图 6.1.3)。

中国古代自殷商开始,历代均有施行工官制度,在中央政府
中设置专门的机构和官吏,管理皇家各项工程的设计施工,或包
括其他手工业生产。周代设有司空,后世设有将作监、少府或工
部。至于主管具体工作的专职官吏,如在建筑方面,《考工记》
中称为匠人,唐朝称大匠,从事设计绘图及施工的称都料匠。专
业工匠一般世袭,被封建统治者编为世袭户籍,子孙不得转业。
《荀子》中就曾说:"工匠之子莫不继事。"比如清朝工部"样房"
的雷发达,一门七代,长期主持宫廷建筑的设计工作。在历来重
"道"轻"器"的中国封建社会,即使是宫廷御用的手工匠人,
地位也是比较低下的,虽然在明朝曾出现过少数工匠出身的工部
首脑人物,但那毕竟是极少之数(图 6.1.4)。

民间的工匠是从农民阶层中分化出来的行业群体,许多工匠
是流动人口,他们游走四方,见多识广,凭借一技之长谋生度
日。手工匠的技艺遍布各个生产生活领域,从事民间建筑和生产
工具设计制造的有木匠、铁匠、泥匠、瓦匠、石匠;从事日用品
设计制造和维修的有陶匠、竹匠、篾匠、铜匠、锡匠、焊匠;从
事服饰和日常生活服务业的有织匠、染匠、皮匠、银匠、鞋匠、
剃头匠;从事文化、信仰和娱乐业的有纸匠、画匠、吹匠、塑
匠、笔匠、影匠和乐器匠等。手工匠人有自己独特的行业特征。

图 6.1.4　北京故宫前三殿之保和殿，
　　　　　1420 年建成

比如祖师崇拜，鲁班是木匠、瓦匠、泥匠、石匠的祖师；铁匠、铜匠、银匠、锡匠的祖师是老君（李耳）；织匠的祖师是黄帝、嫘祖和黄道婆；染匠和画匠的祖师是葛洪……各行业都会在传统日期举行仪式，敬奉祖师。手工匠人还以师徒传承为基础，形成一定范围内比较固定的行业组织，对内论尊卑、讲诚信，对外论交情、讲义气，行业间有互惠往来的行业关系。各行的工匠组织均有自己的行业规矩、行业禁忌和行话，如"不得跨行"，"不得跳行"等。

嘉靖年间，木工出身的徐杲因在故宫前三殿的工程中的卓越贡献，被擢升为工部尚书。史籍载"三殿规制，宣德间再建后，诸将作皆莫省其旧，而匠官徐杲能以意料量，比落成，竟不失尺寸"。

中国古代工匠创造了辉煌灿烂的古代设计文化。在近代以前，中国的手工业一直在世界上遥遥领先。许多伟大的设计创造在公元 1 到 18 世纪期间先后传播到欧洲和其他地区，深受当地人们的喜爱，有的成为后来世界上先进设计与科技的先导。中国古代的手工匠人，堪称为世界手工设计时期杰出的"设计师"。

在古希腊，工匠行列中也包括画家和雕塑家，他们的地位一般来说是比较低下的，像雕刻家和普通的石匠之间就没有什么大的区别，两者都被称为石工。古希腊的手工艺人被权贵阶层，甚至诗人、学者们所看不起，亚里士多德称其为"卑陋的行当"。自由的工匠都组织有自己的同业行会，但由于家庭手工业不断地竞争和奴隶制的生产方式，导致许多自由的手工艺人降到非自由人的地位。在手工作坊中，自由人和奴隶一道工作，而且得到的报酬也都是相同的。公元前 850 年以后，希腊的政治制度传播到了意大利，又被罗马人广为推行。众多有技艺的手工艺人，即使当时已不是奴隶，而是获释奴隶——在众多人眼中依然被打上奴隶的标记，在罗马普遍滋长了一种对手工艺人的歧视。

随着社会的发展和手工技术的进步，手工行业自身内部的分工也越来越细致。在古希腊爱琴文化和米洛斯文化的中心克诺索斯，已经有宝石切割、象牙雕刻、彩釉陶制造、珠宝制作、银器制造以及石制容器制作工艺——几乎包括所有的奢侈品制作行业（图 6.1.5）。中国《考工记》中记载也有"攻木之工七，攻金之工六，攻皮之工五，设色之工五，刮摩之工五，搏埴之工二"共 6 种 30 项专业分工。在诸种手工业中，设计和制作还没有分离，到古罗马时期分工更趋精细，在制陶和建筑行业中首先有了设计分工的需要和专职的可能，出现了"观念和制作之间的分离"，即出现了脱离实际生产操作的最早的专业设计师。古罗马的制陶作坊由于采用了青铜翻模技术，实现了快速化、标准化、批量化的生产，产生了专门从事陶器造型与装饰设计的工匠设计师。建筑业由于其本身的复杂性、艰巨性，需要由很多不同专业的工匠和工人协作完成。为了保证稳固的质量，事前必须有个系统的计划，起初由众多工匠协商，最终集中在一个或少数几个熟悉建筑各种建造工序和善于整体计划的工匠身上。他们除了制订计划，还能测量、计算应力等，但已不再参与实际的施工建造，而成为专门的建筑设计师。古罗马的维特鲁威就是这么一位专门的建筑设计师，他的《建筑十书》，是现存世界上最早的建筑学著作，对后世建筑师影响深远。

中世纪时期，除了被宫廷、庄园或修道院雇佣服务的工匠以外，其他自由手工艺人大都在市镇里开设家庭式手工作坊，成

立"手艺行会"。行会的成员既是店主、作坊主,又是熟练的工匠,集设计、制作,甚至销售于一身,通常还雇有学徒和帮工。当时的封建贵族妇女中也有不少灵巧的工艺师,她们通常是因为消遣或恪守妇道的缘故。例如著名的"巴约挂毯"的设计制作就与"诺曼征服"者威廉的妻子玛希尔达密切相关。另外,修道院里的僧侣也不乏能工巧匠,堪称早期书籍装帧杰作的《林迪斯法恩福音书》的设计者就是林迪斯法恩的主教伊德弗雷兹(图6.1.6)。

中世纪的欧洲经历了始于 13 世纪的工业技术革命,多种纺织机械被发明和使用,加快了纺织业的发展,出现了专门的纺织设计师。在 14 世纪,一个纺织设计师获得的报酬要比一个纺织工多很多。不过,中世纪的工匠与艺术家仍然在"同一阵线",艺术家是工匠行会的成员,由于缺乏理论基础,他们的工作都被排斥在作为人文教育科目的"七艺"之外。

图 6.1.5 希腊雕塑家在工作,希腊化时代的宝石,公元前 1 世纪

图 6.1.6 马太福音的开始页,选自《林迪斯法恩福音书》,7 世纪末—8 世纪初,伦敦大英图书馆藏

二、美术家兼设计师

文艺复兴时期，工艺和艺术在观念上有了区分，艺术家作为学者和科学家的观念产生了，"艺术家终于获得了自由"。瓦萨里的《名人传》中便记载了不少著名的艺术家，如吉贝尔蒂（Lorenzo Ghiberti，1378—1455）、韦罗基奥（Andrea del Verroechio，1435—1488）、波提切利（Sandro Botticelli，1445—1510）等都是从工匠作坊中开始他们的艺术生涯。切利尼的《自传》则详细记述了他从普通工匠发展成为艺术家的不平凡经历。

16世纪前在意大利和德国从事设计和装饰的主要是金匠（goldsmith）、画家和版刻家（engraver）。波利约洛（Antonio Polliauolo，1429—1498）、丢勒和荷尔拜因是其中的代表性人物。大约1530年以后，画家、雕刻家和建筑师成为新的主要的设计力量，拉斐尔、罗马诺（Giulio Romano，1499—1546）、米开朗琪罗和瓦萨里是其中的佼佼者。他们的影响非常深远，并不只是因为他们自己从事设计，而是因为他们为了满足大客户的需要而培养训练了专门的设计师，并成立了多个固定的行会组织，从而为其他地方设计师的组织与教育提供了模式（图6.1.7）。当斯特拉（Jacopo Strada，1507—1588）在罗马诺的作坊，乌迪内（Giovani da Udine，1487—1564）在拉斐尔和米开朗琪罗的作坊工作过以后，他们游历到别的地方，不只传播了他们新的设计样式，也传播了这种新的组织与教育方式。

从17世纪路易十四时期的皇家家具制造厂总监勒布伦（Charles Le Brun，1619—1690）及其同事的挂毯设计，我们可以比较清楚地了解当时的设计过程：勒布伦完成整体设计的初稿以后，交给擅长花边、动物、花草图案的设计师做细部设计，再到第三级工匠更机械性地将整幅设计准备好供织造。

到了18世纪，建筑师在设计领域比画家和雕塑家更加活跃，不少画家或工匠转行成为建筑师和设计师。著名的有意大利的布伦纳（Vincenzo Brenna，1747—1820）和丹麦的阿比尔高

（Nicolai Abildgaard，1743—1809）等。在英国，著名的奇彭代尔家具厂生产了大量由建筑师罗伯特·亚当（Robert Adam，1728—1792）设计的家具。在采用机械实现工厂批量化生产的韦奇伍德陶瓷厂（Wedgwood's），受聘工作的模型设计师成为最早的工业设计师。必须指出的是：此时设计师的职业身份还并不是唯一的，也不是永久性的。然而，不论谁在设计领域独领风骚，他们的存在无疑都会推动新型设计师职业的发展。1735年，英国的荷加斯在伦敦的圣马丁路（St. Martin's Lane）成立了一个设计学校，该校被视作皇家学院的前身。1753年，法国的巴舍利耶（J. Bachelier，1724—1806）在万塞纳瓷厂（Vincennes）为学徒成立了设计学校。这些非官方或半官方的设计学校的出现，使新的设计教育方法得以在缺乏正规设计教育机构的中心地区和那些意识到传统手工艺教育训练的不足的工匠之间传播开来，并由此加快了设计师的职业化过程。在此之前，虽然在一些老的工业部门，如制陶、纺织等，已经出现了专业的设计师，但是只有在工业革命之后，随着机器被广泛采用，在大多数的生产部门实现了批量化、标准化、工厂化的生产，加之商业竞争日益加剧，生产经营者意识到设计对扩大销售的重要作用，专

图 6.1.7　拉斐尔作坊的成员正在凉廊上涂灰泥、作画、装饰，灰泥浮雕，约 1568 年

业设计师才得以在社会生产各部门普及开来。当然，其间也经历了一个很不平坦的过程，在轰轰烈烈的设计改革与现代化运动中，设计名师辈出，开创了设计的新纪元。

三、专业设计师

1851 年的"水晶宫"博览会之后，英国的莫里斯为自己的商行进行"美术加技术"的工艺设计，倡导了"艺术与工艺运动"，因此被誉为"现代设计之父"。科班出身的德雷瑟是第一批自觉扮演工业设计师角色的设计师。德意志制造联盟实现了与工业的紧密结合。其中，贝伦斯作为最早的驻厂工业设计师之一，不但设计成就非凡，而且带出了格罗皮乌斯、密斯·凡·德·罗、勒·柯布西耶等现代设计运动的巨子（图6.1.8—图 6.1.9）。1915 年，英国成立了设计与工业协会，最早实行了工业设计师登记制度，使工业设计职业化，并确立了工业设计师的社会地位。1919 年，美国工业设计师西内尔（Joseph Sinel，1889—1975）首先开设了自己的设计事务所。

第二次世界大战以后，社会、经济与技术的飞速发展，为设计师提供了大显身手的机会。1949 年，美国设计师雷蒙·罗维上了《时代》周刊的封面，被誉为"走在销售曲线前面的人"（图6.1.10）。设计师的作用与价值得到社会的普遍承认。同时，设计师的工作也变得越来越复杂，需要更多不同专业人士的支持与配合。像 1930 年代的美国设计师那样一人包打天下的时代已经过去，更多的设计师成为企业机器中的一个"齿轮"。当然也还有极少数的设计师独立到只愿做自己喜欢的设计，他们的客户主要是极富阶层、收藏家或博物馆。

在北美和西欧的英国、德国和荷兰等国家，设计师的工作更多地被认为是科学性和研究性的工作。德国乌尔姆设计学院以数学、社会学、人机工程学、经济学等课程取代了艺术课程；美国设计师蒂格在为波音 707 作室内设计时，需要用与飞机等大的

图 6.1.8 贝伦斯，AEG 涡轮机厂，
1908—1909 年

图 6.1.9 贝伦斯，1.25L、1.0L 和
0.75L 的电热水壶，1909 年
贝伦斯是德国著名的通用电力公司
（AEG）的工业设计师，他不仅为
AEG 设计了诸多工业产品，更为车
间这种建筑类型提供了可资借鉴的模
式，包括格罗皮乌斯等人在之后的建
筑设计上都或多或少地受其影响。

模型进行多次"假想飞行"以测试各种设计效果；英国皇家艺术
学院成立了专门的设计研究机构，对设计进行科学性的研究。

　　在意大利，设计师却更多地被当成"艺术家"来看待
（图 6.1.11）。诚如后现代主义产品设计大师索特萨斯（Ettore
Sottsass，1917—2007）所言："设计对我来说，是一种探讨性

图 6.1.10 《时代》周刊封面人物——
　　　　设计师雷蒙·罗维，1949
　　　　年 10 月 31 日

图 6.1.11 索特萨斯，"Carlton" 房间
　　　　隔屏，1981 年，孟菲斯生产
意大利七八十年代的设计师，大多活
跃于工作室与博物馆之间。此作品以
塑料层压板制成，色彩鲜艳，基座上
有电脑绘制的图案。索特萨斯使其功
能性得以模糊，旨在打破人们对功能
的习惯性认识，它可作房间隔屏，也
可作酒柜或书架，甚至也是一件独立
的艺术品。

的生活方式，它是探讨社会、政治、情欲和食物的生活方式，甚
至是一种建立可见的乌托邦或隐喻世界的生活方式。"在意大利，
设计师的职业比在其他任何地方都要热门，这里的气氛热烈、开
放、丰富多彩、不墨守成规，他们有更多的自由去创造、去试
验。部分原因是他们通常一开始就被当作是一个建筑师，甚至是
一个独立的艺术家来训练，部分原因是这里有着激进的先锋设计
运动。

　　在法国，设计师的境况比较尴尬。1987 年全法国只有约
300 名工业设计师。在 1983 年纯化法语的运动中，design 被禁
用，取而代之一个词义不当的 la stylique（风格化）。这使法国
设计师倍感委屈，因为他们的工作不应被认为仅仅是决定包装的
色彩而已。事实上除了时装、雪铁龙汽车和一些厨房电器以外，
法国在高品质消费品上的优秀设计之稀少，确实让人感到奇怪。

　　在北欧的丹麦、瑞典和芬兰等斯堪的纳维亚国家，以工艺和装饰美术为基础的设计教育，曾使他们的设计师在 20 世纪的五六十年代获得了巨大的国际声誉。1970 年代末起，设计师转向高科技产品的设计，工业设计师的教育也从工艺与装饰美术教育中分离出来。

日本在 20 世纪的 50—60 年代曾有"劣质货的大生产者"的坏名声。1970 年代后，善于学习的日本设计师很快就让他们的欧美同行们刮目相看，一跃成为国际设计界的后起之秀，但在设计思想上，他们还是受西方的支配。日本的设计师大都是"公司人"，在公众眼里犹如"无名氏"，自由设计师的重要性远不及入企业里的设计师。虽然新一代设计师，特别是留学欧美归来的年轻设计师开始有更多自由的创造精神，但仍然是服从公司的"无名性"需要才被认为是正统。

设计发展到今天，设计师在更关注、发掘人们真实需要的同时，已不再只是消费者趣味与消费潮流的消极追随者，而是向更积极的消费趣味引导者、潮流开创者的方向转变。设计师的角色，也不再仅仅停留在商品"促销者"的层次，而是向文化型、智慧型、管理型的高层次发展。设计师已成为科技、消费、环境以至整个社会发展的主要推动力量。在未来的年代，通过哪些方式和途径，设计师可以在单纯的促进销售以外发挥更积极、更有创造性、管理性的社会作用？这是英国伦敦大学设立的硕士学位"设计未来"专业正在研究探讨的问题，也是每一位 21 世纪的设计师或设计专业学生需要加以思考的问题。

第二节

设计师的类型

设计的领域很广，有多种不同的分类方法。与之相应，设计师的分类方法也有多种。在古代手工艺时期，工匠一般按工作内容与性质的不同进行分类。如《考工记》所载的"百工"分为攻木之工，攻金之工，攻皮之工，设色之工，刮摩之工和搏埴之工。随着社会分工的细化，工匠的专业划分也日趋细致。比如《考工记》所载制作陶瓷器的工匠仅有"陶人"和"旊人"两类，而到18世纪法国万塞纳瓷厂时期，仅一只精致的餐盘制作，就必须经过至少八个工匠之手才能完成。这些工匠包括模型工、整修工、画釉工、底色画工、花卉画工、徽章画工、镀金工和抛光工。现代设计初期，设计师涉及的设计领域较广，可能既从事产品设计，又从事平面设计；既从事建筑设计，又从事室内设计，专业分工并不十分明显，像贝伦斯、格罗皮乌斯、罗维等，都从事过多种领域的设计。

随着设计的发展，设计师的专业分工越来越细致。如果按工作内容性质划分，大致可以分为视觉传达设计师、产品设计师和环境设计师三大类，每类下面还有更细的划分；按从业方式的不同，大致可以分为驻厂设计师、自由设计师和业余设计师三类；按设计作品空间形式的不同，还可分为平面设计师、三维立体设计师和四维设计师。这三种划分的方法都是横向划分的方法，从纵向的角度，在一个系统设计中，按照工作内容与职责的不同，大体可以分为总设计师、主管设计师、设计师和助理设计师四个层次。此外，还可以根据设计师的专长分为总体策划型、分项主持型、理论指导型、技术设计型、艺术设计型、技术研制型、艺术表现型、综合型、辅助型和教育型等。

一、横向的分类

视觉传达设计师，或称视觉设计师，即从事视觉传达设计的设计师。他的工作任务是设计、选择、编排最佳的视觉符号以充分、准确、快速地传达所要传达的信息。最早在 1922 年，著名书籍设计师德威金斯（William Addison Dwiggins，1880—1956）首先提出了"视觉传达设计师"这一名称（图 6.2.1）。从远古欧非大陆洞窟里的岩画，古埃及和中国的象形文字，古罗马庞贝古城墙面上的商标、路牌广告遗迹，中世纪手抄本的彩饰，19 丗纪末的招贴画，到当代利用电脑多媒体及桌面出版系统进行的各类视觉设计，视觉设计师的设计工具、材料与技术都已经历了多次革命性的进步，设计的领域也得到空前的扩展。视觉传达设计这一术语已不再局限于传统的平面视觉媒介的设计语言，凡是主要或部分依靠视觉以二维影像呈现的设计，都是视觉传达设计师的职业范畴。根据设计领域的不同，视觉设计师还可细分为广告设计师、招贴设计师、包装设计师、书籍装帧设计师、标志设计师、影视设计师、动画片设计师、展示设计师、舞台设计师等。

产品设计师，即从事产品设计的设计师。他的工作职责和目标是设计最符合客户群需求的产品，并使其实现标准化批量生产。其历史可远溯到第一个"制造工具的人"。手工时代的工匠通常集设计、制作和销售于一身，为人们设计并提供日常生活的所需。现代工业设计扩展到"从口红到机车"的广阔领域，使人类的物质文化达到前所未有的丰富程度。根据生产手段的不同，产品设计师可分为工业设计师和手工艺设计师，前者是以批量生产为前提，后者是以单件制作为前提。就现代设计而言，产品设计师所覆盖的工作范围也非限于器具产品的设计生产，产品设计与多学科、职业之间的交叉成为产品设计未来的发展趋势。因此，如今的产品设计师必然要与诸如建筑学、史学、社会学、心理学、经济学、材料学等学科之间建立良好的合作关系。根据设

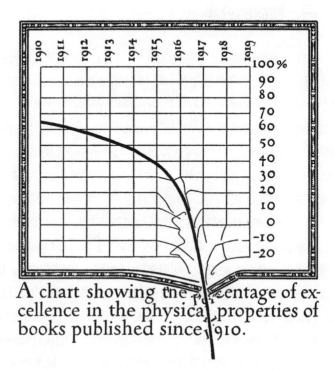

A chart showing the percentage of excellence in the physical properties of books published since 1910.

**图 6.2.1　德威金斯设计的书籍插图，
　　　　1919 年**

德威金斯用这样一个滑稽的曲线图来
表达他在印刷标准上的主张。

计领域的不同，产品设计师也可细分为工业设计师、家具设计
师、服装设计师、纺织品设计师、工艺设计师、珠宝设计师等。

　　环境设计师，即从事环境设计的设计师。创造完整、美好、
舒适宜人的活动空间是他的工作职责。从筑巢而居到摩天大楼，
从"有巢氏"到当代环境设计师，人类对生存空间环境的设计探
索从来就没有停止过。不同的社会历史文化、审美理想与生活
方式决定着环境设计师的设计思想："为了来世"的信仰造就了
古埃及壮观的金字塔；"爱美的"希腊人将柱子设计成充满阳刚
之美与优雅之美的人体造型；"宏伟即罗马"的城市与建筑遗迹
至今让人震撼；而指向"上帝之国"的中世纪哥特教堂则令人肃
穆；"住宅是居住的机器"的思想则使现代都市到处充斥着冷冰
冰的"方盒子"建筑。中国古典园林是中国环境设计师环境意识

的理想表现，像中国画一样，利用散点透视手法，将有限的空间经营得曲折迂回，令人有"一步一景"和"柳暗花明又一村"之感。如今，设计师的职责不仅仅是设计人类需要的器物与对象，还有义务对人类社会和自然环境的可持续发展负责。1992 年的"21 世纪议程"（Agenda 21）指出，设计师应直面人类所面临的经济与环境可持续发展的挑战。根据设计领域的不同，环境设计师还可细分为建筑设计师、室内设计师、室外设计师、园林设计师、城市规划设计师和公共艺术设计师等。

驻厂设计师，或称企业设计师，是指在工厂企业内专门从事产品设计、视觉设计及环境设计等工作的专业设计师。现代大中型企业一般都成立设计部门，集中内部设计师进行设计工作。没有设计部门的小企业也可能有少数设计师分属生产、管理或销售部门进行设计工作。驻厂设计师一般具有明确的专业范围，容易成为本专业内的专家。聘用驻厂设计师有利于企业新产品开发的保密，有利于企业提高产品设计专业水平与产品开发的深度，提高企业的市场竞争力。1927 年，哈利·厄尔和他的团队仅用 3个月的时间便设计出了凯迪拉克 LaSalle 车型，它被认为是艺术家而非工程师设计的经典汽车，也是第一辆从前保险杠到尾灯都由设计师设计的汽车（图 6.2.2）。被誉为"汽车设计之父"的厄尔，无疑是通用汽车公司最为成功的企业设计师，在他担任通用企业设计师期间，通用公司共卖出 3500 万辆汽车。

自由设计师，又称独立设计师，是指以群体或个体的形式创立职业性的设计公司、事务所或工作室，以及受雇于此类机构的专业设计师，属于自由职业者。自由设计师体制兴起于 20世纪 20 年代的美国，第二次世界大战后盛行于欧美各国。西内尔、蒂格、罗维、德雷夫斯等是第一批开设私人设计事务所的著名设计师。近年来港台地区涌现的 SOHO（Small office, Home office）族，和大陆部分城市出现的个人设计工作室均属这一类，并呈现出发展的趋势。自由设计师接受企业或个人的委托进行产品设计、视觉设计或环境设计工作，并依此收取相应的设计报

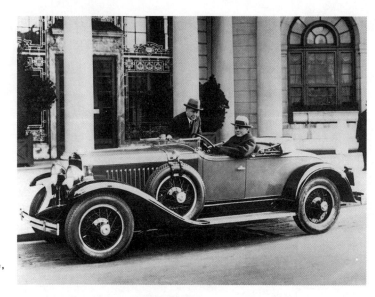

图 6.2.2　厄尔与凯迪拉克 LaSalle，
　　　　 1927 年

图 6.2.3　清水优子（Yuko Shi-
　　　　 mizu），HELLO KITTY，
　　　　 1974 年

清水优子是日本动漫形象 Hello Kitty
的创始人。毕业于武藏野美术大学
的清水优子，于 1974 年在三丽鸥
（Sanrio）设计了 Hello Kitty。两年后
她离开了三丽鸥，作为一名自由设计
师从业至今。

酬。一个国家设计创新水平的高低，通常取决于其自由设计师力量的强弱。但是，自由设计师在获得高度自由的同时，需要面对巨大的业务、财务、法律等诸多方面的压力，所以，自由设计师所需的职业素养同样是最全面而复杂的（图 6.2.3）。还有一些大中型企业集团设有相对独立的设计公司或事务所。他们首先完成本集团的设计任务，类似驻厂设计师，此外还可以在市场上承接各种设计业务，又似自由设计师，介于两者之间。

业余设计师是指在正式职业以外，以设计作为自己兴趣爱好或获取经济效益手段而进行设计工作的设计师。其中尤以艺术与设计院校的教师以及画家、雕塑家等居多。有的甚至开设设计公司或事务所，像自由设计师一样从事商业设计活动。有的还从事设计理论研究，成为具有相当设计实力与学术水准的特殊的一类设计师。

二、纵向的分类

从纵向看，无论是视觉设计、产品设计还是环境设计，都有可能是一项庞杂的系统设计工程。例如一套企业 CI 设计，一辆新车型的设计或一个宾馆的室内设计等。任何这种复杂的设计工作通常都不是一个设计师所能单独完成的，而是需要一个设计的群体联手合作，共同完成。在这样一个群体里，每个设计师的工作内容、所负职责和素质要求等各不相同，我们可以大体将其分为四个层次。

第一层次是总设计师，通常同时负责一个或一个以上的设计项目，主持或组织制定每一设计项目的总方案，确定设计的总目标、总计划、总基调，界定设计的总体要求和限制。总设计师直接对设计委托方负责，对外协调与设计委托方、投资方、实施方及国家机构等各方面的关系，对内组织指导各项设计方案的实施。总设计师要求具备很高的综合素质和很强的组织管理能力，善于协调各种关系；具有透视复杂问题和整体洞察局部的眼光，善于发现问题、抓住问题要害并加以妥善解决；具有广博的知识面，熟悉掌握企业经营管理、设计学、系统论、创造学、心理学及国家有关政策法规等多方面的知识，对企业的发展战略与策略有建设性的见解。此外，总设计师尚需有谦虚民主的工作作风，不独断孤行，善于听取各方面的意见，让设计师发挥各自最大的潜能。总设计师是无法直接由学校培养出来的，只有工作多年、具有丰富的设计经验与社会经验的设计师、策划师或研究工程师

图 6.2.4 SOM 事务所，主要由建筑师戈登·邦沙夫特主持，利华大厦，美国纽约，1951—1952 年

戈登·邦沙夫特（Gordon Bunshaft，1909—1990），美国建筑师，SOM 事务所合伙人。第 10 届普里兹克建筑奖获得者。主持设计了纽约市的第一座玻璃墙面的利华大厦，对美国建筑产生了很大影响。

才能胜任（图 6.2.4）。

第二层次是主管设计师，或称主任设计师，是指负责某一具体设计项目的设计师。主管设计师对总设计师负责，理解和贯彻总设计师的策略意图，组织制定该项目的总方案并安排分部实施。主管设计师要求有较高的综合素质、较强的策划组织能力与丰富的设计经验，善于解决设计过程中的难点问题，对各种设计方案有分析、判断与改进的能力。

　　第三层次是设计师，负责设计项目中某一部分的设计工作，如企业 CI 中的 VI 设计，一辆车型的内体设计或宾馆首层的大堂设计等。设计师对主管设计师负责，协助主管设计师制定该设计项目的整体方案、策略，负责组织实施其中某一部分的设计制作。设计师要求具有较强的设计创意与表达能力，能独立提出设计方案，具有一定的问题解决能力。

　　第四层次是助理设计师，主要是协助设计师完成其负责部分的设计制作。助理设计师应有一定的设计表达能力与较强的制作能力，能够理解实施设计师的创意构思，能操作电脑，将创意草图做成正稿，能绘制工程图，会收集设计资料等，有时还需要做些设计过程中的杂务工作。

　　四个层次的设计师虽然工作内容不同，但是在地位上是平等的，是团结协作的关系。不同层次设计师在教育与经验、知识与能力诸方面，既有相同点，也有不同之处。首先相同的是都有与设计相关的知识与能力，只是广度和深度不同。第一、第二层次的设计师更有经验，更有广博的知识面，更能处理各类问题和关系，更有总体把握、局部控制的能力。第三、第四层次的设计师也有自己的长处，例如独到的创意、熟练的技巧、精到的制作能力等。在一个设计群体里，每个设计师都必须各有所长，没有所长，也就没有了存在的位置。对一个主管设计师来说，升为总设计师的条件，更多是依靠他工作经验与社会经验的更趋丰富，公共关系与组织协调能力的更趋圆熟。而对一个设计师来说，要成为主管设计师，主要取决于他的设计才能的进一步成熟和设计经验的进一步丰富，以及是否具备良好的组织协调能力。对一个助理设计师来说，升为一名设计师的条件，首先取决于他的设计创意与表达能力是否已达到相当的水平。

　　在规模不同的设计机构，设计师层次划分情况也不相同，规模大则划分清楚，规模小则划分模糊、简化。在不同类型的设计机构里，设计师的层次划分情况也不尽一致。如在室内设计公司，设计师人员结构通常呈金字塔型，具体设计制作工作量也呈金字塔型。而在工业设计公司，上层的设计师比下层的设计师更多地参与完成实际的设计工作，这与室内设计公司刚好相反。在视觉设计公司里，通常不设总设计师而设创作总监，许多创作总监不一定是设计师，而是文案策划出身，这也反映了视觉设计对人文学科的倚重。在视觉设计公司里，第二和第三层次的设计师划分比较模糊，甚至合二为一。随着视觉设计的电脑化程度越来越高，重新又出现了设计师开始"一人包打天下"的现象，少数视觉设计师，脱离原属设计机构，自己成立个人设计工作室，一身兼做四层设计师的工作。

外界环境的变化也会影响设计师的层次构成。在设计市场一片萧条的时期，下层设计师往往被精简，上层设计师也不得不"深入基层"，做更多简单琐碎的设计制作工作。而在设计市场一片繁荣的时期，连助理设计师也可能"连升三级"，独立承接和完成较简单的设计任务。

通过以上从纵横方向对设计师进行简要的分类、分层阐述，我们可以对设计师有初步立体的了解。当然，这些分类都是相对的，像设计的分类一样，常常存在交叉和重叠的地方。任何一类设计师都可能既从事这类设计工作，又从事另一类设计工作，某一层次的设计师也可以上升到另一更高的层次。例如雷蒙·罗维的设计，就涉及从"可口可乐"到"阿波罗"飞船的广阔领域，多数总设计师最初都是由助理设计师做起的。严格区分设计师属于哪一类型并没有太大的意义，我们要以全面的、运动的眼光考察设计师。设计师也应根据自身的特点与社会的需求，进行调整、适应、创新，寻找最佳的专业定位与发展方向。

第三节

设计师的从业指南

设计生产是精神生产与物质生产相结合的非常特殊的社会生产部门，它不同于科学研究，也不同于纯艺术创造，设计创造是以综合为手段，以创新为目标的高级、复杂的脑力劳动过程。作为设计创造主体的设计师，必须具备多方面的知识与技能。这些知识与技能，以适应多元发展的市场变化。然而，无论是何种类型的设计师，在具备一定的专业知识技能走出校园之后，如何能够快速而高效地适应职场的需求，成功转型为一名合格的职业设计师，则需要掌握更多方面、更专业的知识与技能。

从制造原始工具开始，人类发展并积累了丰富的设计制造知识技能。《考工记》记载"百工"须能"审曲面埶，以饬五材"才能"以辨民器"，书中除了记述各类工匠不同的技术知识以外，还含有丰富的物理学、化学、生物学、天文学、数学、度量衡和生产管理的知识。中世纪的手工匠人都是在作坊中积累师徒传承下来经验性的手工技术。由于行会制度的约束，工匠还不能学习、从事其他专业工匠的职业技术，例如小刀的设计制作分为刀片匠、刀具匠和刀鞘匠，分别制作刀刃、刀柄、刀鞘，而不能有所跨越，知识技能相当狭窄。包豪斯以前的设计学校，偏重艺术技能的传授，如英国皇家艺术学院前身的设计学校，设有形态、色彩和装饰三类课程，培养出的大多数是艺术家而仅有极少数是艺术型的设计师。包豪斯为了适应现代社会对设计师的要求，建立了"艺术与技术新联合"的现代设计教育体系，开创了类似三大构成的基础课、工艺技术课、专业设计课、理论课及与建筑有关的工程课等现代设计教育课程，培养出大批既有美术技能，又有科技应用知识技能的现代设计师。时至今日，社会的发展对设计师提出了更新的要求，科技的进步也为设计师提供了更新的设计技能与手段。那么，对于已有一技傍身的职业设计师而言，想要顺利从业、实现盈利，应注意哪些方面？

一、从业准备

设计师的出现本是社会化大分工的产物，随着社会分工的不断细化，设计师的类型也不断地趋于专业化。但是，无论何种类型的设计师都需要顺利地实现从学徒或学生到设计师之间角色的转化，而这种转化是设计师从业所必须经历的过程。

首先，作为一名准设计师，在从业前应该掌握一些基本的工作能力。每一个设计师在从业前都属于学徒或学生的身份，而从学校习得的知识和技能往往是宽泛而有限的。对于具体的商业市场而言，这些知识需要重新整合，而技能需要适应特定的业务需求。这就需要我们在以下方面作出努力：

（1）对将要从事的工作充满信心和热情。设计师初入职场的工作很有可能是辛苦而乏味的，这时保持学习的热情和信心对于设计师顺利转型，实现角色的职业化、商业化非常重要。

（2）客观地评估自己的设计技术水平（以有经验的职业设计师的评价为主要标准）。一位行业前辈和导师所提供的建议，对每个初入职场的人来说都是十分重要的。在评估自己的设计水平时，可以按照掌握不同设计软件的熟练度来量化自己的技术水平，并列举自己独立或参与完成的代表作品和项目，制作出比较完整的个人简历。

（3）要具备聆听、提问、社交和接受批评的能力。设计是一种团队性的工作，也是一种服务性的工作，所以沟通与合作的能力同样重要。

（4）具备一定的营销技巧，能够客观地评价自己和他人的设计作品。设计师不仅是产品的创造者或改造者，更是自己和产品的推销员。

图 6.3.1 格罗皮乌斯与默奥里-纳吉共同编辑出版的十四部包豪斯丛书

（5）具备一定的写作能力，可以将自己的想法准确地转化为书面语言。

（6）具备"读懂"客户需求的能力，为其定制个性化的服务。

（7）可以合理地安排工作计划，具备区分优先次序的能力。

（8）了解商业贸易的工作形式和交流形式。

针对以上多个方面进行努力，最重要的是要了解进而有针对性地提升自己的工作能力。但是，没有人能完全具备上述属性，这就需要我们在走出校门后通过继续教育的方式进行职业能力的提升，而网络课程、成人教育、经验丰富的职业设计师、专业书

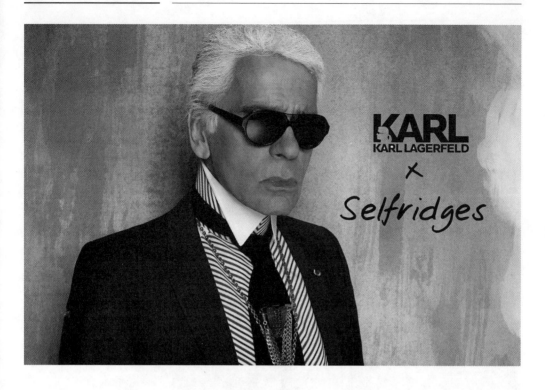

图 6.3.2 被誉为"时装界的凯撒大帝"的卡尔·拉格斐(Karl Lagerfeld, 1933—2019)

卡尔·拉格斐是香奈儿和芬迪两大品牌的首席设计师,他被视为公认的全才设计师。拉格斐的身份除了时装设计师外,还有着多重的社会身份:艺术家、摄影师、出版商、电视嘉宾、作家等,而且都是个中翘楚。除设计时装外,他还设计配饰、香水、戏装、芭比娃娃服装,甚至可口可乐瓶子和泰迪熊。他曾精选一些音乐曲目,制作成 CD《我最喜欢的歌》发行。他还曾出版由他亲自绘制插图的安徒生童话。

刊等都是设计师从业前有效提升工作能力的途径。

其次,优秀的设计师既是拥有广博知识的全才,也是擅长某个专业领域的专才。设计是一个创造性的工作,设计师所要设计的产品,可能会涉及诸多学科的知识(图 6.3.2)。这就要求设计师应该具备较强的学习能力,他需要快速掌握当前业务的学科常识。因此,一个经验丰富的设计师往往具有非常广博的知识面,他们在大量的业务实践中不断扩大自己的知识量。随着现代设计的不断发展,学科与学科之间的界限也日渐模糊,学科间的交叉成为必然。而设计行业的发展已不可能再如中世纪行会一般保守,现代设计师所需的知识也再不能由某一本或几本工匠手册所涵盖。然而,每个人都有自己的局限性,也有其独特的个人风格,每一个设计师都有自己专擅的领域,优秀的设计师同时也是一个专才。如今,很少有人单靠做一件(种)事来谋生,而全才的职业设计师也不可能完全依靠自己的知识面来解决所有业务问题。这就需要进行必要的合作,与不同专业的专家合作,与不同类型的设计师合作。这样才能用自己的专长在最大程度上为不同类型的客户服务。

再次，每一个设计师都需要一份职业规划，它可以让你明确自己的目标，以及追踪实现目标的轨迹。最基本的职业规划应包括：

（1）工作内容：确定业务方向和工作分工。

（2）工作目标：确定短期和长期的业务目标，自由设计师还需确定财务目标。这些目标需具体、可行、可评价，并且时间节点明确，从而清晰地呈现您的规划。

（3）工作策略：也就是实现上述目标的策略。

最后，每一个初入职场的年轻设计师都需要一位导师。他可以是一位大学教授，可以是某个艺术家或设计师协会的行家，亦或者是一个资深的同行专家。总之，一个导师可以为你提供商业与实践的建议，可能比通过读书自学或课堂学习得来的知识更为直接而有效。

二、财务问题

对于设计师而言，财务无疑是个棘手的问题。虽然企业设计师可以将财务交由财务部门来处理，但他们却也受制于此，很难实现财务自由。然而，这个问题对于自由设计师和业余设计师而言，则是不得不单独应对的。在设计业务实际开展过程中，虽然都会下意识地规划收支，但现金往来往往是无规律且难以预料的。尽管如此，我们仍可以通过很多方法来减少这种担忧。如果你可以提前做好财务保障的计划，一些突发事件（诸如工作困境、客户拒不付款等）就不会对你的业务或工作热情造成致命打击。

1. 核算成本

设计师和客户之间的理想状态是双方能够互惠互利，实现双赢。客户对设计成果满意，并且可以利用该设计实现预期的计划，而设计师也实现了预期的效益，甚至是额外的效益。然而，设计师想要实现双赢，就必须做好可持续发展的规划。其中最重要的规划就是做好财务预算，它包括以下内容：

（1）经费，包括办公室租金；必要的办公用品；办公硬件和软件的采购和升级费用；通讯费；继续教育或培训的费用；计划外的停工，特别是由于设备问题导致的停工；计划内的停工，例如假期；保险费；安全费用；宣传费；专业会员资格费；以及业务所特别需要的其他费用。

（2）纳税（图6.3.3），销售和收入时缴纳的营业税、增值税和个人所得税等有可能发生的税费。

（3）定期的外部援助服务，例如法律或会计的帮助。

（4）如果是自由设计师或业余设计师还应考虑自己的工资问题。

2. 收费方式

一般来说，最常见的收费方式包括三种：按小时收费、按天收费、按项目收费。每种方式都有各自的优缺点，但都需根据每个工作具体的要求和特点进行收费。

（1）按小时收费：

采用这种收费方式的项目应足够简单，可以准确地估算出最后的结果和完成的时间。客户希望在一定程度上参与该项目，按小时收费可有助于控制所花费的时间，以节约项目成本。此外，客户的会计制度会要求设计师提供时间量和每小时的费用。对于需要大量草图、研究、会议商榷和前期准备工作的项目，这种方式可有效地保障客户与设计师的权益。但是，这种方式适合并未确定解决方案且不确定项目发展方向的客户。实践证明，按小时收费可让客户和你的交易更加高效，例如，有效控制项目工作量，更好地准备项目资料等。

（2）按天收费：

按天收费是在按小时收费基础上改进的结果。对于重复性的

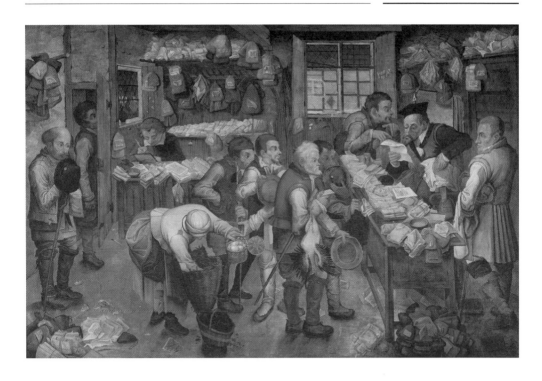

项目或任何一个你已经非常熟悉而且用一两天时间足以完成的工作，采用按天收费很理想。当设计师被邀请至客户的办公室工作的时候使用日薪同样很合理。

（3）按项目收费：

对于你之前做过类似的项目，并且知道这个项目所耗费的大致时间，可以通过计时工资推算出固定的费用。针对这种情况，设计师一般采用按项目收费。如果是一个长期项目，可将项目分成不同的阶段，按照相应的阶段来收费。当客户与设计师合作比较有经验时，就会知道做这样的一个项目所需的资金。另一方面，当一个客户对设计或设计师几乎毫无经验的时候，按项目收费也是合理的。

另外，如果选择按项目收费，就要让客户将关注点放在最终的结果上，而不是工作所花费的时间上。但设计师应设定一个设计完成后的工作时限，在这个时限内，客户可要求设计师修改设计，而在此之外需支付额外的费用。

还有，当为客户提供的工作按统一收费标准收费时，需要确

图 6.3.3　彼得·小勃鲁盖尔（Pieter Brueghel the Younger），税吏的办公室，1620—1640年

保设计师已经以书面的形式（例如合同等）阐明此价格所需交付怎样的工作，明确设计师的责任与权利。

3. 如何计算费用

当设计师在选择收费方式时，最重要的参考因素就是所核算出来的项目费用，但如何能够相对科学地计算项目费用，是每个设计师不得不掌握的基本技能之一。

首先，设计项目的费用包括如下部分：①该项目所花费的创作时间；②该项目所花费的制作及后期制作的时间；③其他花费，比如印刷、文案策划或辅导材料。④设计师的花销（日常开支、税费、外部服务和薪水）。⑤不可预知的部分。但是，并不是所有的成本都恰好包含在上述组成部分之中，那些无法预计的意外支出、加班时间，极有可能会影响到设计项目的成本和利润，所以，不可预知的部分是合理而必要的。

其次，收费和价格也受到客户的业务地区、客户的业务规模、预算以及作品使用方式的影响。较大的客户通常有较高的预算和较大的实施计划（作品被用得越多，设计师所拥有的价值就越大）。因此，完全相同的项目，较大的客户会比较小的客户支付得更多。

再次，设计师需要知道当地市场对价格的承受能力。这些信息可以在设计资讯类平台或网站中检索到，或从设计出版物、网站给出的薪资调查中得出。如此一来，您的定价与您的专业知识或经验水平可能并不完全匹配，但至少您会知道您的工作定价与市场价格相当。

最后，对于长期项目，在项目中期付款对控制现金流很有必要，而短期项目的结款日期则一般安排在完成之后。但是，客户在付款时可能会拖延，因此，习惯上在开出发票后考虑增加30日的支付期。如果未在30日内支付，就要按照合同约定提出违约金要求，并开出一张新的发票。当然，也可以为及时或加快付款提供一定的折扣。

4. 投标

对于一些较大的项目，客户会公开发布招标书（RFP），其中包含了设计师在此项目中需要做的任何细节。在开始填写标书前，最好能够获悉一些关于投标的其他细节（例如有多少人、哪些人会参与竞标），这些可以为你的决定提供参考。同时，还要研究要求本身的质量、组织和细节层次。它可能会提供与潜在客户合作的相关信息。

最常见的投标方式，每个参与竞标的公司或设计师呈交给客户一个设计方案（图 6.3.4）。该方案概述了此项目的每一个方面：从工作项目的定义，设计师与客户的责任，以及设计应提供的服务，到项目实施的时间表、预算和预期结果。项目的各个细节应细致而具体。其中，对于可以提供量化的地方，都要提供具体的数字。通过时间表，可以为每个阶段确定时间节点，但要避免填写具体日期。例如为了设计一本画册，时间表显示在收到客户提供的素材和文本后，设计师需要一个星期来设计作品。客户对作品作出反馈后，还需要一个星期左右为印刷制作成正式而完善的标书做准备。这里的时间以时间量出现，确定了各自的义务，以避免不必要的矛盾，因为时间可能会被客户无限期地拖延。

图 6.3.4 赫尔佐格（Herzog）、皮埃尔·德梅隆（Pierre Demeuron）和李兴刚等，国家体育场（鸟巢），北京，2003—2008 年

国家体育场（鸟巢）设计方案的确定也属于一种投标、竞标方式。2002年，北京市规划委员会举办了 2008年北京市奥运会主场馆的全球方案征集活动。"鸟巢"在众多作品中脱颖而出，成为评审委员会选出的三个"优秀方案"之一，最后以压倒多数票获胜，成为 2008 年北京奥运会的主场馆。

5. 理顺现金流的方法

如何理顺现金流是自由设计师和业余设计师不得不考虑的问题。那么，我们可以从哪些方面入手理顺现金流呢？

（1）在拿到项目的定金或预付款前（一些较小的项目是不设定金的），你的客户可能需要一些时间处理前期工作，在此期间你至少应有定期收入来源以应付日常开支。

（2）每月预留一些钱（通过建立一个年度预算或检查上一年的收支费用，可以计算出总金额），而且需要将业务收入与个人收入完全分开。严格要求自己：支付给自己的不要超过预算允许。

（3）保持个人账户和企业账户的完全独立。许多自由职业者有专门为商业用途办理的信用卡或借记卡。这使费用记录变得简单明了，但每月一定要还清信用卡。

（4）拥有各种各样的客户，即少量大客户，以及更多的中小型客户。为了分散风险，确保所有客户不在同一行业或同一地区。通过客户的业务进度对客户进行分类：有些可能只在年底提供大项目，而另一些全年都可能提供业务。

三、法律意识

设计师在遇到法律问题时，多数会选择咨询自己的法律顾问或律师。但是，在当前错综复杂的经济生活中，如果设计师了解一定的法律常识，不仅可以合理合法地维护自身的权益，更可以在日趋激烈的市场竞争中得以发展。一般而言，设计师往往会遇到三个方面的法律问题：①如何确定适当的合同关系；②如何保障知识产权；③如何规避风险。

1. 合同关系

契约精神构成了现代民主法治的基石，而合同关系正是契约精神的表现形式（图6.3.5）。设计师在经济生活中随时会遇到有

图 6.3.5 舒鲁帕克地区（Shurup-pak）有关男性奴隶和建筑买卖的法案，苏美尔石板，约公元前 2600 年

图为苏美尔人用楔形文字确定下来的有关买卖奴隶和建筑的法案，这是最原始的"合同法"。

关合同的问题，甚至有些经验丰富的设计师只有在签署了合同之后才会工作。虽然对于一些较小的设计项目而言，合同看似可有可无，但一份详实的文本合同可以明确甲乙双方的责任与义务，在遇到任何问题时都可以作为维护双方权益的有力依据。那么，一份相对完善的合同应当包含哪些内容呢？

草拟一份相对完善的合同应包含需求、权利和义务三个部分，但具体的内容则需从以下方面考虑：

（1）甲方（客户）与乙方（设计公司或设计师）的全名、地址、联系方式及法人代表。

（2）项目名称及内容，包括准确的工作描述，项目目的及数量。

（3）项目预算及费用构成（需注明乙方在项目超出预算前通知甲方）。

（4）完整的时间表，包括所有的工作进程期限和付款时间表。

（5）付款的金额比例问题，包括确定定金或预付款的比例（通常为30%～50%）；分期付款的时间表及付款方式；税费问题的承担者；发票的条款。

（6）双方的权利与责任，例如，客户如果要改变作品状态时所需遵循的条款；有关作品的许可权限；作品知识产权的相关细节；如果工作不能按时完成所需承担的责任；发生不可抗力所导致的后果的责任问题；合同终止触发的条件等从各个方面来保护与限制双方的权益。

当然，每一份合同的草拟都需依据具体的项目类型、双方需求等信息调整上述内容，必要时需要咨询或委托相关的法律顾问来草拟、完善合同的各项细节。总之，合同需在友好协商、平等互利的原则下，根据《中华人民共和国合同法》有关规定，由甲乙双方共同签署。

2. 知识产权

知识产权（Intellectual Property）是指智力创造成果：发明，文学和艺术作品，外观设计，商业中使用的符号、名称和形象等。知识产权在法律上受专利、版权和商标等的保护，这让人们能够从其发明或创造中获得承认或经济利益。通过在创新者的利益和广大公众的利益之间达成适当的平衡，知识产权制度旨在营造一个有利于创造和创新蓬勃发展的环境。每个国家针对知识产权制定的法律文件都不同，也就没有一个通行的办法在全世界的范围内保护设计师的知识产权。因此，作为设计师就需要明晰自己业务所在地有关知识产权的法律条文，或者聘请有经验的法律顾问以解决此类问题。当然，我们也可以在联合国教育、科学及文化组织的官方网站查询到其会员国有关知识产权的法律。然而，一般情况下，涉及国内知识产权的法律问题，我们可依据《中华人民共和国民法典》《中华人民共和国著作权法》和《中

民事主体依法享有知识产权

知识产权是权利人依法就下列客体享有的专有的权利：（一）作品；（二）发明、实用新型、外观设计；（三）商标；（四）地理标志；（五）商业秘密；（六）集成电路布图设计；（七）植物新品种；（八）法律规定的其他客体。
——《中华人民共和国民法典》第一百二十三条

图 6.3.6　世界知识产权组织官方网站，该组织于 1967 年根据《WIPO 公约》成立

世界知识产权组织（WIPO）是关于知识产权服务、政策、合作与信息的全球论坛，有 188 个成员国。该组织的使命是领导发展兼顾各方利益的有效国际知识产权制度，让创新和创造惠及每个人。

华人民共和国著作权法实施条例》来维护设计师的权益。

　　当然，世界知识产权组织（WIPO）的官方网站（图 6.3.6）所提供的信息也很重要。世界知识产权组织是关于知识产权服务、政策、信息与合作的全球论坛。其中 WIPO Lex 是一个汇集 WIPO 各成员国、世界贸易组织和联合国有关知识产权法律的电子数据库，其中还包括由各种多边和区域性组织管理的与知识产权相关的条约以及含有知识产权相关条款的双边条约。当我们在 WIPO 的成员国内，遇到诸如版权、专利、商标、工业品外观设计、地理标志等纠纷时，可查阅 WIPO Lex 所提供的资料，以保护自己的权益。

3. 规避风险

　　设计师想要在激烈的市场竞争中一直保持一个平稳发展的态势，就需要学会规避随时会发生的各种不确定的风险。除了用人单位或个人缴纳的五险一金外，投保一些健康或人寿等商业保险也是个不错的选择。除此之外，我们还可以选择财产保险、营业中断保险、伤残保险等方式来保障自己的财产安全、业务运营，以确保在各种不确定的意外情况下，不至于蒙受过大的损失。当然，对于设计师的业务而言，最重要的是要做好文件的备份工作。我们可以通过简单而适宜的规划将各种文件做适当的备份、复制和存档工作，这样就能够为自己的业务提供起码的保障。而且，文件的备份工作，如果可能的话最好每天备份，至少要做到每周进行一次整理备份。并且，在不违背公司要求的前提下，亦可在办公场所之外保留一份备份文件，或以网络云盘的方式备份文件。

第四节

设计师的业务发展

　　也许对设计师来说，假如你的专业能力很出色，那么顺利从业可能不成问题。但是，现实总是差强人意，很多业务能力出众的设计师，争取业务的能力却并不如其专业般出色。因此，一位出色的设计师，不仅需要有着过硬的专业技术能力，而且需要懂得如何拓展业务，找到合适的客户，以及合理地评估自己的发展方向。

一、拓展业务

　　成功承接设计项目，将自己和自己的作品顺利地推向市场，是每一个设计师必须要面对的过程。1989 年，罗伯特·文丘里（Robert Venturi，1925—2018）凭借范娜·文丘里住宅（Vanna Venturi House）获得由美国建筑师学会（American Institute of Architects）颁发的"二十五年奖"（图 6.4.1）。然而，在此作品之前，文丘里还只是一个落寞的建筑师，建筑事务所冷清的生意困扰着这位心怀理想的建筑师。文丘里的母亲对此于心不忍，便决心做儿子的客户，为自己设计一处新居。这个原本是出于亲情的设计委托，却成为后现代主义建筑至关重要的代表作品，它也奠定了文丘里未来的建筑成就，以及源源不断的设计业务。

　　根据众多经验丰富的设计师总结，一般情况下，设计师推销自己比较理想的方法包括：

　　（1）直接推荐。设计师可以直接找到目标客户，向其推荐自己的公司（事务所）和作品。通过口耳相传、邮寄资料、发送电子邮件或电话推销等方式，向所有有可能成为合作伙伴的客户

图 6.4.1 文丘里，范娜·文丘里住宅，美国费城，1964 年
文丘里常称此住宅为"母亲别墅"，它的设计受到范娜·文丘里的影响，她既是文丘里必须面对的客户，又是意在激发建筑师天赋和个性的母亲。凭借这项仅花费 43000 美元的业务，文丘里不仅实践了其"建筑矛盾性与复杂性"的主张，更是他荣获普利兹克建筑奖的代表作品。

推销自己，让他们更了解自己和自己的业务能力，从而得到委托。当然，这种相对传统的方式需要花费大量的时间和精力来宣传自己，但优秀的设计师不会错过任何一次可以拓展业务的机会。美国著名设计师罗维在 1919 年移居纽约时，已年近三十，经济的困窘并未压垮这位未来的"美国工业设计之父"。他寻得一份百货公司的橱窗展示设计工作，曾替梅西（Macy's）、沃纳梅克（Wanamaker's）和萨克斯第五大道（Saks Fifth Avenue）等百货公司服务过，与此同时他还为《时尚》（Vouge）、《哈泼时尚》（Harper's Bazaar）杂志作兼职插画家。由于他的绘画水平相当不错，对新的插图风格非常敏感，所以他可以每小时画一张速写，以 75 美元的价格卖给杂志。他熟练地运用当时流行的装饰艺术风格画插图，很快便在纽约出了名。直到 1929 年，他接受了人生第一项工业设计委托：为基士得耶重新设计与改良复印机（图 2.1.2 ）。

（2）间接推荐。设计师也可以通过间接的方式，扩展自己的业务信息传播渠道，让客户来选择自己。互联网是设计师可以利用的有效工具，设计师不仅可以通过自己的个人网站来呈现自己的业务信息和能力，还可以通过在线作品集展示自己的优秀作品，让对您感兴趣的客户更全面地了解您。当然，设计师也可以通过制作广告、参加竞赛、加入设计协会、承接公益作品，以及为时尚刊物或网站撰写评论文章等方式来提升自己的社会知名度，间接地让更多的客户了解自己的业务能力，从而达到拓展业务的目的。

（3）其他非传统的推荐方式。设计师还可以通过很多新型的传播媒介进行自我推荐。例如，制作精致而新奇的贴纸、T恤衫、日历或卡片等物品，上面绘有设计师的信息和作品，在赠与、交换或销售的过程中也可以起到一定的宣传作用。或者，通过在诸如推特（Twitter）、脸书（Facebook）、微信、微博、豆瓣等网络社交平台上，建立自己的博客，上传自己的作品集的方式，撰写一些商业评论或设计批评，不断提升知名度和关注度，也可以带来不少客户资源。

当然，以上的推荐方式需要明确推荐的对象，以避免因漫无目的的推荐而产生错误的客户。一般而言我们可以通过如下方式找到合适的推荐对象。例如，可以通过商务杂志每年所列的公司名录，找到各主要工业城市的企业。还可以通过各大招标采购网站，找到自己合适的项目进行竞标。如果是专精于某一领域的设计师，应该参加该领域的展销会，与目标客户有更多交流的机会。而且，要特别留意各个设计类与相关专业领域的论坛和网络平台，与他人的交流，一方面可以促进自己业务能力的提升，另一方面也会让客户更容易发现你。

二、合适的客户

在实际的商业活动中，成熟的设计师需要懂得如何选择客户，合理地配置客户资源，以避免因盲目追求客户数量和项目规模而对企业造成不必要的损失。只有在稳定的客户源和合理的客户结构下，企业才会向着适合其业务特征的发展方向前进。因此，设计师需要建立自己选择客户的基本标准。

一方面，合适的客户应满足公司或设计师的业务发展方向。理想的客户需要有一定的设计常识，他能够清晰地向设计师表明自己的设计项目，也可以重视设计师的专业水平。同时，合适的客户不仅能够为项目提供创新性的建议，还懂得尊重设计师的独立思考，不会只顾自己的利益而修改合同或设计。此外，一个优秀的客户是果断的，而不是优柔寡断，没有条理的人，他们能够严格遵照合同细则和时间表来保证项目的顺利开展。青蛙设计（Frog Design）与苹果公司的合作，堪称设计师与客户通力合作的典范。这种合作不仅成就了青蛙设计在设计市场的领军地位，也使苹果公司的 Apple IIc、麦金塔电脑（Macintosh）等产品在工业设计和市场上取得了巨大的成功（图 6.4.2 和图 6.4.3）。

另一方面，客户结构组合的平衡可以使企业或设计师的业务得以持续发展。习惯上，我们可以把客户按规模分为四类：

小而强大的客户，项目金额不大，有时也不能很好地利用设计师的时间，但他们能够提供强烈的满足感或曝光度，或者能提供相对稳定的项目。实力中等却稳定的客户，可能无法提供高知名度、高报酬的项目，但其工作和收入都相对稳定，而且还可能会提供项目定金，这些都对现金流的稳定起到一定的作用。大而枯燥的客户，可能没有太多创作的自由，业务商谈会议也会很多，提供的项目数量也较少，但薪酬和曝光度却很高。一次性的客户，可能无法成为回头客，但却可以提供高报酬和高曝光度。

小客户过多会导致业务繁杂，收入不足。中型客户过多，工作会显得过于平凡而无聊。大客户有限，所以风险也很大，如果大客户出现流失，那么收入就会急剧下降。一次性客户只能算作客户结构和业务收益的有益补充，却不能解决设计师业务的实质性问题。每一类客户都有各自的特点，设计师需按实际情况合理配置自己的客户组合，达到平衡风险的目的。

然而，每一个客户都有其自身的特点，每个人都会按照自己的工作议程、职业技能、人才结构和审美趣味来选择合作者。因

图6.4.2　青蛙设计创始人艾斯林格（Hartmut Esslinger，1944—）

图6.4.3　Apple IIc，青蛙设计，1984年

苹果公司创始人史蒂夫·乔布斯（Steve Jobs）在工业设计上给予艾斯林格极大的自主权，他十分欣赏艾斯林格提出的"白雪公主设计语言"（Snow White design language）。在艾斯林格与苹果公司的合作下，成功地研发出诸如 Apple IIc 和多款 Macintosh 产品。Apple IIc 采用了特殊的灰白色"雾"外观设计及光滑的现代感造型，以突显"白雪公主设计语言"，在其后将近十年的时间中，被作为苹果的电脑及设备的标准设计。

此，设计师要想维系好自己的客户，就需要懂得一些基本的谈判技巧。

首先，要做好情绪管理。没有人能够拒绝微笑、诚挚的握手和谦和的态度，良好的态度可以使谈判氛围变得轻松起来。其次，首次会谈的地点应尽量选择客户的办公室，这样可以感受到对方的企业文化和审美趣味。而且，在与客户的会谈过程中，应注意那些发表意见最多或具有权威性的人。确定该项目的最终"领导"，在做决策时应认真参考他的意见。还需要以书面的形式记录下每次会议的内容，会后最好也要以电子邮件的形式确认这些信息。在开始为一个新的客户服务前，应对他们和他们的项目做相当程度的研究，掌握关于客户和该项目的各方面的信息有助于设计师更好地开展工作。同时，还要确定客户的期望是什么，是否能够与设计师的业务水平、目标和风格相匹配。如果设计项目的发展面临危机时，应首先确保对将设计师带入项目的人保持忠诚。

三、评估自己的发展

在设计师的职业生涯过程中，每个设计师都要面对的不仅仅是客户和作品，还需要认真地审视自己的未来。每个人都会遇到职业发展的瓶颈期，陷入职业的困倦与疲惫，设计师更是如此。在设计这个急需创造力与学科交叉的行业，每个人都不可能一成不变地应付所有的客户和业务。所以，在必要时花一些时间做一个自我评价，也许会更利于设计师的职业发展。

当设计师确定好未来的发展目标后，良好的自我评价能够判断您在此过程中所处的阶段，以利于当前工作的开展。如果计划开展得并不顺利，您也可以根据自我评价的结果及时修正、调整目标。在评估目标发展时，我们可参考"SMART"原则所要求达到的五个标准，即明确性（Specific）、可衡量性（Measurable）、可实现性（Attainable）、相关性（Relevant）和时限性

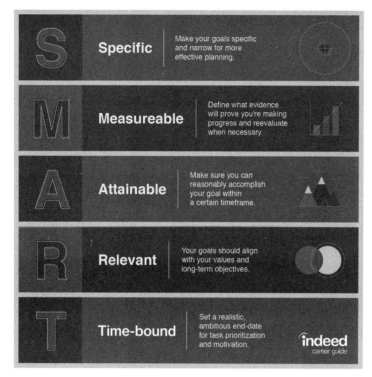

图 6.4.4 "SMART"原则

"SMART"原则是目标管理中的一种方法。目标管理的任务是有效地进行成员的组织与目标的制定和控制以达到更好的工作绩效，由管理学大师彼得·德鲁克（Peter Ferdinand Drucker）于 1954 年首先提出。"SMART"原则便是为了达到这一目的而提出的一种方法，目前被广泛地应用于企业管理当中。

（Time-bound）（图 6.4.4）。

　　明确性，是指所制定的目标需要是明确的。一个明确的目标完成的几率更大，因为它确定了具体的参数和限制条件。为了使目标具体化，就必须明确预期是什么，为何它如此重要，由谁参与，在哪里进行，以及哪些属性是重要的。

　　可衡量性，是指目标一定要有一个可以衡量其进程的逻辑体系。那么，怎样才能确定你的目标是不是有可衡量性呢？你可以问自己以下几个问题：要花多少时间？一共有多少？怎样才能知道目标已经完成？等等。当你在衡量进程的时候，你就可以控制目标完成的情况，每次完成了进程中的一个小目标就会带给你成就感，促使你更加努力地去完成既定目标。

　　可实现性，要求所制定的目标一定是可以实现的、客观的，是设计师能力范围内的目标。

相关性，是指所选择的目标需要与目标制定者的属性密切相关。比如，一个设计师的目标是"在今晚 19 点前完成一部约8000 字的短篇小说"。这个目标足够具体，也可以衡量，还具有可实现性，但是却不具备相关性。因为对于一位设计师来说，他的目标应该是如何通过创造性的劳动为客户设计出产品。

时限性，是指制定的目标必须要在一个时间范围内完成。给你的目标一个确定的完成时间，这会有助于你集中精力完成目标。时限性的要求可以帮助你避免因为日常琐事而耽误了你完成目标的进度。

当然，对于一个目标的确立与评价，重要的是要在自己的计划时间表里体现出来。在合理的时间段做一份自我评价，客观并按照所发现的状况及时修正自己继续前进。然而，除了完成自我评价之外，每年进行一次 360 度的全方位评价也十分有必要。通过征询同行的评估建议，对自己各方面的业务情况作出反馈。对设计师而言，这些同行可以是客户、供应商和其他设计从业者，他们的建议常常可以弥补自我评价有可能忽略的问题。

在得到以上评价反馈的信息后，通常我们可以通过及时调整自己，使自己不偏离目标。但是，如果遇到专业知识、业务技能或企业管理等业务发展的障碍时，就有必要进行继续教育了。继续教育并不限定地点，任何讨论会、学术会议、进修班、书籍、杂志以及各类网络资源和交流平台，都可以为设计师提供继续教育。虽然设计师需要面对形形色色、不同专业的设计问题，但设计师并不是全能的造物主；在遇到非擅长业务时，不妨求教于各类专家，以便我们可以更加全面而深入地完成设计项目。

课后回顾

一、名词解释

1. 百工
2. 手艺行会
3. 视觉传达设计师
4. 产品设计师
5. 环境设计师
6. 驻厂设计师
7. 自由设计师
8. 业余设计师
9. 范娜·文丘里住宅
10. 知识产权

二、思考题

1. 中国古代的手工匠人，堪称为世界手工设计时期杰出的"设计师"。试简述古代中国工匠社会角色的历史演变。
2. 请简述三位现代意义上的专业设计师。
3. 试简述设计师的纵向分类。
4. 请尝试分析如何确保客户结构的平衡，以使设计师的业务持续发展。
5. 试简述"SMART"原则的主要内容。

第七章

设计批评

托尼（Flaminio Bertoni，1903—1964）和勒费弗尔（André Lefèbvre，1894—1964），
雪铁龙 DS 19 型汽车，1956 年生产。

作为我们这个专业的名称，"设计"（disegno）一词最早出现在文艺复兴盛期的艺术批评中，它指的是合理安排视觉元素及有关这种合理安排的基本原则。"设计"概念发展到19世纪，已成为一个纯形式主义的艺术批评术语而广为传播。现代意义的设计概念是20世纪才开始流传的。如果从词源和语义学的角度考察，"设计"一词本身已含有内省的批评成分。《简明不列颠百科全书》对"设计（Design）"是如此界定的：

美术方面，设计常指拟定计划的过程，又特指记在心中或者制成草图或模式的具体计划。产品的设计首先指准备制成成品的部件之间的相互关系，这种设计通常要受四种因素的限制：材料的性能，材料加工方法所起的作用，整体上各部件的紧密结合，整体对观赏者、使用者或受其影响者所产生的效果。

这个界定强调了设计对观赏者、使用者及受其影响者的作用和效果；这意味着对设计品进行批评的必要性已包含在设计的概念之中。本章将从设计的批评对象及批评者，设计批评的标准、方式及理论等方面对设计批评进行探讨；对于设计批评与艺术批评的共同之点，如审美欣赏、人文因素等便不加赘述，而着重讨论设计批评的个性特征。

第一节

设计的批评对象及其主体

一、两者的范围与特征

设计批评的对象既可以是设计现象又可以是具体的设计品。设计品是一个很大的范畴。大而言之，早在史前，原始人使用的石刀石斧已是人类最早的设计品。我们甚至可以说，就连人本身也是设计品，是自我的设计品。就如萨特（Jean-Paul Sartre，1905—1980）所说："人不是什么，人是自己所选择的……"。

所有的人都是设计师。几乎一切时候我们的所作所为都是设计。因为设计是人类最基本的活动。为一件渴望得到而且可以预见的东西所作的计划、方案也就是设计的过程。任何一种试图割裂设计，使设计仅仅为"设计"的举动，都是违背设计先天价值的，这种价值是生活潜在的基本模型。设计是创作史诗，是绘制壁画，是创造绘画杰作，是构思协奏曲。设计同时又是清理抽屉，是拔出箱闭牙，是烤苹果派，是玩棒球的选位，是教育儿童。总之，设计是为创造一种有意义的秩序而进行的有意识的努力。

——维克多·帕帕奈克

帕帕奈克这段话既是独到的设计批评，又是广义上对设计的解释。然而，作为批评对象的设计品，往往是指狭义上的，即现代设计创作的一切形式，包括产品设计、视觉传达设计和环境设计。具体分为工业设计、工艺美术、妇女装饰品、服装、美容、舞台美术、电影、电视、图片、包装、展示陈列、室内装饰、室

外装潢、建筑、城市规划等，不一而足，统统可纳入批评对象的范围。

设计批评的主体是指设计的欣赏者和使用者。批评主体的批评活动可以诉诸文字、语言，也可以体现为购买行为。由于设计必须被消费，有大量的批评者就是设计的消费者。如果你买了一把椅子，那么你就是这把椅子的设计批评者。用符号学的话来说，设计批评者就是设计符号的接受者。如果我们将设计品——工业设计也好，作为传媒的广告设计也好，均看作创意的符号复合体，那么它与接收端的观众或消费者，即构成了解释关系。简而言之，解释者接收到设计所传递的信息，意味着将自己的符号贮备系统与设计的符号贮备系统进行对位、解码（Decoding），也就自然地运用了判断、释义和评价功能，从而成为设计的批评者。购买行为本身是一个显性的判断和结论。

设计与艺术不同，它不可能孤芳自赏，也不能留到后世待价而沽，设计必须当时被接受，被社会消费。这是由设计本身的目的性决定的。设计这一特殊性质，使得设计批评没有可能形成权威意见，不可能由哪个权威一锤定音，而要通过消费者自己判断。从深层的意义来讲，设计包含着广泛的民主意识，设计批评的主体即消费者，通过有选择的购买活动表达了这种民主性（图7.1.1）。

设计品绝对地依赖它的批评者。设计批评者与设计品的关系是一种密切的互动关系，这种关系可以从设计的实用功能和社会效果方面寻求解释，也能够从审美关系上找到答案。20 世纪 60年代兴起的**接受美学（Aesthetics of Reception）**认为，一件作品的价值、意义和地位，并不是由它本身所决定的，而是由观者的欣赏、批评活动及接受程度决定的。作品本身仅仅是一种人工的艺术制品（artifact），要被印入观者的大脑，经过领悟、解释、融化后的再生物，才能成为真正的审美对象（Aesthetic Object）。前者是"第一文本"，后者是"第二文本"。第一文本如果没有经过接受过程，就没有实现自己。因此，设计作品即使仅就

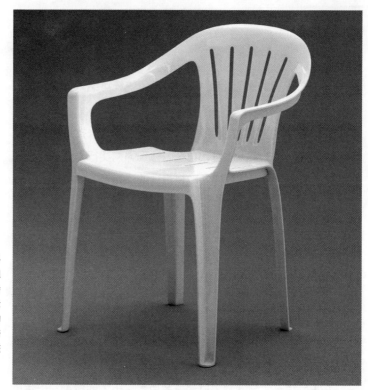

图 7.1.1　塑料休闲椅

塑料休闲椅被视为世界上最常见塑料椅子。它既轻盈又可堆叠，无需组装，其生产成本仅需约 3 美元，社会理论家朱克曼称其为真正实现了"全世界无处不在"的椅子。但是，它的设计和工艺并没有申请专利，这把椅子在设计批评上的成功，正是因为获得了消费者的普遍认可。

其美学意义而言，也永远不可能是一个自足的本体，而必须与欣赏、批评活动相互依存，共生共存。这种观点与历史上早已存在的"社会效果论"还有所不同。"社会效果论"认为，作品是独立的、主动的，观众是消极的，处于被动地位。打个比方说，如果作品像一道湍流，则观众就是水车，区别十分清楚；接受美学则认为，根本就不存在"湍流"与"水车"的区别，"第一文本"与"第二本文"共同构成作品，也就是说欣赏者的接受活动"参与"了创作。设计符号在信息传递之中，创作者的"本意"（Intended Meaning）与接受者解码时的"理解意义"（Perceived Meaning）存在着一定差异，因此同一件设计品对不同的接受者涵义不同，作品不存在独立性。批评者与批评对象构成交互作用的复合体。这里，我们不难理解现代主义设计尤其是国际式风格衰落的原因了。消费者从设计符号中解读到的意义可能与设计者和生产商的初衷大相径庭，现代主义设计忽视了接受者个人的因素和个性差别，而企图建立某种理想的统一标准，并通过工业大

生产实现对消费者的影响、规范化与社会完善——这显然是不可能的。实际上，生产者不可能控制消费者，而只能与消费者进行合作。生产美学不可避免地被接受美学取代了，接受美学的核心是强调接受者的地位，强调批评者与批评对象的有机生成关系。这显然正是后现代主义设计的出发点。

图 7.1.2　罗德琴柯（Alexander Rod-chenko，1891-1956），苏维埃工人俱乐部，1925 年展出于法国巴黎"装饰艺术展"

　　设计批评的主体具有族群性。由于设计的实用特征与社会特征，其消费者往往表现为族群批评者，即消费者分为若干文化群体，每个文化群体表现出不同的消费倾向（图 7.1.2）。作为现代设计必要手段的市场研究正是通过对消费者的分类，对族群批评者的具体分析，为设计的定位提供必需的背景资料。计算机的发展为族群批评者的分类精细化提供了越来越多的可能性，使设计能够与更小的族群进行界面对话，而族群单位的缩小意味着其批评可以在内容上更加丰富多元与个性化。

　　设计批评的主体除了以消费方式进行批评外，还有以文字、言论发表批评意见的一类。这类批评者的影响超越了个人范围，其批评意见可能影响到消费者的购买倾向，甚至直接影响设计师。如拉斯金对 1851 年"水晶宫"博览会的猛烈抨击与他所宣扬的设计美学思想，很大程度上影响了当时英国公众甚至大洋彼岸美国公众的趣味，并且直接引导了莫里斯和他发起的艺术与工艺运动。

二、批评主体的多元身份

诉诸文辞的设计批评者有着广泛的背景，包括设计理论家、教育家、设计师、工程师、报纸杂志的设计评论员和编辑、企业家、政府官员等，他们以不同的社会身份，不同的立足点去评价设计，表现出设计批评的多层次性。这里层次所指的不是高下差别，而是相对不同目的需求的批评取向。如英国、美国的政府官员时常介入设计批评，因为每一次国际博览会后他们都要为展览会作书面报告。连英国维多利亚女王也曾为"水晶宫"博览会大发宏论，因为她的丈夫阿尔伯特亲王就是这次博览会组织委员会的主席，而她的评论也主要立足在她的国家赢得荣誉上。撒切尔夫人任英国首相时，面对亟待振兴的英国经济专门谈到了设计的价值，并断言设计"是英国工业前途的根本"。

设计家介入批评是设计界一个经常的现象。虽然艺术家涉足艺术批评也不乏其人，自 19 世纪以法国为中心的艺术家大量卷入艺术批评，20 世纪中期以美国为中心活跃在批评界的艺术家也大有人在，但其数量、比例与批评造成的影响与设计界相比是不可同日而语的。原因在于，设计同时是审美活动、经济活动、社会活动，设计特有的时效性意味着设计家介入批评的直接影响。许多声誉卓著的设计家同时也是了不起的设计批评家。他们编辑设计杂志，发表演说，在一所或多所大学任教，著书立说等。如包豪斯学校的创建人格罗皮乌斯除了在建筑和设计上的杰出贡献外，又是现代主义运动最有力的代言人之一。他是教育家、作家、批评家，是将包豪斯精神带到英国又传播到美国的

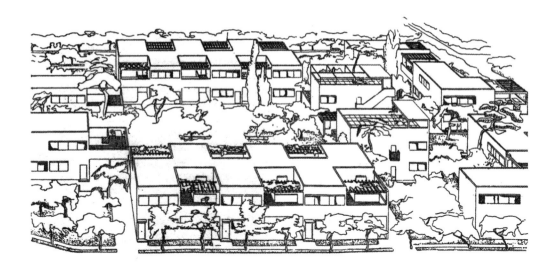

图 7.1.3　勒·柯布西耶，波尔多郊区佩萨克现代住宅方案，1924年

人。法国先锋派代表、建筑家、设计家勒·柯布西耶任《新精神》杂志（*L' Esprit Nouveau*）编辑时期（1920—1925），对该杂志作了许多重大改革，并撰文倡导机器美学，他的一句有名的口号便是"房子是供人住的机器"（图 7.1.3）。

　　再如著名的意大利后现代主义设计家蒙狄尼，他大量撰文为阿基米亚工作室（Studio Alchymia）摇旗呐喊，在任 *Casabella* 杂志编辑期间（1970—1976）为"激进设计"（Radical Design）和"反设计"（Anti-design）发表了许多评论文章，随后又担任 *DOMUS* 杂志和 *MODO* 杂志（1976—1984）的编辑。20 世纪 80 年代，他在消费主义和传媒方面也是活跃的评论家。其实，如果我们回顾一下设计发展的历史就会发现，每一个设计运动，尤其以现代主义先锋派各支队伍为代表——都会将某一刊物、学院、美术馆或画廊作为自己言论的阵地，团结一些观念相投的设计家、艺术家，营造一种声势和地位，最终推出一个新的运动。设计师与设计批评者的身份在历史上就是紧紧相连的。像沙利文、赖特、卢斯、密斯·凡·德·罗、拉姆斯、富勒、文丘里、波希加斯（Oriol Bohigas，1925—2021）、布朗基（Andrea Branzi，1938— ）、索特萨斯等一大批建筑家、设计家都是设计批评界名噪一时的人物。

第二节

设计批评的标准

一、设计评价体系的参照标准

根据设计的要素和原则，我们可以创立一个评价体系。中国当今评价设计采用的参考坐标是从设计的科学性、适用性及艺术性上去进行考察，这三方面包括了技术评价、功能评价、材质评价、经济评价、安全性评价、美学评价、创造性评价、人机工程评价等多个系统。当然，不同国家和地区沿用的评价标准及其量次是存在一些差异的。

台湾《工业设计》杂志第 73 期报导了"世界各国优良设计评选标准"，其资料来源除了取材于日本 *Industrial Design* 和 *Design News* 杂志，还包括了它主动对世界 18 个国家和地区的设计奖评选机构进行调查的结果。鉴于德国的 IF 奖（IF Design Competition）的评选标准和项目最为全面，调查者便以此为参考坐标，将各个国家的评选标准进行了比较和统计。德国的标准共包括：实用性、机能性、安全性、耐久性、人因工程、独创性、调和环境、低公害性、视觉化、设计品质、启发性、提高生产率、价格合理、材质及其他等 15 项。各国比较的结果表明，其中有 8 项标准的认同率在 50% 以上，首先是机能性与设计品质（100%）；其次是造型优美、视觉化、独创性（87%），提高生产效率（75%），安全性（67%）等标准；在环保意识抬头的情势下，材质运用、耐久性、实用性（60%）、调和环境（53%）等因素显然也占重要地位；而产品的启发性、价格合理、人因工程、低公害性 4 项标准也获得了 47% 的认同率。至于"其他"类标准，美国的杰出工业设计奖含"有益于顾客"一项，英国设计奖多加了"完整的使用说明书"，中国台湾地区有"包装及CIS 传达"。这一调查结果表明，各国设计评估的参照标准及其量次不尽相同，但由于处于同一时代背景之下，它们又具有许多基本的共同点。

对这些多项标准，不同类型的设计各有其偏重，如产品设计特别强调技术，广告强调信息，室内装饰强调空间，包装设计强调保护功能等。然而，对于具体的某一设计而言，全面考虑其相应各项评估指标是十分必要的，单是满足一个或某几个评估系统并不能保证整个设计的成功。例如 1970 年代轰动全球的协和式飞机（Concorde）的设计，由英、法两国上千名飞机设计师和工程师用两年时间共同完成，它在功能上远远超过当时仅有的另一种超音速民用飞机——苏联的图 – 144（Tupolev Tu-144），而审美上更是有口皆碑。但由于该飞机造价过高，仅生产了 16架，便耗费英、法两国 30 多亿美元。法国拥有 5 架，英国 6架，还有 5 架卖不出去。超音速飞机耗油量很大，同时由于噪声过大，许多国家，包括美国在内，都限制协和式飞机只能在海域上空飞行。总体而言，协和式飞机的工业价值相当之低。因此到了 2003 年 4 月 10 日，法国航空公司与英国航空公司同时宣布：将于当年的 10 月 31 号永久停止协和式超音速飞机的飞行（图 7.2.1）。这个决定为协和式超音速飞机 27 年的商业运营历史划上了句号。

对同一设计品的评价，由于批评者立足的差异可能采取不同的尺度，如设计师强调创意，企业强调生产，商家强调市场，政府强调管理，然而标准的分离现象最典型的莫过于设计者与使用者参照标准的反差。举一个引人注目的例子。1954 年，日本设计师山崎实接受美国圣路易斯市的委托，设计一批低收入住宅，即著名的普鲁依特–艾戈（Pruitt-Igoe）住房工程。山崎实为了表达对于现代主义精神的坚定立场，采用了典型的现代主义手法来设计这批十一层楼高的建筑。这批住房在完成时备受好评，美国建筑学会的建筑专家给它评了一个设计奖，认为这项工程为未

图 7.2.1 陈列于辛斯海姆科技博物
       馆（Technik Museum Sin-
       sheim）的法航协和式飞机

来低成本的住房建设提供了一个范本。然而与之相反的是，那些住在房子里的人们却觉得它是一个彻底失败的住宅区。这个高层住房设计被证明不适合那些住户的生活方式：高高在上的父母无法照看在户外活动玩耍的孩子；公共洗手间安置不够，使大厅和电梯成了实际上的厕所；住房与人不相称的空间尺度，破坏了居民传统的社会关系，使整个居住区内不文明与犯罪的活动泛滥成灾。后应居民的请求，政府终于在 1972 年决定拆毁这个建筑群（图 7.2.2）。

　　普鲁依特—艾戈工程显示了住房在被居住之前，建筑专家们是怎样评价设计的（根据静止的视觉标准）和怎样认为它是成功的。普鲁依特—艾戈工程的居民则是根据住在房子里的感受，而不是仅从它的外表来形成自己的批评。在一个会议上，当问到居民们对这些被设计家们称颂备至的建筑有何感想时，居民的回答是："拆了它！"美国在 60 年代中期建造了许多不成功的高层建

筑街区，其失败集中表现了设计者与使用者的批评标准是如何不一致。由于运用效果图这种手段来确定设计，带来了制作和策划的分离，以及后来设计和使用的分离。这也造成了对设计进行评价的两种分离标准——设计者和产品使用者各自不同的标准。现代产品设计主要是依靠模型。模型能够进行更大规模的产品实验，并创造增进生产的可能性，但经常也产生一个结果，即在满足人们的需求方面出现偏差。自工业化后，全部产品设计都具有设计和制作严格分离的特征，因而也就不可避免地产生批评标准的二重性。

图 7.2.2 普鲁依特-艾戈住宅区（1955—1972）

普鲁依特-艾戈住宅区由 33 栋住宅组成，每栋楼高 11 层，总占地面积约 57 公顷，照片中除学校和教堂保留至今外，其余建筑已在 1972 年被爆破拆除。

二、设计批评标准的历时性

标准本来是设计及批评发展的归纳与表达，然而在某些特定的历史时期，一个国家可能出于国情的需要提出一套统一的批评标准，作为一种国家政策加给设计工作者。例如中国 20 世纪 50—60 年代对设计所采用的"实用、经济、美观"标准，就是 1952 年由当时的国务院总理周恩来提出的。当时的中国正卷入朝鲜战争，为了封锁中国，美国迫使中国台湾地区与日本媾和，英国也连续驱逐香港的中国居民，整个西方世界处于与中国十分敌对的状态。中国在外与西方工业市场相互隔绝，在内实行的是计划经济。针对这种政治经济现状，中国政府对工业设计和工艺美术事业施行了统一标准的政策。"实用、经济、美观"成为设计和工艺美术工作者人人奉行，无可置疑的原则。这种由行政手段强制贯彻的标准，使人联想起第二次世界大战时期的英国。当时全欧洲的设计力量都投入到了军械设计和军事宣传。出于战时的需要，丘吉尔首相在 1941 年提出了消费品设计的效用计划，要求设计师给予每一个人以相同的选择、相同的价格，在家具、服装、收音机等日常生活用品的设计上，让国民不是根据收入状况而是根据家庭基本需要进行消费，实行严格控制的定量消费计划（图 7.2.3）。丘吉尔的设计实验于 1952 年结束。这种作为国家政策的强制标准是有历史背景的、暂时性的，只有在十分特殊的时期才可能实施。

设计批评的标准在其自然状态下，随时间的推移，社会的发展而不断地演化着。批评标准根本上是一个历史的概念，时间、地域和文化的差异意味着人们对设计要素的不同理解。设计的发展目睹了人类科学技术、意识形态、政治结构等多方面的重大变化，设计批评在每一个时期对于设计诸要素都表现出不同的倾向。

功能本来是具有共性、相对稳定的标准。然而，设计品的功能可能发生转移，同一设计会因时代的不同而满足不同的功能要求。金字塔在古代埃及是作墓葬之用，并具有礼仪、宗教功能，现在金字塔的功能发生了转移，它成了审美对象及学术研究的对象。随着时代的变迁，功能概念的涵义也在拓展、演变。18 世纪的设计理论中，功能是以"合目的性"的形式出现，直至整个"功能决定形式"的现代主义时期，功能都是指设计满足人们

图 7.2.3 里索姆（Jens Risom，1916—2016），666WSP 型椅，1942 年，诺尔家具公司生产

一种或多种实际需要的能力，其含义是物质上的。到了后工业时代，功能有了全新的解释，功能是"产品与生活之间一种可能的关系"，即功能不是绝对的，而是有生命的、发展的。功能的含义不仅是物质上的，也是文化上的、精神上的。产品不仅要有使用价值，更要表达一种特定的文化内涵，使设计成为某一文化系统的隐喻或符号。如从"孟菲斯"设计小组的作品中，我们可以看出对功能问题的反思，及其从丰富的文化意义和不同情趣中派生出的关于材料、装饰及色彩等方面一系列的新观念。

> 设计一旦投入大生产，便从一种真实的人工艺术制品（artifact）变成
> 了它那个时代某种有形的、具体的现实。在那个社会中设计载有具体的
> 目的，而社会环境决定了它的形式如何被理解、被评价，这些评价也许
> 基于设计者与生产者不同的前提。因此我们提出这样的论点，设计的社
> 会功能不是固定的、绝对的，而是变化不定的、有条件的。
>
> ——约翰·赫斯克特（John Heskett，1937—2014）

　　最先将设计的批评标准问题推向前台的是英国的艺术与工艺运动，这个运动兴盛于 1890—1910 年。艺术与工艺运动为机器产品提出了一个更高的标准，使工艺的价值延伸到了设计领域，这在当时的家具设计中立即得到体现。然而，艺术与工艺运动以中世纪的手工业为楷模，以中世纪的浪漫主义为设计理想，这与其时业已发展到机器大生产的社会现实背道而驰，而且它的批评标准也陷入了这样一个伦理矛盾：一方面，手工业的确可以缩小设计者、生产者、销售者与消费者之间的距离，因而有可能（这点也甚为可疑）从观念上和生产上对设计品倾注更多的爱心；另一方面，工业大生产意味着产品成本的降低和廉价商品，而手工艺产品——包括莫里斯等艺术与工艺运动代表们的大部分设计却过于昂贵，致使多数消费者无力负担。艺术与工艺运动的标准后来让位于机器美学是时代所趋，大势使然。

　　然而，设计在经历过现代主义运动之后，艺术与工艺运动的批评标准在 20 世纪的 60 年代又有了回归之势。从拉斯金的批评观中，我们发现其与后现代的设计批评具有某些相同之处。如拉斯金抨击那些脱离大众、自命清高的设计师时说道："如果制作者与使用者对某件作品不能引起共鸣，那么哪怕把它说成天堂的神品，事实上也不过是十分无聊的东西。"拉斯金所揭示的设计者与消费者的正确关系，实际上是近代设计"消费者中心"的思想。他提出设计家应当"向大自然汲取灵感"，而后现代主义设计确实在向自然回归。艺术与工艺运动曾面临的伦理矛盾，当

代设计也可以通过计算机的帮助来解决，它曾提出的关于设计的人本位、个性化标准，正是当代市场的取向，也是 CAD 设计（Computer Aided Design）的走向。艺术与工艺运动与后现代两个时期的批评都表现出对机器专制的反感，前者出于对工业大生产的担忧和缺乏了解，而后者却出于厌恶与太了解，亦即了解后的失望。两者的基础不同，后现代的批评不会排斥科技进步，因为正是依赖高技术，如计算机、合成材料等，设计才可能实现其多元化、个性化的目标。设计批评的标准随历史而演化，因时尚而不同，而时尚又表现出一定的历史循环性。所谓循环并非回到原点，而是在新的社会条件下的历史回响。

机器美学在 19 世纪末已显出扶摇直上之势。最早接受机器并理解它的基本性质及它与建筑、设计和装饰的结果的，是两个美国人沙利文和赖特，两个奥地利人卢斯和瓦格纳（Otto Wagner，1841—1918），以及一个比利时人凡·德·维尔德。他们拒绝复古主义，对机器和进步有热忱的认识，其批评思想越过了英国的前辈而进一步向前发展。沙利文提出功能标准："形式服从功能，此乃定律"，"功能不变，形式也不变"。曾做过他学生的赖特则在此基础上提出"功能与形式同为一体"。两人代表的芝加哥学派所宣扬的功能主义在 20 世纪前 50 年的设计批评中一直占据统治地位。凡·德·维尔德是新艺术运动的核心人物，经常往来于英、法、比、德诸国间传播他的设计思想（图 7.2.4）。他对莫里斯的主张甚感兴趣，但是他指出"没有技术为基础，新艺术就无从产生。"1894 年，他在《为艺术清除障碍》一文中提出新艺术的批评标准和创作原则："美的第一条件是，根据理性法则和合理结构创造出来的符合功能的作品。"阿道夫·卢斯激进的反装饰思想曾轰动了欧洲和美洲大陆，他认为装饰是文化的堕落，装饰是"色情的"。他将所有装饰形式当作色情的回归，用弗洛伊德主义者的话称其为"面目各异的堕落。"他还说："装饰是一种精力的浪费，因此也就浪费了人们的健康。历来如此。但在今天它还意味着材料的浪费，这两者合在一起就意味着资产

图 7.2.4 凡·德·维尔德，银餐具（约 1902 年）和瓷盘（约 1904 年）

的浪费。"因此，"装饰即罪恶"（Ornament is Crime）。这些批评无疑是正在兴起的机器美学的先声。

19 世纪末至 20 世纪初，欧洲各国都兴起了形形色色的设计改革运动，它们在不同程度和不同方面为设计批评的新观点作出了贡献，其中最具有突破意义的是德意志制造联盟。德意志制造联盟成立于 1907 年，由一群热心设计教育与宣传的艺术家、建筑师、设计师，企业家和政治家组成，是一个积极推进工业设计的舆论族群。联盟领袖穆特修斯曾作为德国官员在伦敦工作了七年，对英国产业革命和艺术与工艺运动有着深刻的了解。他认为，实用艺术（设计）同时具有艺术、文化和经济的意义；形式是最关键的美学判断标准，任何事物，"从沙发靠垫到城市规划"，都具备精神价值；形式的先决权不取决于个人爱好，而应由民族性来决定，而民族的形式取向又是传统所赋予的；新的形式并不是一种终结，而是"一种时代内在动力的视觉表现"，于是"形式"进入一般的文化领域，其目标是体现国家的统一。他声称，建立国家的美学其手段就是确立一种"标准"，以形成"一种统一的审美趣味"。显然，穆特修斯除了国家的技术标准体系外，还强调文化和形式上的标准。他与联盟的另一位领袖凡·德·维尔德产生意见分歧，主要表现在对"标准化"问题的看法上。维尔德断言："只要德意志联盟中还有艺术家存在，他们就坚决反对任何搞标准化的企图，因为艺术家从本质上讲就是热情的自我表现。"穆特修斯则认为："德意志制造联盟的一切活动，其目的只在于标准化。只有凭借标准化，造型艺术家才能把握文明时代最重要的因素，只有利用标准化，让公众愉快地接受标准化的结果，才谈得上探讨设计的风格和趣味问题。"这场争论引起很大的轰动，双方都有广大的支持者，然而事实证明，穆特修斯的观点代表了机器时代的主流。

第一次世界大战之后，现代主义的信条在荷兰、德国、法国、新兴的苏联都确立起来。纯形式主义的艺术批评已为工业产品的几何形态进入美学范畴奠定了基础。对于设计批评而言，功能、技术、反历史主义、社会道德、真理、广泛性、进步、意识以及宗教的形式表达等概念，成了批评家最常用的语汇。各国的设计也逐渐打破了民族的界限，最后形成 30 年代的"国际式风格"。根据英国学者保罗·格林哈尔希（Paul Greenhalgh，1955—）的划分，"国际式风格"前的现代主义（1914—1930）称为现代主义先锋派。先锋派的观念最终以包豪斯为代表。包豪斯的理想是打破艺术、设计、工艺及建筑之间的各种界限，创造 "Gesamtkunstwerk"（总体艺术品, total art works）。其思想和实践在社会上引起空前的反响。当它被迫解散时，它的精神被带到英国，后又带到了美国。在那里，流亡师生们被当作"伟大的白色上帝"（沃尔夫语）来看待。30 年代新大陆风靡一时的

"国际式风格"，实际上就是包豪斯的设计风格化的结果。成千上万的信徒奉包豪斯设计为至高无上的准绳。正如评论家、建筑学家沃尔夫所说："如果有人说你模仿密斯、格罗皮乌斯或者勒·柯布西耶，那有什么？这不就像在说一个基督徒在模仿耶稣基督一样吗？"这从一个侧面反映了当时批评界对包豪斯的推崇。崇拜的结果，使此时的设计不可避免地走上"国际式风格"的道路，作为设计批评的时尚，"国际式风格"到50年代已发展到了极限（图7.2.5）。

对于国际式风格那种冷漠、缺乏个性和人情味的设计，人们已经越来越感到厌倦。于是，60年代的设计家们推出了**"波普设计"（Pop Design）**，以迎合大众的审美趣味为目的，打破所谓高雅与通俗趣味的差别。从此，色彩和装饰被重新运用，一些古典主义的视觉语汇（如三角额墙）也被重新用在建筑中，历史主义东山再起了。**"后现代主义"（Post-Modernism）**作为一个设计批评的概念，始于70年代詹克斯发表的建筑理论，一时广为传播。后现代主义概念代表了人们对现代主义的幻灭，人们已失去了对进步、理性、人类良心这些现代主义信念的信心。现代主义发展到头不是流于空洞的国际式风格，就是为右翼或左翼的专制主义所利用。正如曾经领导过西班牙现代主义运动的设计家兼设计理论家奥里尔·波希加斯，在1968年代表后现代主义对现代主义所作的批评："我们再也不考虑所谓完全设计（total design）的可能了……因为我们已经清楚地认识到，那无异于所有专制主义者共同的做法，即企图创造这样一个世界——这个世界既能表达客观事物形式上的秩序，又能够无视人类本身固有的无秩序性。"

1972年，因日本设计师山崎实的普鲁依特-艾戈住宅区的拆毁，而被认为是现代主义结束的标志，继之而起的是后现代主义设计。我们看见，设计批评的标准又发生了重大转变。现代主义的"生产"理想转向了"生活"理想；过去宣扬设计的广泛性，通过设计的理念引导消费者，而今转为尊重消费者，尊重个

**图 7.2.5　密斯，玻璃摩天楼方案，
1922 年**

密斯常被视为国际式风格的标志性人
物，他于 1922 年设计了这个玻璃摩
天楼方案（未建造），将柏林弗里德里
希大街办公楼方案调整成更为圆转的
形式。

性，使设计适应消费者情感上的要求。我们从意大利阿基米亚小
组、孟菲斯设计小组（图 7.2.6）的设计中，从美国和英国工艺
复兴（Craft Revival）、"新感受"（High-touch）的追求中，都可
以看到"感觉"成分的增多。自 60 年代末，欧洲和美洲大陆掀
起了一系列的"激进设计"和"反设计"运动，尤以意大利和英
国为表率，如 Archizoom，Superstudio，ARCHIGRAM 等工作

图 7.2.6　孟菲斯设计小组，伦敦展览
　　　　　宣传单，1982 年

室。它们激烈的设计宣言，乌托邦式的设计理想，要融设计、建筑、城市规划于一体来改变人们对环境的概念，以及有意地破坏设计的视觉语言等追求，都可以看作对过去所谓"好的设计"（good design）标准的反叛，转向注重消费者的参与，注重设计满足消费者的特殊需求，亦即生产美学向商品美学的转型。虽然 70 年代由于经济的衰退这些运动失去了活力，但 80 年代又迎来了"新设计"（New Design），或名"新平面设计"（New Graphics）或"新浪潮"（New Wave），而且理论上更成熟。意大利设计家、哲学家安德里·布朗基 1984 年出版了《热屋：意大利新浪潮设计》（The Hot House: Italian New Wave Design）一书，声言"新设计"摆脱了过去大市场的一体化——正是这种趋向使福特主义（Fordism）乃至国际式风格走向衰亡，而"新设计"则表达了工业社会本身的矛盾与悖论。他宣扬将应用美术融于设计之中，使之"充满符号、引语、隐喻和装饰"——这种表述明显地看得出受罗兰·巴特的影响。布朗基确实代表了意大利后现代主义对设计所作的哲学上的反思。从他 1985 年为孟菲斯设计的"木兰"（Magnolia）书架（图 7.2.7），即可对他的主张窥见一斑。功能主义、理性主义已被扬弃，至于现代主义"Less is more"（少即是多）的教条，文丘里已经将它诙谐地更改了一个音节"Less is bore"（少即厌烦），现代主义的批评标准在后工业时代已不再被认同了。

后现代主义的设计批评将重点由机器和产品转移到了过程和人，消费者的反应成为检验设计成功与否的决定因素。设计的"消费者化"（Consumerization）与灵活性已成为设计的必要特征和手段。为了适应各不相同的消费族群甚至为了满足个人爱好，机器大生产逐步地调整为灵活的可变生产系统，市场研究成了设计不可或缺的环节。许多大公司，尤其以日本公司为最，如SHARP、SONY 等，长期雇佣了一大批文化学者作为顾问，为设计作定位分析，判断设计的取向。这帮人广泛研究消费者的心理和习惯，甚至还研究一个地区的政治趋势等，以便更准确地预

图 7.2.7　安德里·布朗基，木兰书
　　　　　架，1985 年

测市场机会。

　　虽然战后一段时间，许多设计机构还在致力于为"优良设计"建立一套以功能主义为基础的永恒标准，但到了 60 年代，不少设计师和批评家开始认识到，在一个不断发展和变化的社会，试图保持唯一正统的设计标准是很困难的。他们发现 50 年代商业性设计所体现出来的大众性和象征性似乎更有生命力。英国著名的设计批评家班纳姆指出："50 年代商业性的工业设计比包豪斯的教条更适于汽车设计"，50 年代的小汽车以其"华丽夺目，体积庞大，三度空间感，刻意展示技术手段以构成力量的象征等特点，使任何见到它的人都为之动容。"他声称："要求那些使用寿命短暂的产品体现出永恒有效的质量是荒唐的。"高速发展的技术，需要与之相应的转瞬即逝的美学。

如果我们围桌而坐，研究一个具体的酒瓶或它的商标，由于集中在同一件具体的东西上，我们还可以交换和共有信息；但倘若拿掉这个瓶子再去谈它的"设计"——符号学家们将设计称为"高度秩序的抽象"，那么所谓"优良设计"只不过是价值判断上的一个"高度秩序的抽象"罢了。普遍意义的、绝对的"优良设计"是不存在的。因为人们的趣味没有绝对的原则：虽然可能存在标准，而标准总是很高的，却绝不可能是严格的、一成不变的。那么进一步而言，也就不存在一种我们能以之为依据去创造或者评价"优良设计"的固定格式了。好的设计的确可以辨认出来——但却是我们主观辨别出来的。我们可以宣布我们的判断，却不能够预言未来的判断。"什么是好的设计"这一问题，的确是一个纯语言学上的二难命题。

——英国设计家、批评家米尔纳·格雷（Milner Gray，1899—1997）

现代主义的批评执着地寻求一个恒久的、放之四海而皆准的标准，这与充满活力、处于不断变化的工业社会根本上就是矛盾的。此外，设计总是具体的，而标准则有抽象意味。批评家总是擅长从自己的专业出发去讨论设计，过分专精的批评，使得批评本身难免脱离普通消费者的需求，而且这是一直处于变化之中的需求。美国学者唐纳德·诺曼（Donald Norman，1935— ）在2010年出版的《与复杂共处》（*Living with Complexity*）一书中指出："设计师的角色是困难的，面临多种挑战。包括所有功能性的、审美的、制造、可持续性、产品设计中的财务问题，还有文化、培训、服务中的激励问题等，设计师必须保证最终结果与最终用户之间恰当的沟通。这就是概念模型的角色，它包括能够指示出每个正在进行的步骤的可感知的语义符号，现在的状态，还要考虑将来会怎样。这就是'即时'指令的作用，在需要的时候，提供精准的关键性的学习内容。"

正如艺术批评被称为运动着的美学一样，设计批评也随着时代的变化、社会的发展而更换着标准。标准总是很高的，是一个时代的理想，而整个地看来，标准又是运动的，表现出明显的历时性和相对性。

第三节

设计批评的特殊方式

设计批评有两种特殊方式——国际博览会（Great International Exhibition，or World's Fair）和族群批评（Minority Criticism）。

一、博览会模式

以检阅世界最新的设计成就，广泛引发社会各界的批评和购买为目的的国际博览会，其来历应追溯到 1851 年在英国伦敦海德公园举行的"水晶宫"万国工业博览会。这个博览会在设计史上具有重要意义，它暴露了新时代设计中的重大问题，引起激烈的论争，在致力于设计改革的人士中兴起了分析新的美学原则的活动，起到了指导设计的作用。而且从此以后，国际博览会这一形式就被固定下来，频频举办，每一次在不同城市，由该国政府出面承办。展览主要是在几个工业国家举行，展品却是全球性的，包括非洲、远东国家的工艺品、家具等。

英国举办第一次万国工业博览会，目的既是向世界炫耀它的工业革命成就，也是试图通过展览会批评的形式，改善公众的审美情趣，制止设计中对旧风格的无节制地模仿。举办展览会的建议是由英国艺术学会提出的，维多利亚女王的丈夫阿尔伯特亲王亲自担任博览会组织委员会的主席，柯尔负责具体的组织工作，皮金负责组织展品评审团。另有一些著名的设计家、理论家如桑佩尔等也都参加了组织工作。由于时间紧迫，无法以传统的方式建造展览会建筑，组委会采用了皇家园艺总监帕克斯顿的"水晶宫"设计方案，即采取装配温室的办法，用玻璃和钢铁建成"水

图 7.3.1　帕克斯顿，"水晶宫"，英国伦敦，1851 年

晶宫"庞大的外壳。这是世界上第一座使用金属和玻璃，采取重复生产的标准预制单元构件建造起来的大型建筑。它本身就是工业革命成果最好的展示，与 19 世纪其他工程一样，它在现代设计的发展进程中占有重要地位。然而，当时的人们对它的态度毁誉不一，有人甚至讥讽地称之为"大鸟笼"，拉斯金批评它"冷得像黄瓜"，皮金称之为"玻璃怪物"（图 7.3.1）。

　　"水晶宫"中展出的内容却与其建筑形成鲜明对比。各国送展的展品大多是机制产品，其中不少是为参展特制。展品中有各种各样的历史样式，反映出一种普遍的漠视设计原则、滥用装饰的热情。厂家试图通过这次隆重的博览会，向公众展示其通过应用"艺术"来提高身价的妙方，这显然与组织者的原意相去甚远。只有美国的展品设计简朴而有效，其中多为农机、军械产品，它们真实地反映了机器生产的特点和既定功能。虽然美国仓促布置的展厅一开始遭到嘲笑，但后来评论家们都公认美国的成功。参观展览的法国评论家拉伯德（Léon de Laborde，1807—1869）说："欧洲观察家对美国展品所达到的表现之简洁、技术之正确、造型之坚实颇为惊叹。"并且预言："美国将会成为富有艺术性的工业民族。"然而总体来说,这次展览在美学上是失败的。由于宣传盛赞这次展览的独创性与展品之丰富,蜂拥而至的观众对标志着工业进展的产品留下了深刻印象;但另一方面,展出的批量生产的产品被浮夸的、不适当的装饰破坏了,激起了尖锐的批评。其后若干年,对博览会的批评都还持续不断,其中最有影响的人物是皮金、拉斯金、琼斯和莫里斯。欧洲各国代表的反应也相当强烈,他们将观察的结果带回本国,其批评直接影响了本国的设计思想。

伦敦"水晶宫"博览会后,英国工业品的订货量急遽上升。从水晶宫博览会的举办前后,我们可以看出博览会这一批评形式的运作方式。首先,展品入选必须经过博览会展品评选团的专家认定,这便是一个审查批评的过程;在博览会期间和会后,展团的互评,观众的批评,主办机构的批评,各国政府官员的评论和报告,以及厂家及消费者的订货,反映出这种设计批评形式的广泛影响和独特作用。无论博览会成功与否,其社会效应总是直接的、超国界的,而且是多方面的。每一届国际博览会都有一个关注的焦点或争议的主题。这一系列频频举办的博览会除了推动设计批评和设计发展,同时有效地促进了各国工业化的竞争。

继伦敦水晶宫博览会后,接踵而来的著名博览会有:1853年纽约"水晶宫"博览会,由于施工不良和组织不善造成失败;1855年、1867年、1878年的巴黎博览会赢得了建筑上的声誉;1889年的巴黎博览会,为了纪念法国革命100周年建造了埃菲尔铁塔;1876年的费城博览会和1893年的芝加哥博览会,让世界认识到美国的发明与工业生产的能力;1896年的柏林博览会及1898年的德累斯顿博览会,德国工业设计脱颖而出;1900年的巴黎博览会,法国新艺术设计为设计史留下了"1900年风格";1925年在巴黎举行的世界现代装饰与工业艺术博览会(又称"装饰艺术展")值得格外留意,它代表了艺术装饰风(Art Deco)的极限,其奢侈豪华引起了各界的抨击,唯有勒·柯布西耶的"新精神馆"与众不同,独树一帜(图7.3.2);1929年

巴塞罗那世界博览会，密斯设计的德国馆实现了"技术与文化融合的理想"；1930 年和 1935 年比利时分别举办的列日博览会及布鲁塞尔博览会，为世界人文发展提供了辽阔前景；1937 年的巴黎博览会，国际式风格与民族主义（如希特勒的首席建筑师斯皮尔设计的德国馆）并驾齐驱；1939 年的纽约博览会，推出了"未来城市乌托邦"模型以及"流线型"（Stream form）设计。由于战争的原因，世界博览会就此停办，第二次世界大战以后才得以恢复，其中著名的有 1958 年的布鲁塞尔博览会，1962 年西雅图博览会，1967 年蒙特利尔博览会，1970 年大阪工业博览会，1974 年华盛顿博览会等。2010 年在上海举办的"世博会"，正是这一传统的继承。

图 7.3.2　勒·柯布西耶，"新精神馆"
　　　　　内景，1925 年

自 1851 年开办以来，国际博览会这一批评形式对现代设计运动起了巨大的影响和推动作用，事实上，国际博览会本身就是现代设计的一部分。

二、族群批评

另一种较为特殊的设计批评方式是我们所说的族群批评，其中包括审查批评与族群购买。

审查批评指的是设计方案的审查小组以消费者代表的身份对设计方案进行审查与评估，以及设计的投资方与设计方进行谈判磋商的过程。这种批评由特定小组承担，常常包括专家群体，投资方，政府主管部门，使用系统的主管甚至生产部门的代表。他们从消费者的角度，以市场的眼光对设计方案进行分析和综合审查，包括审查图纸、样品、模型以及试销效果。如果设计与消费者的需要发生冲突，则这一族群批评绝对是站在消费者的立场，要求对设计方案进行修正。当然，尽管审查批评者力求预见消费者的反馈，但有时也不尽如人意，审查小组未能成功地代表消费者的利益。前文"批评标准"一节中谈到的普鲁依特－艾戈住房工程便是一例。

族群购买是消费者直接参与的设计批评。所谓族群购买是指消费者表现为不同的购买群体，而每个群体都有其特定的行为、语言、时尚和传统，都有各自不同的消费需求。不同的消费群体即不同的文化群体，而各种市场的并存，正反映了不同文化群体的族群批评（图 7.3.3）。现代设计更是抓住了消费族群的群体特征并且有意地强化这些特征；消费者的族群购买则接受了这种对自己族群特征的概括与强调，同时反过来进一步巩固族群特征。正常的情况下，男人不会消费女性的服装，青年女性对中老年时装也不感兴趣。麦当劳快餐店的主要消费者是少年儿童，它的设计就紧紧抓住儿童心理，在整套 CI 形象上，在销售策划上都突出和夸张儿童的特征，以吸引族群消费者。族群消费除了跟这个

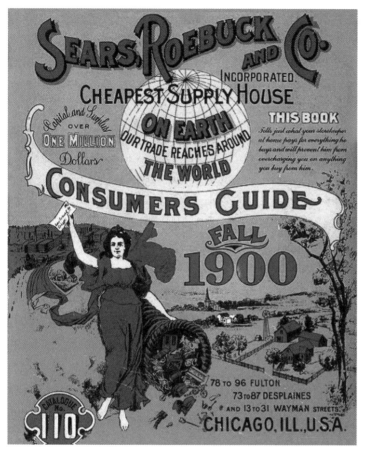

图 7.3.3 西尔斯－罗布克公司产品目
录《消费者指南》第 110 期
封面，1900 年

文化群体固有的特征有关，跟消费者的从众心理也有关系。族群
是一个安全地带。

族群批评是消费者自我无意识的反映。族群批评这一形式被
公司的市场机构高度重视，他们所做的广告分析、市场定性、定
量研究，都是以消费者的族群批评为研究框架，通过对个体意见
的统计归纳，达到对族群特征最准确、最适时的把握，使自己的
产品在设计更新上更好地迎合族群批评。事先了解族群批评是设
计成功的基本条件，也就是说，产品必须主动地选择它的批评
者，使自己跻身于特定的群体之中。譬如，一种新的饮料选择了

年龄在 6～17 岁阶段的消费者，那么饮料的广告设计、包装设计、口味配方、货柜陈列、促销策略，都必须围绕这个族群的诉求点，针对它的心理特征、购买习惯、购买力、空间行动等特点来进行。60 年代以来，由于工业自动化程度的不断提高，大大增强了生产的灵活性，使小批量的多样化成为可能；大生产厂家采用了计算机辅助生产（CAM），在可编程控制器、机器人和可变生产系统的帮助下，设计可以在多样性和时尚方面下功夫，以更好地满足族群购买的需求。计算机辅助设计（CAD）也促进了设计多元化的繁荣，并且与族群批评者建立起更好的合作界面。至于现代主义设计，则是以大批量销售市场为前提的，因而它必须强调标准化，要求将消费者不同类型的行为和传统转换为固定的统一模式，并依赖一个庞大均匀的市场；其设计的指导思想是使产品能够适用于任何人，但结果往往事与愿违，反而不适于任何人。60 年代以来，均匀市场消失，面对各种各样的族群批评，设计只能以多样化战略来应付，并且有意识地向产品注入新的、强烈的文化因素。

族群批评本身带有大量的文化因素。60 年代，对残疾人日常生活的关注成为社会舆论的一个主题，甚至是一个时髦的话题。1969 年《设计》杂志有整整一期都在讨论这个设计题目，即所谓"残疾人设计"（Design for Disabled）。残疾人是一个特殊的消费族群。从道德的角度出发，当时许多设计师都为他们作出了努力，并产生了不少优秀的设计，如残疾人国际标志，以及一系列专门适用于残疾人的日用品。获得 2011 年红点奖概念设计奖的"跷跷板浴缸"（Flume Bathtub），是一款专门针对残障人士设计的浴缸，设计师采用跷跷板原理，解决了残疾人洗澡的问题，让他们能够在不借助别人帮助的情况下，独立进出浴缸，完成舒适的洗浴体验（图 7.3.4）。

女性主义（Feminism）的族群批评是又一个极有代表性的例子。它首先是 60 年代女性主义运动的产物：一方面包括女性主义设计史家和批评家从文化学、社会学、心理分析和人类学的

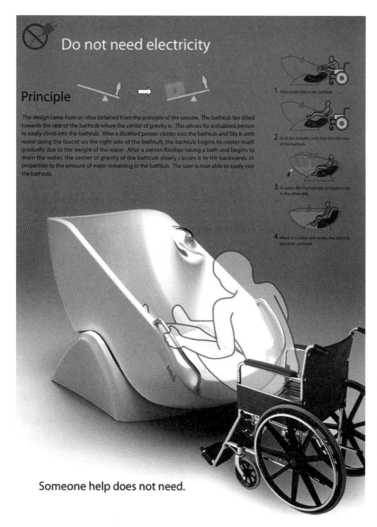

图 7.3.4 Kim Jung Su，Yoon Ji Soo 和 Kim Dong Hwan，跷跷板浴缸，2011 年

跷跷板浴缸的底座由活动结构构成，缸体部分可以像跷跷板一样上下摆动。坐在轮椅上的人首先需要把双脚放到浴缸里，然后抓住浴盆上的扶手，滑到浴缸座位上，随着水位的不断上升，浴缸的另一端就会下降，最后浴缸保持水平位置。

角度重新评估女性群体对设计发展的贡献；另一方面也包括以女性消费者的眼光评价男人设计的环境——男人在设计建筑、公共场所、交通环境等设施上，怎样以物质形态反映女性的地位。至于女性族群批评，则是一个很大的概念，谈论它往往要具体到某一文化群体。女性作为一支庞大的购物生力军，其族群批评是商家悉心分类、分析的对象。

第四节

设计批评的理论

设计批评的理论包括两重涵义：其一是指当时的人所提出的关于设计的批评思想；其二是后人对这些批评思想所作的分析与理论研究。后一种情况带有史学的意味。

一、设计批评理论的出现与发展

最早出现的设计批评理论是关于设计功能的探讨，我们可以追溯到18世纪的威廉·荷加斯的著作《美的分析》。在该书中，他对设计的美应以满足实用需要为目的作了敏锐的分析，书的第一章以"关于适合性"开始，他写道："设计每个组成部分的合目的性使设计得以形成，同时也是达到整体美的重要因素……对于造船而言，每一部分是为适应航海这一目的设计的，当一条船便于行驶时，水手便将它称为美的，美与合目的性是紧密相连的。"荷加斯对洛可可风格的意义作出高度评价，提出以线条为特征的视觉美及以适用性为特征的理性美。18世纪的工业革命已给英国带来重大变化，整个国家对机器的革新和工业的进步充满好奇和兴趣，而如何将美与机器效率协调起来，这就意味着一个美学问题。哲学家们写下了大量关于美的思辩论著，整个18世纪充满理性气息。然而现代意义上的设计批评理论，却是从19世纪才开始的。1837年在伦敦成立的"设计学校"（School of Design）推动了设计和设计批评的发展，而19世纪对工业革命的反响，则成为设计批评理论响亮的开篇。

1835年，英国议会指定了一个专门委员会，以商议外国进口增加的问题，并试图找到"在民众中扩大艺术知识和设计原则

的最佳方法"。委员会认为，法国和德国的优秀设计得益于学校
教育，年轻的设计师受到良好训练，制造商则可以模仿范本。在
1836 年发表的《艺术与产业报告》中，委员会得出如下结论：
"拯救英国工业未来的唯一机会就是向人们灌注对艺术的热爱。"
该报告促成了政府建议成立新的设计学校，同时促成了第一个博
物馆的建立。在皇家学院的倡议下，第一所"设计学校"成立
了。一些具有远见的批评家将它看作新机器时代的重要标志，提
出美术必须向工业靠拢的论点。19 世纪批评家认识到，随着生
产的发展和新的消费层的出现，古典主义的标准失落了，取而代
之的是风格上的折中主义，因此，他们都力图寻找设计和现代社
会的某种和谐关系。

　　面对设计标准的下降，一些批评家首先责难批量生产与技术
进步，后来扩展到与工业化有关的社会问题。他们主张重新评价
过去时代的贡献，竭力推崇中世纪文化，宣扬将哥特式作为一种
国家风格，一种统一的审美情趣应用到设计与装饰艺术中去。其
主要代表人物是皮金、拉斯金和莫里斯。建筑家皮金在 1836 年
出版的《对比》（ *Contrasts*，图 7.4.1 ）一书的扉页上，以嘲弄
的口吻批评当时的设计状况："六节课就能教会设计哥特式、朴
素的希腊式和混合式风格。"而针对这种流行病，他认为只有回
归到中世纪的信仰才是在建筑和设计中获得美与适当性的方法。
对皮金而言，哥特式的复兴代表着一种具有精神价值的设计运
动，这种精神基础在一个价值观迅速改变的社会中是必不可少的
要素。他的批评思想使他成为后来艺术与工艺运动的先行者。他
认为设计基本上是一种道德活动，而设计者的态度通过其作品转
移到了别人身上，因此，"理想越高，则设计的水准也越高"。皮
金反对人工材料，反对平面上装饰三度空间的方法，并抨击装饰
过多的花样。他同时还是政府设计学校的激烈批评者。皮金的思
想得到一群设计家的响应，其中一位是亨利·柯尔。他对皮金的
"设计原则"推崇备至，同时又强调设计的商业意识，试图使设
计更直接地与工业结合。1849 年他创办的《设计》杂志，成为

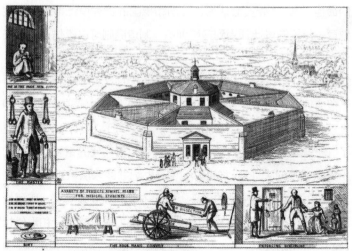

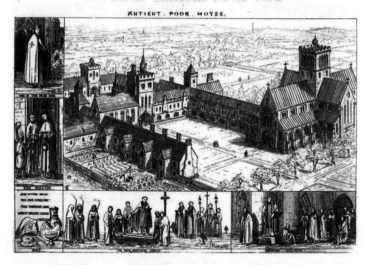

图 7.4.1 皮金《对比》中的插图"对
比为穷人设计的住宅"

他和同事表达批评思想的场所。在设计的道德标准以及装饰的重
要性问题上，他与同代的批评家思想一致，"只有当装饰的处理
与生产的科学理论严格一致，也就是说，当材料的物理条件、制
造过程的经济性限定和支配了设计师想象力驰骋的天地时，设计
中的美才可能获得。"早期的设计批评理论表现出将设计与伦理
道德结合的思想，并常常致力于装饰问题的讨论。

对于 1851 年"水晶宫"万国工业博览会，影响最深远的批评来自拉斯金，以及其设计美学思想的追随者、艺术与工艺运动的领袖莫里斯和阿什比。与皮金一样，他们对中世纪社会和艺术推崇备至，对于博览会毫无节制的过度装饰甚为反感。但是，他们将粗制滥造的原因归咎于机械化大生产，因而竭力指责工业及工业产品。其批评思想基本上是基于对于中世纪文化的怀旧感和对机器的否定，虽然拉斯金指出，"目睹蒸汽机车飞啸而过时，人不禁怀有一种惊愕的敬畏和受压抑的渺小之感"，但机器及工业产品在他的美学思想中没有一席之地。他曾经写道："人类并不倾向于用工具的准确性来工作，也不倾向于用工具的准确性来生活。如果使用那种准确性来要求他们并使他们的指头像齿轮一样去度量角度，使他们的手臂像圆规一样画弧，那你就没有赋予他们以人的属性。"拉斯金认为，只有幸福和道德高尚的人才能产生美的设计，而工业化生产和劳动分工剥夺了人的创造性，同时带来许多社会问题。他的建筑和设计批评理论，以《建筑的七盏明灯》为代表。他为建筑和设计提出了若干准则，后来成为艺术与工艺运动重要的理论基础，莫里斯便直接继承了拉斯金的思想。

许多设计批评家、史学家都强调 19 世纪关于设计的道德方面批评的意义，认为它为现代主义设计奠定了基础。佩夫斯纳《现代运动的先驱者》对现代主义来龙去脉的分析大大地帮助了人们理解现代主义思想的发展。该书 1949 年版的标题成了《现代设计的先驱者》。佩夫斯纳指出："莫里斯通过把手工艺作为艺术这一称得上是人类最佳行为的事物，使之得以复兴，（现代）运动由此开始；1900 年的先驱者们已由于发现机器艺术大量的、未经证实的可行性而走得更远了……莫里斯给现代风格设立了基本原则，再加上格罗皮乌斯，它的个性最终确立。"

《现代设计的先驱者》从建筑家和设计家的设计思想上追根溯源，在例证中对建筑的评论大于设计与工艺。全书的理论核心在于"现代主义是对 19 世纪至 20 世纪逐渐扩大的工业化之反响。"他指出莫里斯发动了关于设计标准的争论；除了从美学批评的角度反对机器对手工艺品亦步亦趋的模仿尤其是对手工业装饰的模仿，莫里斯还从意识形态上对机器生产作出了剖析与批评：工业主义带来的劳动分工从根本上割裂了人与工作的一致性——正如马克思所说，"人变成了仅仅是机器的附属物。"不过，当莫里斯和艺术与工艺运动以回到中世纪手工生产为理想去解决问题之时，英格兰之外的国家对设计却怀有不同的理想和不同的解决途径。芝加哥学派，维也纳分离派，法国、比利时、瑞典、西班牙等各国的新艺术运动都有一个共同之点，就是充分肯定机器的潜力以及设计同技术结合的前景。

在设计批评思想的发展这个问题上，佩夫斯纳及他的众多追随者往往将莫里斯的观念直接与赫尔曼·穆特修斯的思想联系起来。然而近年来，以赫斯克特（John Heskett，1937—2014）为代表的批评理论则倾向于将 19 世纪关于商品生产道德方面的争论与资产阶级自由主义的发展联系起来分析。赫斯克特认为，德意志制造联盟的重要性在于它力图将 1880—1940 年形形色色的设计运动和思想带入一个明确、清晰的方向，其理论支柱有两条：第一，艺术的追求与技术和机械措施并不互相排斥，而是可以协调起来；第二，建筑及设计是民族文化的表现，不同民族自然地表现出不同的文化标准。

20 世纪早期的设计批评理论影响最大的是构成主义美学和新造型美学。苏联构成主义的理论在抽去它的政治色彩后，便成为被西方广泛接纳的**构成主义美学**（Constructive Aesthetics）。构成主义美学宣扬打破传统，赋予艺术和设计更大的民主性而非精英文化；强调人类经验的"广泛性"，认为人类在自然的象征主义和抽象的象征主义方面有着共同的语汇。这一理论对荷兰"风格派"（de Stijl）的设计批评造成显著的影响。风格派以《风格》杂志（图 7.4.2）为喉舌，在新柏拉图主义（Neo-Platonism）和格式塔心理学（Gestalt）基础上提出重组空间的概念，即把空间概念缩减成并列系统，不论是设计一把椅子还是设计一

图7.4.2　《风格》杂志，1921年11月主题"达达主义"

幢大厦，都应该使内部结构与外部结构的区别减到最小限度，这便是风格派提出的新造型主义（Neo-Plasticism）。这种追求"纯粹和谐设计"的思想一直贯穿现代主义设计批评。它是由风格派早期领袖之一，画家蒙德里安（Piet Mondrian，1872—1944）最先借用的。新造型主义最有影响的理论家是凡·杜斯堡，他直接影响了包豪斯的批评思想。

　　包豪斯主义汇聚了现代主义设计批评的主流，包豪斯成了设计革命和思想创新的象征。格罗皮乌斯在他的《全面建筑观》中写道：

　　我们正处在一个生活大变动的时期，旧社会在机器的冲击下破碎了，新社会正在形成之中。我们的设计必须发展，不断地随着生活的变化而改变形式，绝不只是表面地追求"风格"。

　　历史表明，美的观念随着思想和技术进步而改变。谁要是以为自己发现了永恒的美，他就会陷入模仿因袭而停止不前，真正的传统是不断前进的产物，它的本质是运动的，不是静止。传统应该推动人们不断前进。

现代建筑不是老树上长出的新枝，而是新的土壤中生长出来的幼株。

在格罗皮乌斯为新时代的设计界定、解说的同时，勒·柯布西耶在法国出版了一系列的著作，宣扬他的现代主义设计理论和批评理论。他的批评观特别反映在《走向新建筑》(*Vers une Architecture,* 1923)中，他将现代主义的重要性扩展到了城市规划乃至整个人类社会的终极理想（图 7.4.3）。

总的看来，现代主义的设计批评理论将设计的道德责任放在重要位置。由于感到在工业社会中，人们已经在主宰他们经济与政治力量的重压下变得冷酷起来，针对这种人与人之间的鸿沟，"真实"的价值被高度强调。从美学角度，强调装饰不可以掩盖掉设计品的本来性质，即它的基本构造和空间的真实性。包豪斯宣扬的"总体艺术品"还隐含有艺术不该存在等级之分之意，其宣扬充分利用技术意味着设计品的批量生产可望达到街上每个人都有权享用的程度。功能被放在第一位，即设计首先要合用，而在此基础上，也要追求高度的美感——也就是沙利文所谓的"形式服从功能"的要旨。表现主义的特质被认为是不适合设计的。不过，如果仔细阅读勒·柯布西耶的著作，我们发现勒·柯布西耶认为表现的价值也是美学发展的一部分，而人类的进步包含了政治结构的进步、科技的进步和美学的发展。他认为人类如果要发展，那么历史上的各种风格及工艺都应被淘汰。这种反历史主义的理论倒不是说过去大师们的成就应该弃而不用，而是指对过去的利用应该是重新运用，却不是为了唤起回忆，抽象形式的运用正好可以避免设计的叙事性或象征主义倾向。

如果历史主义是相对时间而言，那么民族主义则是相对空间而言——同样地，应该通过国际主义和大众化打破人们空间的隔离。现代主义的批评理论竭力鼓吹打破学科界限，打破消费者阶级差别界限。其实，所谓"国际式风格"的理念并非 20 世纪 30

图 7.4.3　勒·柯布西耶《走向新建筑》书影

年代才出现的，新艺术运动的设计家和理论家们早已提出过，他
们的"通用语言"是自然形式。现代主义批评理论源于柏拉图式
的信仰，它宣扬抽象形式基于相信存在一种永恒之美。其理想主
义正如佩夫斯纳所指出，是基于"对科学技术的信仰，对社会
科学和合理规划的信仰，对机器的轰鸣和速度之浪漫主义的信

仰。"认为设计可以改变人的意识，而通过设计对环境条件的改善，设计家可以影响设计品的观者和享用者。这是一种典型的因果论，这种因果论根植于 20 世纪初至 20 世纪 20 年代盛行的行为主义哲学和格式塔心理学的土壤。

比之于现代主义的艺术批评理论，现代主义的设计批评理论是较为温和、有限制的。它的信条不是指在形成当时的历史条件下就能实现，而是作为一种长久的道德观。它的生成是在 1900—1930 年这段欧洲社会和视觉艺术剧烈变化的时期，欧洲的城市化和工业化迅速发展，电力广泛使用，汽车、电话、电影、摩天大楼应运而生，在马克思、尼采、弗洛伊德关于尘世的哲学影响之下，各种新的世界观纷纷形成。处处都可以见到这样的思想——世界将会发生根本性的变化，设计批评理论也深以为然。

二、设计批评理论的多元化

世界确实处在不断变化之中。第二次世界大战以后，人们的意识形态发生了极大的转变。既然弗洛伊德心理学已指出，我们是由不可控制的无意识（unconsciousness）这一"隐藏的冰山"所控制的，而语言学家又发现，与其是我们人类创造了语言，不如说语言创造了人类，于是，对绝对真理的信仰也失落了。符号学指出，我们自身是由一系列的符号、象征、图像和（或）隐喻不断地交互作用组成的。从某种程度上讲，这种对同一性和绝对性的否定表明了一种自由的获得。如今，人能够重塑自我，根据个人的愿望和需要持不同的见解了。有的批评家认为，在大众传媒作用下，社会正在由变形走向精神分裂。

法国后现代主义最著名的理论家鲍德里亚曾用解构方式探索了广告与消费文化对当代社会的影响，尤其对原创性提出挑战。他指出，在这个新技术不断制造信息和图像的时代，我们处于"痴迷信息交流"（ecstasy of communication）中，处于古罗马酒神节的颠狂状态，只关心事物的表面而非实质；所谓现代设计中的"风格化"（Styling），"有计划的商品废止制"，CI 设计以及广告代理（Advertisement Agency）等，都是这种"痴迷"现象的成因与结果。"我们无法分清真假"，他说，因此艺术图像用在平面设计中只能称之为"模拟"而不叫"盗用"。他的理论受到 1980 年代以来设计家们极大的推崇。

"产品符号学"（Product Semantics）这一概念在 20 世纪 80 年代才被工业设计师广泛使用，然而符号学的设计批评在 20 世纪 70 年代已十分盛行。用符号学的方法分析设计应追溯到 20 世纪 50 年代法国罗兰·巴特所著的《神话》（*Mythologies,* 1957）。罗兰·巴特认为，设计的对象及其形象不仅仅代表设计品的基本功能，同时还载有"隐喻"（metaphorical）的意义，它们带着广泛的联想，起着"符号"的作用（详见图 1.2.2）。

朱迪丝·威廉逊连载的"广告解码"（Decoding Advertisement，图 7.4.4）在广告设计界引起轰动，备受青睐，广告设计也由此走向成熟老练。广告符号过去隐晦的涵义如今被解读得更加明晰，过去只是含蓄的联系也变得明白可见了。这样的效果有时可以通过相互参照（cross-referencing），即罗兰·巴特所称的"互文性"或"文本间性"（intertextuality）实现。威廉逊 1982 年在她的书中写道："丝质时装款式的广告现在可以参照卡贝雷牛奶广告的色彩和图样（紫色漩流），它仅仅从形式上就唤起人们对那著名的'一杯半全脂牛奶'的感觉，而我们知道，这同一意象在卡贝雷的巧克力广告中也曾出现过。"符号学也应用在工业设计的批评中。它提醒设计家有意识地将产品的个性特征寓于其色彩、造型、质感、体积的设计，从而使产品具有比使用功能更多一层的涵义。由于这样有意地为产品植入丰富的内涵，产品所引发的广泛联想不仅能够缩短与消费者之间的距离，而且还可以将产品性能同用途表现得更清楚明了。这一过程被看作与符号解码过程刚好相逆，是由概念到具体细节的过程。我们已看到许多设计家，尤其以索特萨斯、孟菲斯小组为代表，都自觉地

图 7.4.4　朱迪丝·威廉逊,《对广告的解码：广告中的观念形态及意义》书影，2000 年，Marion Boyars Publishers

运用了这一理论，而他们的实践又引导了新的图像学的研究。

　　在后现代这一不是由生产"指令"控制的时期，对新的设计美学的探讨，自然属于设计批评理论的课题。20 世纪 70 年代，"商品美学"的命题成为设计界的热门话题，批评家宣称它应取代过去的"生产美学"。设计师为适应多元化的市场，必须将产品的功能和作用纳入商品范畴来对待。商品美学分析了商品的双重价值，即：需求价值和交换价值；指出设计应借助双重价值唤起人们的购求欲望。豪格（Wolfgang Fritz Haug, 1936— ）从商品美学的角度阐述了设计的这一问题，他说："商品总是多少拥有使用价值，但它们确实不曾拥有任何它们曾允诺的审美特

性。商品美学争取与购买者'合拍'并考虑其行动，至少考虑其
开销能力，就这点来说，购买者处于与坦塔罗斯（Tantalus，希
腊神话人物，宙斯之子）相似的位置，发现自己被自己的需求这
一美丽的幻觉所围绕着，而当他迎向它们时，他抓到的只是空
气。"正如伯克哈特（François Burkhardt，1936—）所指出，重
要的是设计表达的价值。在旧的思维模式中，我们自然地认为，
我们有某种生活需要，它是第一位的，然后根据这些需要生产出
产品和广告对它予以满足；产品和广告是第二位的，是反映，是
第二层建筑，生活需要决定了产品和广告。然而从新的思维模式
来看这个问题，结论则恰恰相反，是产品和广告塑造、规范、刺
激以至于生产了消费者的需要；设计具有极为有力的能动构造作
用，直接影响着人们的消费。显然，商品美学是后工业时代的产
品美学。

　　20 世纪 80 年代的欧洲出现了一种设计批评的潮流，它有两
个不同说法，叫"先驱设计"（Design Primario）或"软"设计
（Soft Design，图 7.4.5）。这一理论（首先以意大利米兰为中心）
抨击了工业产品和建筑有意排斥美学和感官愉悦的状况，并在早
期现代主义最感兴趣的人造机械与自然变化两者之间，发展了它
新的批评方法。这一理论认为，由于建筑和设计依然把二度空间
草图（或它的电子模拟）作为完成手段，这样产品或环境的"客
观性"似乎牺牲了主观性，包括感官上的光、热、声音、湿度等
无法简单指出的性能，因此，"先驱设计"旨在探寻高技术变化
多端的潜能，以形成灵活的、适度的感觉空间。技术可以控制
光，探测温度和湿度，减少在创造适于人类的使用环境时硬性结
构的负担。先驱设计理论很快得到了实践，美国宇航局和菲亚特
公司等机构研究了如何使感官愉悦得以重新引入高技术之中。美
国宇航局希望通过设计高技术"y & y 舱"，使它的太空实验室
可以长期居住，包括可以综合衍射描绘风景外貌，记录下爱人回
家之类的信息以及其他人为因素。他们假设愉悦是更社会化的、
心理上的，而不是物质上的；如果用得恰到好处，输入最小的感

图 7.4.5　Roberto Pezzetta &
Zanussi 工业设计中心，
Oz 冰箱模型（软设计代表
作），1994 年

觉也可以变成愉悦。

　　这一课题由英国学者彼得·约克（Peter York，1944—）发展了。他观察到世界渴望从英国设计那儿得到的不是最终产品，而是英国的历史及其形象，这是其他国家无法生产的东西。他关于"非设计"概念的评语对设计实践的结构有着重要的指导意义。"软"设计理论发展到 20 世纪 90 年代深受批评家关注，他们普遍认为，设计的发展同科学的发展是相一致的，设计领域再也不以"物体"和"产品"为核心，取而代之的是一种过程，是依靠设计（它可能是一种产品，可能是一种劳务，也可能是一种环境，乃至可能是一种气氛）的使用者的响应而发生的一种过程。"设计在后机械时代的作用是使人人都能介入设计过程，为达到这一目的，必须抛弃传统的美学观点，使设计成为一个社会服务过程，在这个过程中，我们既是观众又是演员。"

"绿色设计"作为一个广泛的设计概念始于 20 世纪 80 年代，但有关绿色革命的思想运动与设计批评理论却早在 20 世纪 50—60 年代就出现了。20 世纪 60 年代初期的美国发生了生态与和平运动，它抵制高度工业化社会的要求，寻找一种对用具、住房和食品生产的自我满足态度，企望通过设计家的努力调整生产与消费，建立"人与环境友好"的关系。这一追求正好与新兴的"为需要而设计"（Design for Need）的思想吻合。十年以后，这一运动形成了有关"危机"的结论。在欧洲国家，尤其是斯堪的纳维亚国家以及荷兰、英国、当时的联邦德国，生态问题引起政府的高度重视，设计家与理论家发挥了重大影响。他们鼓吹仿生学和自然主义的设计，完成了一整组实验产品，探索了生产、推销等各种可选择方式。这一时期最有趣的作品是由德国"设计派"（Des-in）所做的——产品与理论基本相符。在意大利，自从"意大利设计体系"（DAI）有了开放的批评态度，情况便有所不同了。这个自主的团体一直与工业家保持了对话沟通，而且成绩斐然。20 世纪 80 年代生态环境问题引起了大众的普遍关注，理论家认为通过设计及消费"绿色"产品可以改善环境状况，甚至提出"绿色生活方式"的概念。材料的使用，对"有计划商品废止制"的态度，产品和生产过程的能源利用等问题，已经成为设计师们必须面对的题目。特别是设计进入 1990 年代之后，地球的生态环境状况业已显明，将能源消耗等问题纳入设计的考虑已绝不仅仅是风行于 1970 年代的"绿色设计"时尚了。海湾战争造成的石油损失与环境污染直接加深人们的危机意识。如今，绿色设计已被当作对现有工业与消费结构的某种调整，而不只是对早期帕帕奈克或莫里逊（Bill Mollison，1928—2016）激进理论的反响而已（图 7.4.6）。

值得留意的是，在后现代主义的批评家纷纷讽刺现代主义设

图 7.4.6　**伦佐·皮亚诺，加州科学院，2008 年重建**

为使建筑与自然环境能够和谐共生，达到可持续发展的建筑理想，伦佐·皮亚诺（Renzo Piano，1937- ）为加州科学院设计了一个"绿色屋顶"，其灵感源自旧金山最初的七座山丘。绿色屋顶上种植有 170 余万株加州本地植物，可以收集雨水、减少"热岛效应"和空气污染，并配有雨量、温度、湿度监测系统，可依据相关数据调整天窗开合，达到调节室内温湿度稳定的目的，而不是依赖空调系统。

计运动而得到满足时，有些人却在尝试着"把过去的现代主义中一些能动的辩证因素带进今日的生活。"马歇尔·伯曼就是其中的代表。在他备受好评的批评著作《一切固定的东西都烟消云散了》（*All that is Solid Melts into Air*, 1983）中，他引用了马克思的话："一切固定的古老关系以及与之相适应的素被尊崇的观念和见解都被消除了，一切新形式的关系等不到固定下来就陈旧了，一切固定的东西都烟消云散了，一切神圣的东西都被亵渎。人们终于不得不用冷静的眼光来看他们的生活地位，他们的相互关系。"

伯曼像拉斯金一样，重新发现了早期现代主义传统的预言性。伯曼的独特观点是由单一的后现代泛文化主义，对流行文化的兴趣以及对现代世界中生产者作用的关注这三者构成的。他试图对设计进行组合、取舍，重新唤起我们对早期现代主义的流行性、希望、集体意识和平衡的认识。伯曼还引用了美国小说家托马斯·贝格尔（Thomas Berger，1924—2014）《疯狂的柏林》

（*Crazy in Berlin,* 1958）中的话，退役军人对着被战争毁坏的城市问了这样一个问题："为什么，当东西被打碎时，它们看起来比完整的时候更丰富？"贝格尔含蓄的回答是，对于幸存者来说，毁坏了的城市失去了一切，然而，具有讽刺意义的是，残存的东西看起来比生活本身更重大。伯曼在表现性建筑中，在80年代先锋派的"辅助设计"中，看到了"无数居于废墟中的人有重生的愿望和力量……在毁灭之中存在着文化的创造力。"

　　从诸多的理论中我们可以看出，与当代设计的多元化相呼应，设计批评理论的发展也趋于多元化。然而，各种各样的理论都有一个共同的特点，那就是迅速地吸收社会科学以及自然科学的新成就，使设计批评在观念上和研究方法上有所突破。传统科学的根本原则，即秩序、简单、稳定，已被新的科学世界观所抛弃，取而代之的是新的准则，即混乱、复杂、变化。设计批评理论的发展也正好与这种变化相适应。

课后回顾

一、名词解释

1. 设计的批评对象
2. 装饰即罪恶
3. 国际式风格
4. 效用计划模式
5. 族群批评
6. 构成主义美学
7. 商品美学
8. 先驱设计（软设计）
9. 女性主义的族群批评

二、思考题

1. 试简述设计批评的主体及其主要特征。
2. 试简述设计评价体系的参照标准。
3. 试简述设计批评的博览会模式和族群批评模式。
4. 试论述设计批评理论的形成与发展对现代设计的影响。
5. 试论述设计批评理论的多元化对当代设计发展的深刻意义。

附录

进一步阅读书目

本书目除了包括我国学者有关本专业的著述之外，还将尽量收入欧美设计专业学生相关课程的必读书目（其中相当部分已有中译本）。因此，本书目所提供的既是本教材的参考书目，又是我国设计学生的必读书目。本书目分为"通史、文献、专题、工具书"四个部分，并增补了部分"网络资源"；按照汉语拼音和英文字母排列。

通史部分：

阿拉森，H.,《西方现代艺术史》，邹德侬等译 天津人民美术出版社 1986 年。

巴尔赞，雅克，《从黎明到衰落——西方文化生活五百年》，林华译，北京：世界知识出版社，2002 年。

巴萨拉，乔治，《技术发展简史》，周光发译，上海：复旦大学出版社，2000 年。

贝利，斯蒂芬和菲利普·加纳，《20 世纪风格与设计》，罗筠筠译，成都：四川人民出版社，2000 年。

陈平，《外国建筑史：从远古至 19 世纪》，南京：东南大学出版社，2006 年。

多默，彼得，《1945 年以来的设计》，梁梅译，成都：四川人民出版社，1998 年。

福蒂，阿德里安，《欲求之物：1750 年以来的设计与社会》，苟娴煦译，南京：译林出版社，2014 年。

弗兰姆基敦，肯尼斯，《现代建筑——一部批判的历史》，张钦楠等译，北京：读书·生活·新知三联书店，2012 年。

贡布里希，E. H.,《艺术的故事》，范景中译，杨成凯校，南宁：广西美术出版社，2014 年。

华梅，《中国服装史》，天津人民美术出版社，1989 年。

胡德生，《中国古代家具》，上海文化出版社，1992 年。

瑞兹曼，大卫，《现代设计史》，若澜莐-昂、李昶译，北京：中国人民大学出版社，2013 年。

克鲁夫特，汉诺-沃尔特，《建筑理论史——从维特鲁威到现在》，王贵祥译，北京：中国建筑工业出版社，2005 年。

克里克，保罗和朱利安·弗里曼，《设计》，周绚隆译，北京：生活·读书·新知三联书店，2002 年。

李约瑟，《中国科学技术史》（全 6 卷），北京：科学出版社、上海古籍出版社，2008 年。

刘敦桢（主编），《中国古代建筑史》，中国建筑工业出版社，1980 年。

卢西–史密斯，爱德华，《世界工艺史：手工艺人在社会中的作用》，朱淳译，陈平校，杭州：浙江美术学院出版社，1993 年。

佩夫斯纳，尼古拉斯，《现代设计的先驱者——从威廉·莫里斯到格罗皮乌斯》，王申枯、王晓京译，北京：中国建筑工业出版社，2004 年。

佩夫斯纳，尼古拉斯，《现代建筑与设计的源泉》，殷凌云等译，范景中校，北京：生活·读书·新知三联书店，2001 年。

佩夫斯纳，尼古拉斯，《美术学院的历史》，陈平译，长沙：湖南科学技术出版社，2003 年。

斯特恩斯，皮特·N.，等，《全球文明史》（第三版），上下册，赵轶峰等译，北京：中华书局，2006 年。

萨莫森，《建筑的古典语言》，张欣玮译，中国美术学院出版社，1994 年。

邵宏，《美术史的观念》，杭州：中国美术学院出版社，2003 年。

田自秉，《中国工艺美术史》，上海：东方出版中心，1985 年。

田自秉等，《中国纹样史》，北京：高等教育出版社，2003 年。

王伯敏（主编），《中国美术全集》（全 6 卷），山东教育出版社，1987 年。

王荔，《中国设计思想发展简史》，长沙：湖南科学技术出版社，2003 年。

颜勇，黄虹，《西方设计：一部为生活制作艺术的历史》，长沙：湖南科学技术出版社，2010 年。

中国硅酸盐学会（编），《中国陶瓷史》，北京：文物出版社，1982 年。

[清] 朱琰，《陶说》，上海科技教育出版社，1993 年。

玛尼·弗格（主编），《时尚通史》，陈磊译，北京：中信出版社，2016 年。

Phyllis Bennett Oates, *The Story of Western Furniture*, illustrated by Mary Seymour, Chicago: New Amsterdam Books, 1998.

Frederick Litchfield, *Illustrated History of Furniture: Furniture Design from the Ancient Times to the 19th Century*.

Ayres, James, *The Artist's Craft: A History of Tools, Techniques and Materials*, Oxford: Phaidon Press Ltd., 1985.

Ching, D.K. Francis, and Jarzombek, Mark, and Prakash, Vikramaditya, *A global history of architecture*, Hoboken: John Wiley & Sons, Inc., 2011.

Gloag, John, *A Social History of Furniture Design, from B.C. 1300 to A.D. 1960*, New York: Bonanza Books, 1966.

Heskett, John, *Industrial Design*, London: Thames & Hudson, 1985.

Hiesinger, Kathryn B., and George H. Marcus, *Landmarks of Twentieth-Century Design: An Illustrated Handbook*, New York: Abbeville Press Publishers, 1993.

Hollis, Richard, *Graphic Design: A Concise History*, London: Thames and Hudson, 1994.

Massey, A., *Interior Design of the 20th Century*, London: Thames & Hudson, 1990.

Meggs, Phlip B., *A History of Graphic Design*, New York: John Wiley & Sons, Inc., 1998.

Rosenblum, Naomi, *A World History of Photography*, New York: Abbeville Press Publishers, 1997.

Thornton, Peter, *Authentic Decor: The Domestic Interior, 1620—1920*, New York: Crescent Books, 1984.

文献部分：

迟轲（主编），《西方美术理论文选》（上下册），邵宏等译，南京：江苏教育出版社，2005 年。

邓实、黄宾虹（编），《美术丛书》（全三册），江苏古籍出版社，1997 年。

琼斯，欧文，《世界装饰经典图鉴》，梵非译，上海人民美术出版社，2004 年。

科尔，埃米莉（主编），《世界建筑经典图鉴》，陈镌等译，上海人民美术出版社，2003 年。

[清]阮元，《畴人传》，上海：商务印书馆，1935 年。

邵宏（编），《设计专业英语——西方设计经典文选》，北京：高等教育出版社，2007 年。

瓦萨里，乔尔乔，《意大利艺苑名人传》（全四册），刘耀春等译，武汉：湖北美术出版社、长江文艺出版社，2003 年。

[明]王圻、王思义（编集），《三才图会》（全三册），上海古籍出版社，1988 年。

吴山（编著），《中国纹样全集》（全 4 卷），济南：山东美术出版社，2009 年。

杨永生（编），《哲匠录》，北京：中国建筑工业出版社，2004 年。

《中国古代科技行实会纂》（全四册），北京图书馆出版社，2006 年。

彭圣芳，《中国设计美学史》，太原：山西教育出版社，2021 年。

Briggs, Asa（ed.），*William Morris: Selected Writings and Designs*, Baltimore: Penguin Books Inc., 1962.

Frank, Isabelle（ed.），*The Theory of Decorative Art: An Anthology of European and American Writings, 1750—1940,* New York: Yale University Press, 2000.

Holt, Elizabeth Gilmore,（ed.），*A Documentary History of Art*, 2vols., New Jersey: Princeton University Press, 1981.

Speltz, Alexander, *The Styles of Ornament*, New York: Dover Publications, Inc., 1959.

专题部分：

巴特，罗兰，《神话——大众文化诠释》，许蔷蔷、许绮玲译，上海人民出版社，1999 年。

鲍德里亚，让，《消费社会》刘成富、全志钢译，南京大学出版社，2000 年。

陈植，《园冶注释》，[明]计成原著，北京：中国建筑工业出版社，1988 年。

希尔德布兰德，《造型艺术中的形式问题》，潘耀昌等译，北京：中国人民大学出版社，2006 年。

菲谢尔，凯茜编著，《自由职业设计师工作手册》，刘晓东译，南昌：江西美术出版社，2010 年。

弗里德兰德尔，《论艺术与鉴赏》，邵宏译，北京：商务印书馆，2015 年。

贡布里希，E.H.，《艺术与错觉：图画再现的心理学研究》，范景中等译，南宁：广西美术出版社，2015 年。

贡布里希，E.H.，《秩序感——装饰艺术的心理学研究》，杨思梁等译，南宁：广西美术出版社，2015 年。

贡布里希，E.H.，《理想与偶像——价值在历史和艺术中的地位》，范景中、杨思梁编，南宁：广西美术出版社，2015 年。

贡布里希，E.H.，《图像与眼睛：图画再现心理学的再研究》，范景中、杨思梁编，南宁：广西美术出版社，2015 年。

霍格思，威廉，《美的分析》，杨成寅译、佟景韩校，桂林：广西师范大学出版社，2005 年。

惠特福特，兰克，《包豪斯》，林鹤译，北京：生活·读书·新知三联书店，2001 年。

《克利与他的教学笔记》，周丹鲤译，重庆大学出版社，2011 年。

克里斯蒂，阿奇博德·H.，《图案设计——形式装饰研究导论》，毕斐、殷凌云译，长沙：湖南科学技术出版社，2006 年。

克里斯特勒，保罗·奥斯卡，《文艺复兴时期的思想与艺术》，邵宏译，北京：东方出版社，2008 年。

勒·柯布西耶，《走向新建筑》，陈志华译，西安：陕西师范大学出版社，2004 年。

李格尔，阿洛伊斯，《风格问题：装饰历史的基础》，邵宏译，杭州：中国美术学院出版社，2016 年。

李格尔，A.，《罗马晚期的工艺美术》，陈平译，长沙：湖南科学技术出版社，2001 年。

[宋] 李诫（撰），《营造法式》，邹其昌点校，北京：人民出版社，2006 年。

罗斯金，约翰，《现代画家》，唐亚勋等译，桂林：广西师范大学出版社，2005 年。

罗斯金，约翰，《建筑的七盏明灯》，张璘译，济南：山东画报出版社，2006 年。

莫里斯，威廉，《乌有乡消息》，黄嘉德译，北京：商务印书馆，1981 年。

佩卓斯基，亨利，《器具的进化》，丁佩芝、陈月霞译，北京：中国社会科学出版社，1999 年。

沙克拉，约翰（编），《设计——现代主义之后》，卢杰、朱国勤译，上海人民美术出版社，1995 年。

[宋] 沈括，《梦溪笔谈校证》（全二册），胡道静校证，上海古籍出版社，1987 年。

[明] 宋应星，《天工开物》，钟广言注释，广州：广东人民出版社，1976 年。

[东汉] 王充，《论衡》，上海人民出版社，1974 年。

王美钦（编著），《克利论艺》，北京：人民美术出版社，2002 年。

维特鲁威，《建筑十书》，高履泰译，北京：知识产权出版社，2001年。

闻人军，《考工记导读》，成都：巴蜀书社，1988年。

沃尔夫林，海因里希，《美术史的基本概念：后期艺术风格发展的问题》，洪天富、范景中译，杭州：中国美术学院出版社，2015年。

岩城见一，《感性论——为了被开放的理论》，王琢译，北京：商务印书馆，2008年。

彭圣芳，《晚明设计批评的文人话语》，北京：人民美术出版社，2019年。

约翰娜·德鲁克，埃米莉·麦克瓦里什，《平面设计史：一部批判性的要览（第二版）》，黄婷怡，缪智敏等译，南京：广西美术出版社，2015年。

张坚，《视觉形式的生命》，杭州：中国美术学院出版社，2004年。

佐尼斯，亚历山大，《勒·柯布西耶：机器与隐喻的诗学》，金秋野、王又佳译，北京：中国建筑工业出版社，2004年。

唐纳德·A·诺曼，《设计心理学1：日常的设计》，小柯译，北京：中信出版社，2015年。

唐纳德·A·诺曼，《设计心理学2：与复杂共处》，张磊译，北京：中信出版社，2015年。

唐纳德·A·诺曼，《设计心理学3：情感化设计》，何笑梅、欧秋杏译，北京：中信出版社，2015年。

唐纳德·A·诺曼，《设计心理学4：未来设计》，小柯译，北京：中信出版社，2015年。

Blown, G.Balduin (ed.) , *Vasari on Technique*, New York: Dover Publications, 1960.

Dondis, Donis, A., *A Primer of Visual Literacy*, Cambridge, Mass.: The MIT Press, 1973.

Dormer, Peter, *The Meaning of Modern Design*, London：Thames & Hudson, 1990.

Flores, Carol, A. Hrvol, *Owen Jones: Design, Ornament, Architecture, and Theory in an Age in Transition*, New York: Rizzoli International Publications, Inc., 2006.

Focillon, Henry, *The Life of Forms in Art* , trans. by C. B. Hogan and G. Kubler, New Haven: Yale University Press, 1942.

Giedion, Sigfried, *Space, Time and Architecture: The Growth of a New Tradition,* Cambridge, Mass.: Harvard University Press, 1941.

Giedion, Sigfried, *Mechanization Takes Command:Contribution to Anonymous History,* New York: W.W. Norton, 1948.

Jones, J. C., *Design Methods*, New York: Wiley, 1980.

Klee, Paul, *Pedagogical Sketchbook*, intro. and trans. by Sibyl Moholy-Nagy, London: Faber & Faber, 1953.

Le Corbusier (Jeannneret, Charles-Edouard) , *The Decorative Art of Today*, trans. and intro. by J. J. Dunnett, Cambridge, Mass.: The MIT Press, 1987.

Panofsky, Erwin, *Idea: A Concept in Art Theory*, New York: Harper & Row, Publishers, 1968.

Parry, Linda, *Textile of the Arts and Crafts Movement*, London: Thames & Hudson, 1988.

Wingler, Hans M., *The Bauhaus, Weimar, Dessau, Berlin, Chicago*, trans. by Wolfgang Jabs and Basil Gilbert, Cambridge Mass.: MIT Press, 1978.

Elizabeth Wilhide(ed.), Design: The Whole Story, London: Thames & Hudson, 2016.

Eric Warner & Graham Hough (ed.), *Strangeness and Beauty: An Anthology of Aesthetic Criticism 1840-1910*, Cambridge University Press, 1983.

Martin Robertson, *The art of vase-painting in classical Athens*, New York: Cambridge University Press, 1992.

工具书部分：

伯登，欧内斯特，《世界建筑简明图典》，张利、姚虹译，北京：中国建筑工业出版社，1999 年。

霍尔，J.,《西方艺术事典》，迟轲译，南京：江苏教育出版社，2005 年。

克拉克，迈克尔，《牛津简明艺术术语词典》，王方译，北京：人民美术出版社，2015 年。

迈耶，拉尔夫，《美术术语与技法词典》，邵宏等译，南京：江苏教育出版社，2005 年。

威廉斯，C. A. S.,《中国艺术象征词典》，李宏、徐燕霞译，长沙：湖南科学技术出版社，2006 年。

Chilvers, Ian & Harold Osborene (eds.)，*The Oxford Dictionary of Art*, Oxford: Oxford University Press, 1994.

Conway, Hazel (ed.)，*Design History: A Students' Handbook*, London and New York: Routledge, 2001.

Julier, Guy, *The Thames and Hudson Dictionary of 20th-Century Design and Designers*, London: Thames and Hudson, 1993.

McDermott, Catherine, *Essential Design*, London: Bloomsbury, 1993.

Skull, John, *Key Terms in Art, Craft and Design*, Adelaide: Elbrook Press, 1988.

West, Shearer (ed.)，*The Bulfinch Guide to Art History: A Comprehensive Survey and Dictionary of Western Art and Architecture*, London: Little, Brown and Company, 1996.

Charles Boyce, *Dictionary of Furniture* (Third Edition), New York: Skyhorse Publishing, 2014.

网络资源：

http://www.answers.com/
http://www.artnet.com
http://www.biography.com/
http://www.britannica.com/
http://www.designdictionary.co.uk/
http://www.encyclopedia.com/
http://www.fashionencyclopedia.com/
http://www.greatbuildings.com/
http://www.scandinaviandesign.com/
http://www.wikipedia.org/

设计专业术语表

Abstract 抽象

指经过简化或变形后只剩下基本元素的物体或图画；其多余细节被去除以传达出形式或观念的基本面貌。

Abstract texture 抽象肌理

简化的自然肌理，几乎风格化为图案。这类肌理并不旨在欺骗观者的眼睛；简略的肌理用于装饰性效果。

Academic 学院派的

遵循规则繁复的传统和惯例、在艺术学院里教授和实践的纯艺术。

Accents 烘托

辅助的焦点，或以更亮的颜色、更暗的调子或更大的尺寸对某元素的强调，用来平衡主要焦点以及提供多样性。

Achromatic 全色的

没有色相和纯度的。即黑色、白色及位于其间的灰色。

Achromatic grays 全色灰

通过混合黑色和白色而成，其中不夹杂任何其他颜色。

Actual shape 实际形状

清晰明确的或者正像的区域。（与暗示性形状相对）

Actual texture 实际肌理

见 Impasto 厚涂法、Tactile texture 触觉肌理、Visual texture 视觉肌理。

Additive color 加色

通过叠加光而产生的颜色。混合（或重叠）三原色——红、蓝和绿，可得白色。次色是青色、黄色和品红。（见 Transmitted color 透光色）

Aerial perspective 空气透视

纵深空间的错觉。远距离的物体，如透过迷蒙大气才被看到的山脉，似乎比近物具有更少的细节和对比，更低的明度，色彩转变至光谱的蓝色一端——也称大气透视。

Aesthetics 美学

关于何谓艺术或美的理论。传统上美学属于哲学的分支，现在它关涉形式的艺术性质，不同于单纯描绘我们的所见。

Afterimage 余像

注视一个鲜艳的色彩区域至一定时间后，迅速转移视线到白色平面后出现的互补色。

Alignment 排列

统一安排一系列的形状。使其边界或被感知的"重心"排成一线。

Allover pattern 满地一式图案

重复的母题组织成整个平面，没有明显的焦点。在这样的二维平面上，主体图案均匀分布。又称晶体式平衡。

Alternating rhythm 交替节奏

基于规则地、交替地和可预期地重复两个或以上的元素或母题而产生的节奏。

Amorphous shape 非结晶形状

没有明显边界的、模糊无形的形状，如一团云。

Amplified perspective 夸张透视

由变形的物体投射到观者眼中所产生的一种戏剧性效果，如鱼眼镜头摄影。

Analogous colors 近似色

色相密切相连的色彩，通常是色环上附近或相邻的颜色。

Analogous color scheme 近似色组合

由色轮中相邻的三种或三种以上的颜色组成的饼状色彩组合，通常这些颜色共有一种相同的色相：如橙黄色、黄色、黄绿色。

Anticipated motion 预期动态

在静态的二维平面上对即将发生的运动的感知；这种感知由观者过往对某一相似姿态的经验而引起。

Approximate symmetry 大致对称

见 Near symmetry 粗略对称。

Arbitrary color 任意色

非自然色彩，是艺术家想象的产物，或者是对某种情绪的反应或者视觉缺陷的结果。

Assemblage 装配

一种三维形式的拼贴艺术，用又大又笨的三维现成材料加在绘画平面上制成。

Asymmetrical balance 非对称平衡

运用不同的、但具有相同视觉重力或视觉强调的物体所达到的平衡。

Asymmetry 非对称

指没有对称性，没有明显或暗含中轴线的艺术品。它所展示的元素不均匀但布局平衡。如似乎更多地趋向于构图一侧的画作或雕塑。

Axis 中轴线

一条虚构或假想的线，用于平衡形式或构图。

Axonometric projection 轴测投影

三维物体的非透视性表现图，其中包含垂直线和与水平线成45度角的线条组成的真实平面。平面上的圆圈仍是真实的圆；而立面图上的圆圈则是椭圆。

Background 背景

指风景中我们眼见的远处空间——天空、山脉或远处的丘陵。静物画或室内肖像画中则指主题背后的区域。

Balance 平衡

如果分布在构图中轴线两边的元素同时具有均匀的暗示性重量或强调，那么这一作品便获得一种平衡感。

Bezold effect 贝措尔德效应

在设计作品中，若全部使用黑色、白色或者一种强烈的饱和色，主导物体色彩的改变会使整个画面变亮或变暗。

Biaxial symmetry 双轴对称

垂直的和水平的两条对称轴。这同时保证了上下平衡和左右平衡。上下部分可以与左右相同或相异。

Biomorphic shapes 原生态形状

难以名状的形状，令人想起单细胞生物如变形虫，由有机或自然形状衍生而来。

Bird's-eye view 鸟瞰图

在画平面上从高处向下看。我们仍可看到地平线，但此时地面离我们双脚有一定距离，而某些物体会变得离我们更近。

Blue-print 蓝图

见 Orthographic projection 正射投影。

Bridge passage 过渡段

当相邻的两个平行面向着相反方向渐变，从暗到明、从明到暗，那么会有一个区域，其中的明暗差异将消失。

Brightness 亮度

色彩的相对亮度或暗度。零明度是黑色，百分百的明度是白色；中间值则是亮色或暗色，也称发光率或明度。

Cabalistic reduction 神秘简化

把一个双位数的两个数字相加，将其视觉再现简化成一个个位数字；如53简化成8（5+3）。与伊斯兰艺术中的斐波那契数列并用。

Cabinet projection 斜二轴测投影

三维物体的非透视性斜轴表现图。斜角通常是45度。从立面延伸出来的斜线是真实长度的一半。

Calligraphy 书法

优雅的、装饰性的书写。具有节奏的、流动线条的文字，暗示着超出文字表面的美学价值。

Camera lucida 明箱

一种能让艺术家按正确的透视规律画出轮廓的折射镜。这一术语在拉丁语中指"光明室"。

Camera obscura 暗箱

一个通过凸透镜将外面景象投射至一个观看平面的黑暗空间。这一术语在拉丁文中指"黑暗室"。

Canon 法式

数学比例体系。用头长（希腊艺术）或拳头（埃及艺术）作为度量单位来达到一种对人体的理想再现。

Cast shadow 投射阴影

由受光物体投射到其他物体或背景而产生的暗部。

Cavalier projection 斜等轴投影

三维物体的非透视性斜轴表现图。斜角通常为45度。从立面延伸出来的斜线是真实长度。（见

Cabinet projection 斜二轴测投影）

Chiaroscuro 明暗对照法

图画中的明暗布局处理。来自意大利文，chiaro 指清晰、明亮的，oscuro 指模糊或阴暗的。后来用来谈及卡拉瓦乔和伦勃朗的戏剧性、夸张的作品。

Chinese perspective 中国式透视

中国艺术家为其卷轴画发展出来的一种斜轴透视。称"等角透视"。

Chroma 彩度

见 Saturation 纯度。

Chromatic 彩色的

与色彩表现有关的。

Chromatic gray 彩色灰

不鲜明的"几乎中性的"色彩，偶尔带有一点亮度暗示。

Chromatic value 彩度值

人们能感知到的某一特定颜色的明暗程度。某些颜色自然比其他的更亮或更暗。

Chronophotographs 记时摄影

在玻璃片或胶卷上多次曝光。由艾蒂安-朱尔·马雷发明的一项技术。

Classical 古典的

希腊和罗马人的理想美和单纯的形式、风格或技巧。

Closed composition 封闭式构图

各部分由画面的边框或画框边界围起来的构图。（见 Open composition 开放式构图）

Closure 感觉闭合

从格式塔心理学借用过来的一个概念。即利用观者的欲望来完整地感知不完整的形式。艺术家会提供极少的视觉提示，观者则完成最终的认知。

CMYK 四分色

在平面设计中，一系列印有青色、品红、黄色、黑色（黑色被当成是"基本色调"）的图片在视觉上混合，产生所有色彩的色彩体系。也称四色印刷或全色印刷。

Collage 拼贴

通过收集并黏贴各种各样的材料到二维平面上形成的艺术品。常与已描绘的部分结合而成。来自法语词 coller，贴着、钉住。

Collograph 拼贴版印刷

凸版印刷的一种，将一系列从卡片、叠纸、起皱的卡纸板、硬纸板（马索奈特纤维板），甚至铁丝网或泡沫塑料剪出来的形状，上油墨后再压制在纸上。

Color 色彩

对可见光的红、绿、蓝等波长的感觉所得的反应，具有色相、纯度和亮度的属性。

Color constancy 色彩持久性

识别某一种颜色时，若改变光的条件，则会产生的一种心理补偿，观者总会将草当成是绿色的。（见 Constancy effect 持久性效果）

Color discord 色彩冲突

对不协调的色彩组合的感知。

Color harmony 色彩协调

一种基于色轮内组合的色彩关系（见 **Analogous colors 近似色**、**Complementary colors 补色**）

Color space 色彩空间

因颜色有三种属性或维度，所以每种单独的颜色都能作为一个单点安排在抽象的三维空间里，其中相似的颜色并置。

Color symbolism 色彩象征

用色彩象征或模仿人的特性或观念。

Color temperature 色彩温度

一种物理属性，等同于加热"黑体"（能全部吸收辐射的假想物体）所需的温度。以开尔文温标（K）度量。勿将主观的冷暖色调与之相混淆。

Color tetrad 色彩四元组

四种颜色，等距地相隔在色轮上，包括一种原色、原色的补色以及一对互补的间色。色轮上任何矩形的组合都包含一组双重分离补色组合。（见 **Complementary colors 补色**、**Split complementary color scheme 分离补色组合**）

Color triad 色彩三元组

三种颜色相互等距地分布在色轮上，形成一个等边三角形。伊顿的十二阶色轮由一个原色三元组合，一个次色三元组合和两个间色三元组合构成。

Color wheel 色轮

基于在可见光谱的色相顺序进行的颜色排列，像一个轮子的辐条。最常见的是伊顿的十二阶色轮。

Combining 结合

在格式塔理论中，四种主要的接近律类型是邻近、接触、重叠和结合。结合能够把一系列的物品组合起来，同时也把它们与剩下的作品隔开。

Complementary colors 补色

色轮上两种直接相对的颜色。一种原色和一种次色互补，这种次色是另外两种原色的混合。互补色并置时互相加强效果，混合时能互相中和。

Complementary color scheme 补色组合

围绕色轮上相对的两种颜色建立的组合。这个组合本质上对比度高且强，在一定程度上产生色彩振动的效果。

Composition 构图

根据组织的原则，对所有元素的安排和/或构成来达到一个统一的整体，也称设计。

Concept 概念

一个想法或概括。将各种元素组织成一个基本关系的方案。

Constancy effect 持久性效果

邻近的其他颜色会影响我们对色彩的感知；因为我们知道草是绿色的，所以尽管黎明时它看起来是蓝灰色的，我们仍然将它看成是绿色的。（见 **Color constancy 色彩持久性**）

Content 内容

艺术品最核心的内涵、意义或美学价值。我们所感受到的、知觉的、主观的、心理的或者情感上的反应，与我们单纯欣赏其描绘性方面相对。

Continuation 视觉延续

从一个形式延续到另一形式的真实或暗示的线条或边界，让观者的视线在画面中流畅地移动。

Continuity 连续性

两个或以上的独立图案之间，或出版物或网站页面之间的视觉关系。设计师的任务就是统一一组图片或页面，使其看起来同出一"家"。

Contour 轮廓线

外轮廓内的赋予物体以体积的线条，如桶周围的箍环。有时与外轮廓同义。

Contrast 对比

邻近亮部和暗部的明暗关系。最强烈的对比是黑色和白色。

Cool colors 冷色

色彩有主观温度：蓝色、绿色让我们联想到冰、水或者新鲜的沙拉。在伊顿色轮上，冷色调包括由黄绿色到紫色的部分。（见 **Warm colors 暖色**）

Core shadow 主暗部

一个物体的暗部。远离光源、不直接受光。这部分与物体相连，占据一定空间。

Cross-hatching 交叉排线

与原有的排线成正角叠加，建立明暗关系以及暗示形式和体积。

Crystallographic balance 晶体式平衡

没有焦点，通过对各部分同等地强调或使用满地一式图案而获得的平衡。在这二维平面上，可以说眼球被各个地方吸引，也可以说不被任何地方吸引，也称满地一式图案。

Curvilinear shapes 曲线形状

基于自然中所见弯曲的有机生物形式的形状。

Decorative space 装饰空间

装饰性的区域，强调艺术品的或其中任一元素的二维性质。

Deep space 纵深空间

雄伟的、令人敬畏的远山或者丘陵风景，也称无限空间。

Design 设计

对视觉元素有计划的安排，即艺术家工作的依据。在架上绘画中，设计与构图同义。

Diagonal vanishing point（dvp）斜角消失点

指在杰伊·德柏林的透视方法中，对角线通过棋盘网格与水平线相交的点。

Dimetric projection 三轴投影

是三度投影的一个特殊情况。三轴投影中的两轴线比例相同。这类投影采用"理想化的角度"，即 X 轴与水平线成 7 度角和 Y 轴与水平线成 42 度角。

Distortion 变形

与一个形式或物体所感知的公认形象相悖。常通过操控传统的比例获得。

Divisionism 分割主义

在画布上将色彩进行视觉混合的一种技巧，常以补色作为背景，采用纯色的短线、点涂等完成。（见

Pointillism 点彩派）

Dominance 主体

在同一画面或设计中，比其他更加重要的特定元素；某些特征被强调，其他的则居从属地位。

Double complementary color scheme 双重补色组合

两组互补色。当它们在色轮上距离相等时，则称为四色组合。

Drawing 素描

以线条为主要元素的艺术品。为绘画作准备的草图。

Dynamic range 表现力范围

色料从最亮到最暗的范围，常属于从白到黑的范围之内。

Earthworks 地景艺术品

通过改变大面积土地，运用自然或有机物料制成的艺术品。通常利用当地地形优势而制的大规模项目。

Economy 精简

将图像提炼至只剩下基本元素。

Elements 元素

线条、形状、明暗、肌理以及色彩：艺术家会结合以上基本元素来制作艺术品。

Environmental art 环境艺术

由现成的自然材料制成的组合和装置，如树叶、细枝、棘刺和浆果，这些根据它们的色彩和质感类别来选取的材料。通常都处于偏远的位置，所以不大可能被人们看到，但会被拍摄记录。也称场景艺术或大地艺术。

Equilibrium 均衡

位于中轴线周围、相对应的构图元素之间的视觉平衡。

Equivocal space 模糊空间

难以将物与底、或正形与负形区分开的朦胧空间，而我们的知觉在它们之间不断变化。许多视错觉作品便利用了这一现象。

Explicit Line 明线

勾画出明确形式的线或边界；它也许不是黑线，但有清晰而确定的边界来与背景区分开。

Expression 表现

艺术品中思想、情感或意义的传达，有时与内容同义。

Façade 正面

形式、尤指建筑的外观、立面或前面的部分。

Fibonacci series 斐波那契数列

通过在前一位数的基础上加上一个数（通常是1）来产生后一位数，这样得出一系列数：0+1=1，1+1=2，2+1=3，3+2=5 等。在伊斯兰艺术中与神秘简化并用。（见 **Golden section 黄金分割**）

Field 域

是物的同义词，包括色域——即与底构成明暗或色彩对比的有色形状，如在抽象表现主义的作品中。

Figure 物

我们描画的、可辨认的对象；例如，人物（figure 一词由此而来），花瓶或花朵，譬如传统上来说，物被描述为正形，底则被描述为负形。（见 **Field 域**和 **Ground 底**）

Flat color 平面色

没有明暗过渡或变化的均匀色彩区域。平面设计中，也被称为配色或专色。潘通配色体系（PMS）是一个印刷商通用的行业标准的汇编。

Focal point 焦点

一种构图手法，强调某一特定区域或物体来引起观者注意。在摄影中，物体必须安排在焦点的位置，才能获得清晰的图像。（见 **Accents 烘托**）

Forced perspective 强制性透视

在舞台布景中，采用比实物的实际体积要小的道具以创造出距离错觉，以此制造远距离的印象。

Foreground 前景

艺术品主题所占据的空间或者主题前面的空间。

Foreshortening 短缩法

这种透视效果指，远离我们的某物看起来比完整地观看全长要显得较短；例如，一个圆可以短缩成一个椭圆。

Form 形式

描或绘出对象的外观固态或三维本质。又指作品的构图和结构。

Formal 正规的

用来描述传统的、符合规则的作品。

Formal balance 形式平衡

静态的对称平衡，特别是在建筑中，以中轴线两端重复相同或相似元素为特征。

Fractional representation 碎片再现

在各种文化中均被采用的手法（特别是埃及人）。同一主题的几个空间特征结合在同一图像里，例如正面的眼睛与侧面的头部结合。

Frame 边框

见 **Picture frame 画框**。

Fresco 湿壁画

以水性颜料施于湿灰泥上，两者结合成墙体部分的壁画技法。

Frottage 拓画法

用彩色笔或色粉笔拓摹置于粗糙表面上的纸张而制作肌理；源于法语词 frotter，拓摹。

Genre 风俗画

涉及日常生活的题材。

Geometric shape 几何形状

由数学程式定义的简单机械形状，能用几何集合的方法产生：三角形、正方形和圆形。

Gestalt 格式塔

"形式"的德语词，用来指整体大于各部分的总和。这是由在捷克出生的心理学家马克思·威尔特海默发展出来的理论。四个主要的格式塔属性是接近律、相似律、连续律和闭合律。

Gesture drawing 动态素描

一个形式内和围绕形式的自由线条，表现场景或姿势的动态，素描的动作和眼睛的移动，而不是不同形状的严格布局。

Golden ratio 黄金比例

由古希腊人发现的数学比率，当一条线分成两份，小的那部分与大的那部分的比率等于大的那部分与整体的比率。该比率是 0.618：1 或者 1：1.618 或大概是 8：13。在自然形式里也能找到这比率；也被称为黄金分割。

Golden section 黄金分割

宽和长的比率为黄金比例的矩形。这是与正方形和圆形几何学相关的比例体系，同时与斐波那契数列有关。

Graduated tint 渐变色辉

一个无明显色彩差异的连续的明暗变化。

Graphic art 平面艺术

以线条和调子而非色彩为基础的二维艺术品，如素描和版画。即版画的工艺和技术。

Grid 网格

水平线和垂直线交错的网络，给设计师提供一个安排元素的框架。

Grisaille 灰色画

明暗对照法的单色调版本，采用灰色或者中间色来渐变，模仿浅浮雕的效果。

Ground 底

图画中未被占据的或相对不重要的空间，如背景。传统上来说，物是正形；底是负形。我们作画的底面也称作底。（见 **Figure 物**）

Ground plane 地平面

我们所站立的地面，而不是背景或画布——或更抽象的平面。

Guide lines 引导线条

见 **Orthogonals 正交直线**。

Hanging 悬挂

把各部分在网格内排列，使它们的顶部边缘同在一条线上。（见 **Sitting 列置**）

Harmony 协调

融合各元素来创作一个愉悦的、连贯的作品。

Hatching 排线

画一些紧密的（通常是平行的）细线来获得明暗区域。（见 **Cross-hatching 交叉排线**）

Heightened color 加强色

明亮的、非自然的色彩，如梵高和高更的用色。

Hexachrome 高保真六色

一种潘通体系，也指高保真色彩，由六种颜色组成：加亮版的 CMYK（四分色）以及亮橙色和鲜绿色。（见 **Pantone Matching System 潘通配色体系 [PMS]**）

Hierarchic scaling 等级比例

早期艺术和部分非西方文化中，尺寸用来标明地位或重要与否，令绘画主题——圣人或国王——相对大于不重要的角色。

High-key color 高调子色彩

明度跟中灰色相同或更亮的颜色。

High-key value 高调子明度

跟中灰色相同或更亮的明度，色辉介乎中间调子跟白色之间。

Highlight 高光

从观者角度出发，一个物体中所能接收到最大量直射光的部分。一个模制品明度最高的地方，或一个光亮的形式中最明亮清晰的点或区域，强调其光泽感。

HLS

色彩三属性的简称：色相、亮度和纯度。（见HSB）

Horizon 地平线

我们能看到的最远的点、天空和地面的边界。消失点所在的画平面的纬线。

HSB

色彩三属性常用的术语：色相、纯度和亮度。

HSL

在图片处理软件（Photoshop）里面，色彩三属性：色相、纯度和亮度的缩写。（见 HSB）

Hue 色相

色彩的常用名，以及由光线波长所决定其在光谱中的位置：如红色、蓝色、黄色和绿色。

Human scale 人体比例

建立在与我们有关的比例之上的艺术。物体大小与人体比例有关。

Hyper-real 高度−真实

见 Photo-realism 照相写实主义。

Idealism 理想主义

艺术家按照自己的理想去描绘世界，而不像自然主义艺术不加修饰地描绘所见世界。在理想主义中，所有规范外的缺点和偏差都被纠正。

likaah

美国新墨西哥州的纳瓦霍人的沙画。"likaah"指"神灵流连过的地方"。

Illusion texture 错觉肌理

见 Visual texture 视觉肌理。

Imbalance 失衡

作品中相对或相互作用的元素失去平衡。

Impasto 厚涂法

厚重地敷施颜料的绘画技法，以达到一种粗糙的三维表面。

Implied line 暗示性线条

通过对点或短线的安排，由大脑联系起来的虚构线条，如虚线或短划线。线条欲停又始，继而消失，其中缺失的部分在暗示中延续，由观者在脑海里完成。

Implied shape 暗示性形状

由一组元素暗示出来的形状，视觉上似乎存在但事实上并不存在。（见 Gestalt 格式塔）

Infinite space 无限空间

见 Deep space 纵深空间。

Informal balance 非正式平衡

不对称的、流动的动态构图，创造出一种运动感，引起好奇。

Installation 装置

一种大型的装配艺术，通常你能进入或穿过其中，旨在提醒观者对它所在环境空间的注意。（见 **Site-specific installation 现场装置**）

Intensity 强度

见 Saturation 纯度。

Intermediate color 间色

由一种原色和一种次色混合而成的颜色，如黄绿色。

Interpenetration 互渗

平面、物体或者形状似乎相互切割，在空间中特定的地方相交织。

Intuitive space 直觉空间

艺术家通过重叠、透明、互渗等方式处理元素的空间性特征创造的视错觉。利用透视规则来达到绘画效果，并不企求模仿现实。

Invented texture 虚构肌理

由艺术家想象所得的人造肌理，通常是装饰性图案。（见 **Abstract texture 抽象肌理**）

Inverted symmetry 颠倒对称

其中一半是颠倒的对称，像一张纸牌或字谜游戏；属于一种有趣的变体，但是笨拙的平衡。

Isolation 隔离

通过将某一元素与其他元素分离以达到实质上或象征性的强调效果。

Isometric projection 等角投影

对一个三维物体非透视性的表现图，立面以 30 度角构建，且其"平面"变形。因高度、宽度和深度都用同样的比例，故等角是指"同等的尺度"。在平面和立面中，圆看起来都是椭圆。（见 **Axonometric projection 轴测投影**）

Kinetic art 动态艺术

由希腊词 kinesis 而来，指运动。即包括一种随意或机械的动作元素的艺术。（见 **Mobile 活动装置**）

Kinetic empathy 动态移情

观者有意识或无意识地再造或期待一种即将发生的动作。这个动作源于艺术作品中观察到的姿势。

Legato 连奏

一种连接的流动的节奏。

Line 线条

一个点在平面上移动留下的路径。在数学中，一条线连接着两个或以上的点。它有长度和方向，但是没有宽度。在艺术里，线条有宽度，但宽度不是线条的首要参数。在平面设计中，线的艺术指黑色或别的单色，没有其他的明度或颜色。

Line quality 线条品质

线条的特性由它的重量、方向、统一性和其他特征决定。

Linear perspective 线性透视

素描的正规方法。通过使平行线相交在消失点或水平线上这一方法，画出来的远距离物体显得比近距离的物体小。（见 **Aerial perspective 空气透视**）

Local color 固有色

在真实世界以及正常光下可感知的色彩，我们所知道的物体应有的色彩——例如草的绿色；也称客观色。

Local value 固有明度

真实世界可见的表面相对明暗程度，与受光程度无关。一个圆滑的物体会逐渐地、微妙地散射光，而投射在有棱有角的物体上的光则产生具有明显光影对比的区域。

Logotype 标识

一个标志，通常包含一些印字。用于识别一个组织、公司或者产品。常缩写为 logo。

Lost-and-found edges 含糊边线

有时又硬又锐利且与背景相对、有时又软又模糊退隐到背景中的边线。在你眼前忽隐忽现的边线。

Low-key color 低调子色彩

明度范围从灰到黑的任意色彩。（ 见 **High-key color 高调子色彩**）

Low-key value 低调子明度

从中灰到黑的深色辉。（见 **High-key value 高调子明度**）

Luminance 发光率

见 **Brightness 亮度**。

Mandala 曼荼罗

藏传佛教中，在冥想时凝视的一个圆形的放射状的图案；梵文中指"圆圈"。

Maquette 小模型

初步的小型的雕塑或模型，能手工或通过机器放大至成品尺寸以便铸造或雕刻。

Mass 量感

明确固态的形式。通过光影安排或重叠合并形式所获得的具有容量和重量的错觉。在雕塑和建筑中，量感是实际或明确的物质性基础和形式质量。量感可以被视为正空间，体积则是负空间。

Match color 配色

见 **Pantone Matching System 潘通配色体系**（**PMS**）。

Medium 媒介

用来创造艺术品的工具、材料或者颜料种类，如铅笔，拼贴画，或水彩。

Merz 梅尔兹

库尔特·施维特斯对拼贴的命名，由一张写有（商业与私人银行）的碎片上得来。为了艺术的目的，将所有想象得到的、与颜料同等重要的材料结合在一起。

Metric projections 度量投影

三维物体的非透视表现图：见 **Axonometric projection 轴测投影**、**Dimetric projection 三轴投影**、**Isometric projection 等角投影**和 **Trimetric projection 三度投影**。

Mezzotint 网纹版法

一种版画制作方法。首先在印版上全部压出细小的锯齿状凹痕，如果印制时就会呈现出统一的暗部区域。艺术家然后将它们刮除和抛光便可制作白色区域。

Mid-ground 中景

风景画中前景和背景之间的空间：如树木、灌木丛和建筑物。也称中间景。

Mid-tones 中间调子

位于色阶中央的色辉，在黑与白之间。

Mixed media 混合媒介

采用多于一种媒介的艺术品。

Mobile 活动装置

三维移动雕塑，通常由风力推动。

Modeling 塑形

用柔韧的材料来制形的雕塑技术。电脑塑形则是建构物体的虚拟三维模型。

Module 单元

一个特定的明确的计量区域或者标准单元。

Monochromatic 单色的

同属一种色相的所有颜色；从白到黑的整个明度范围。

Monochromatic color scheme 单色组合

由一种颜色及其不同亮度的变体组成、偶尔在纯度上有变化的组合。

Montage 蒙太奇

用照片的某些部分拼贴成的新作品。这些作品是可辨认的，但原意已被更改或颠覆；也叫摄影蒙太奇。

Motif 母题

在设计中重复出现的主题元素或重复的特征。它可以是一个物体、符号、形状或一种颜色。由于在整个设计中频繁重复，所以它成为一个重要或主要的特征。

Motion blur 动态模糊

动作趋向显得模糊，如低速摄影中出现的。

Movement 运动

指艺术品中由视觉路径引导的眼睛的移动。或者指在历史中某一特定时期内，艺术家遵循某一特定的风格。

Multiple image 多重影像

一种对运动的暗示方式，将从许多不同角度观看的单个人像或物体的交叉重叠，然后置于同一图像之中。

Multiple perspective 多重透视

绘画和素描中所见的不同平面我们在现实中无法看到，除非观者的视线进入画面并沿着画中的视觉路径移动。

Multipoint perspective 多点透视

描绘空间的一种方式，其中每个平面或一组平行的平面都有各自的一系列消失点和水平线。

Munsell system 孟赛尔色系

由阿尔贝特·亨利·孟赛尔命名的色彩体系，与HSB 体系相关。这个体系像一棵树，它的"树干"从底部的黑色到顶部的白色，有十级灰色明度的层次。从树干延展出来的是色彩的不同纯度，色相处于外围。

Naturalism 自然主义

运用体积和三维空间的视错觉，技术性再现自然中所见的场景。相对的是理想主义。

Near symmetry 粗略对称

在中轴线两旁运用相似的图像。两边的元素在形状或形式上相似，但又有所不同以引起视觉兴趣，也称大致对称。

Nearness 邻近

在格式塔理论中，接近律的四种主要类型是邻近、接触、重叠和结合。物体之间越近，看起来就越像一个群。物体之间的距离是相对并主观的。

Negative space 负空间

艺术家创造出正形元素之后剩下的未被占据或空白区域。

Neutral color 中性色

加上灰色或补色而纯度降低的色彩。色相由此减弱或失去刺激性。

Non-object shapes 非客观形状

与自然世界或再现自然无关的、纯想象的形状。艺术品本身就是现实。也称主观的或非再现性形状。

Non-representational 非再现的

见 **Non-object shapes 非客观形状**。

Notan 浓淡

日本设计中的理想对称，意指暗-明。正（明）空间与负（暗）空间、物（或场）与底之间的相互作用。

Objective 客观的

在艺术家脑海之外真实可触的存在，不被个人情感或观念所左右。（见 **Subjective 主观的**）

Objective color 客观色

见 **Local color 固有色**。

Objective shapes 客观形状

意在模仿真实世界或自然形状的，也称自然主义的，再现性的或写实主义的形状。

Oblique projection 斜轴投影

对三维物体的非透视性表现图。物体前面和后面都与水平面平行，其他的平面则与正面成 45 度角并相互平行。（见 **Cabinet projection 斜二轴测投影**和 **Cavalier projection 斜等轴投影**）

One-point perspective 一点透视

一种空间错觉画法，平行线都相交会合于通常在水平线上的一个消失点；仅适用于室内景或长条形外景。

Opaque 不透明的

不能透光的表面。

Open composition 开放式构图

构图中的元素似乎被画框切割掉，暗示着画作只是一个更大的场景的一部分。（见 **Closed composition 封闭式构图**）

Open-value composition 开放明度式构图

色彩明度越过形状的边界线至邻接区域的构图。

Optical color 光学色

在一天内不同时间、不同受光条件下会改变的色彩。（见 **Local color 固有色**）

Orthogonals 正交直线

想象的后退平行线，与视域成直角，最后与水平线（如建筑物）重叠直至消失点；也称视线或引导线。

Orthographic projection 正射投影

物体的二维视图，展示出平面、立面（侧视的）、及（被切去）的截面，为建筑师、工程师和产品设计师所使用；也称"蓝图"。

Outline 外轮廓

真实的或虚构的线，勾画一个形状和它的边缘或边界。

Overexposed 曝光过度

当摄影师调整相机来捕获一个明亮背景上的黑暗物体时，明亮的区域色彩会变得更淡，缺少细节。（见 **Underexposed 曝光不足**）

Overlapping 重叠

在格式塔理论中，接近律的四种主要类型是邻近、接触、重叠和结合；如果两个物品具有同一色彩或明度，那么它们会组成更为复杂的新形状。如果两个物品具有不同的色彩或明度，它们的重叠则会产生较浅的空间错觉，暖色形状前进，冷色形状后退。重叠还是一种深度暗示，一些形状置于其他形状之前并部分地遮盖或模糊了后者。

Pantone Matching System（PMS）潘通配色体系

印刷商使用的符合行业标准的平面色汇集；也称配色或专色。

Papier collé collage 贴纸拼贴

拼贴的碎片均为纸本，例如剪报或票根等。

Partitive color system 分色体系

基于色彩之间知觉关系的体系，在这一体系中有四种（而非三种）基本色：红、绿、黄和蓝。瑞典自然色体系（NCS）便建立在这些观察的基础上。

Patina 铜绿

一种自然的涂层，通常是绿色的，因铜或其他金属的氧化而来。

Pattern 图案

有规律并按可预知的顺序重复某一元素或母题，且有少许对称。肌理唤起我们的触觉，但图案只能吸引视觉；肌理可以是图案，但并不是所有图案都有肌理。

Perspective 透视法

一种用来在二维平面创造三维错觉的方法。（见 Aerial perspective 空气透视和 Linear perspective 线性透视）

Photomontage 摄影蒙太奇

见 Montage 蒙太奇。

Photo-realism 照相写实主义

一种企图与照片一样真实或比照片更真实的绘画；也称高度写实主义。

Pictogram 图形

由高度风格化的形状标示人物或物体的图像。例如地图符号、警示标志和埃及象形字。

Picture frame 画框

画平面最外端的界限或边界。它可以是实在的木制画框，或是纸张、画布的边缘，或是任意的边线。

Picture plane 画平面

用于再现三维空间中形式的错觉的透明平面，通常与纸面或布面是一致的。

Pigment 色料

一种带有永固性色彩的矿物质、染料或合成化学物质。色料加上液体媒介可得颜料或墨。色淀就是由液体染料结合惰性的白色化学物的一种色料。

Pigment color 色料颜料

色料和染料中的物质。它们吸收不同波长的光，反射和散射其他的光。它们本质上是减色：混合所有色料三原色——红色、黄色和蓝色，理论上将得到黑色。

Plane 平面

空间中的形状位置和趋势。如果一个形状的平面和纸面或布面一致时，我们称之为画平面。

Plastic space 造型空间

真实的三维空间或空间错觉。艺术品如雕塑、珠宝首饰或陶瓷——只要是用模制、塑形的方法制成的——都被称为造型艺术。

Point 点

数学中的点没有维度，只是空间中的一个位置。艺术与设计中，我们有点、块或滴。像线条的宽度一样，点的大小并不是它最重要的属性。

Pointillism 点彩派

在白底上并置纯色小块而产生视觉色彩混合的方法。（见 Divisionism 分割主义）

Positive space 正空间

由诸元素或者诸元素组合产生的、与底相对的物或域。（见 Negative space 负空间）

Primary colors 原色

人脑将四种颜色——红、黄、绿和蓝　　认定为原色，这一现象反应在现代色轮的构成上。任何色彩体系中的基本色相，理论上都可用来调合出所有其他颜色。在色光中，三原色是红、绿、蓝；色料中，三原色是红、黄、蓝。

Primary triad 原色三元组

在十二级色轮上，位于三原色上有顶点（锐角）的等边三角形。相似的三元组连接次色和复色。

Progressive rhythm 渐进节奏

在规律模式里变化的重复形状。渐进节奏是由重复元素的规律变化而产生的，如一系列的圆圈逐渐地变大或变小。

Projections 投影

创造三维形式错觉的非透视性方法。（见 Axonometric projection 轴测投影、Dimetric projection 三轴投影、Isometric projection 等角投影、Trimetric projection 三度投影、Oblique projection 斜轴投影）

Proportion 比例关系

以其他元素或法式、标准为基准测量到的尺寸。各部分与整体的比较关系。当改变比例时，艺术家必须确保整体的比例关系不变：若仅放大某一维度而不顾其他将产生变形。比例关系与比率有关：画作的宽与高相比的比率，或人像雕塑头部尺寸与身高相比的比率。（见 Scale 比例）

Proximity 接近律

在格式塔理论中，接近律的四种主要类型是邻近、接触、重叠和结合。接近律是指元素安排中的接近程度。通常它优于相似律，但两者共用时能达到高度的统一。

Psychic line 想象线

两点或两元素之间的心理联系。比如联系观者眼睛与所注视物体的虚构光线，或者从箭头指向空间引导观者的虚拟延伸线。

Quadrad 四色组合

采用色轮上等距的两组补色构成的双重补色组合。

Radial balance 放射状平衡

所有元素都均匀地围绕一个中心点的一种构图。圆形或球形空间的对称，线条或形状都由中心点发展和散播出来，像曼荼罗，雏菊或者教堂的玫瑰花窗。

Radial design 放射状设计

透视性线条都引导我们目光至画面焦点。

Radiosity 光能传递

不考虑观者位置，通过计算同一环境中所有平面的光能平衡来全面照亮场景的电脑制图技术。

Ray tracing 光线追踪

由特纳·惠特德发展用于照亮场面的电脑制图技术。每次光线与表面相遇，它便会分成三部分：广泛散射的光；镜子般反射的光；以及透射或折射的光。观者所追踪的光线在场景周围反射，最后返回到光源。

Realism 写实主义

忠于视觉感知，忠实地重现场景或物体的呈像。（见 Idealism 理想主义）

Rectilinear shapes 直线形状

几何形状的子集，使用直线，通常与水平线和垂直线平行。

Reflection 反像

一种对称类型。当我们看到物体在镜子中的映像时，它会发生改变吗？圆圈不会有变化，但是你的书写和手的方向会发生变化。

Relief sculpture 浮雕

深度较浅、从正面观看的一种雕塑类型。范围包括从投影有限的浅浮雕到更夸张的高浮雕。

Repeated figure 重复人物

一个可辨认的人物不止一次重复出现在同一画面不同位置和不同情景，以向观者叙述事件。

Repetition 重复

在同一画面中多次运用同一母题、形状或者色彩来获得图案并赋予设计以节奏。

Repoussoir 衬托物

在空气透视中，前景中突出的深色或反差大的形式，例如剪影化的树木或单个人物以衬托风景。

Representational 再现的

令观者想起真实生活场景或物品的艺术品。（见 Naturalism 自然主义和 Realism 写实主义）

RGB 色彩模式

光的三原色是红、绿、蓝。透射光直接来自能量源，透过颜色过滤板照亮剧场或通过电子管展示在电脑屏幕上。

Rhythm 节奏

通过重复和改变母题，以及使用规则性烘托而获得的连续性、流动感或运动感。

Root 2

一种比例关系体系，它基于一个短边为 1 和长边为 2 的平方根的矩形，即数值上为 1：1.414。这一比率的实用特性是它能无限地再细分到更小的 root 2 矩形。

Root 5

包含有一个正方形的矩形，矩形两端符合黄金分割。

Rose window 玫瑰花窗

一种圆形的教堂窗户，与玫瑰和玫瑰花瓣相似，故名。窗条和窗饰从中心散开，窗体由彩色玻璃填充。它是中世纪建筑，尤其是法国哥特式建筑的特征。

Rotation 旋转

一种对称类型。当你旋转一个物体时，它会发生变化吗？选取它的两个复制品，旋转其中一个来看它是否（或何时）与另外一个相同。

Saturation 纯度

色彩的强度或饱和度，也称强度或彩度。纯度高的颜色明亮和强烈，为纯色相，而低纯度的颜色没有色相，被称为全色的——中性灰、黑色或白色。

Scale 比例

与实际尺寸有关的尺寸大小，如比例模型；与人体维度相关的尺寸，如小比例的或大比例的；使之更大或更小。（见 Proportion 比例关系）

Secondary color 次色

由两种原色混合而成的颜色。在色料颜色中，次色是橙色、绿色和紫色。

Sfumato 渐隐法

莱奥纳尔多·达·芬奇的上阴影技法，源于意大利语"烟雾"。明度由明变暗逐渐过渡，眼睛无法察觉出不同明度之间明显的调子或界限差别。

Shade 暗色

加进了黑色的色相。

Shadow 阴影

物体表面因离光源较远或被其他物体遮盖所致的较低明度。（见 Cast shadow 投射阴影和 Core shadow 主暗部）

Shallow space 浅层空间

深度有限的错觉；物像相对于画平面只作稍微后退。

Shape 形状

与背景以及其他形状区分开来的可辨识的封闭区域。形状可以实际轮廓作界限，也可以围绕视觉感知的边线所有的不同肌理、色彩或明暗来区分。形状具有宽度和高度，但没有可感知的深度。形状是二维的，但除了画平面它还能出现于平面上。

Sight line 视线

见 Orthogonals 正交直线。

Silhouette 剪影

通常是纯黑色、轮廓线内有少许或无细节的形状。

Silverpoint 银针

铅笔的前身：钢笔状带有一个银尖头的书写工具或夹在手捏杆里的银丝。所画的精细线条保存永久，不能被擦掉。

Similarity 相似律

格式塔理论中，物体相似的程度。物体之间越像，他们就越有可能形成组群。

Simulated texture 模拟肌理

对物体肌理的逼真模仿或再现。

Simultanelty 同存性

表现不同时间点和空间点的不相关印象汇聚在一起，有时叠加在一起组成一个综合的图像。

Simultaneous contrast 同存对比

当两种色彩紧密地并置在一起，它们之间的相似性会减弱，相异性会增强。

Site-specific installation 现场装置

特定场合装置艺术利用当地环境或建筑空间、特定为某一场地而作的装置艺术。

Sitting 列置

把各部分在网格内排列，使底部边缘在同一条线上。（见 Hanging 悬挂）

Size 尺寸

物体的实际或者相对维度。格式塔理论中，如果物体尺寸相近，那么它们可以构成组群，但限于它们尺寸的相似度明显大于它们形状的相似度。

Space 空间

诸元素所占据的三维空地；诸元素之间的空白区域。

Spectrum 光谱

一束白光被玻璃棱镜分解为分段波长时得出的可辨认色相的光带。

Specular reflection 镜面反射

一种反射类型，它将光亮平滑的表面或物体与阴暗无光的表面或物体区分开。

Splines 曲线尺

由数个铅坠（或称"鸭"）绷紧的长条夹板或钢琴丝厚片、过去用于描画不规则曲线的尺。又指用于绘图软件如 Adobe Illustrator 或 Macromedia Freehand 中的贝塞尔曲线工具。

Split complementary color scheme 分离补色组合

任一色相与位于其补色两边的颜色混合。这种补色组合的对比度比纯补色组合要低，但比双重补色组合要高。

Spot color 专色

见 Pantone Matching System（PMS）潘通配色体系。

Staccato 断续

视觉节奏中突然的，甚至有时激烈的改变。

Stippling 点刻法

通过聚集小圆点或点来制造明暗的方法。

Stochastic screening 随机扫描

平面艺术或版画制作中，通过随机散播均匀的点来产生连续的灰调子区域。与通过排列不同大小圆点而成的网目扫描相反。

Style 风格

指在不同历史时期或艺术运动中对材料运用的典型方法和对形式的处理手段。也指特定艺术家运用媒介来突显作品个性所采用的方法。

Subject 主题

艺术品的内容。再现的主要人物或对象，或题材。在非再现性艺术中，则指视觉标志、符号或艺术家的奇想，而非自然环境中体验到的事物。

Subjective 主观的

艺术家想出来的，反映个人趣味、观点、偏见或情绪。主观艺术通常是带有个人特质的、独出心裁的或者具有创造性的。（见 **Objective 客观的**）

Subtractive color 减色

见 **Pigment color 色料颜料**。

Successive contrast 连续对比

每一个我们所遇到的新颜色都会被我们看到的上一个颜色的余像影响，这种反应叫余像效应。即大脑会期待一个补色的出现；如果没有出现，那么大脑会自行创造补色。

Symmetry 对称

在（通常为想象的）中轴线两旁像镜子般地重复一个场景或一组元素。与反像一样，其他常见的对称方式包括旋转和转化。

Tactile texture 触觉肌理

能被感觉或触摸的实际物理质地，材料的表面特征或由艺术家处理的颜料或雕塑材料而成的表面效果。（见 **Impasto 厚涂法**和 **Visual texture 视觉肌理**）

Tatami 榻榻米比例

以稻草垫命名的日本比例方法。大致以人体比例为基础，大小为 6 英尺长、3 英尺宽，比率为 2：1。

Technique 技法

艺术家运用材料工具来达到某一效果的方法和技术程度。

Tenebrism 暗色调主义

绘画的一种技法，来自意大利语 tenebroso，意为"模糊的"，由卡拉瓦乔及其追随者使用，以大量黑色阴影和少量亮部为特征。（见 **Chiaroscuro 明暗对照法**）

Tension 张力

画面诸元素所具有的明显能量和力量，在构图里似乎有推力或拉力效果，影响平衡。

Tertiary color 复色

由一种原色及其邻近的一种间色混合而成，或者不定量地混合两种补色或者两种间色而成。例如橄榄绿、褐紫红和各种褐色。

Tessellation 镶嵌铺面

用相互交错的图案铺满整个平面。源于拉丁文 tessera，指用于镶嵌的小块方形石头或瓦片。

Tesserae 镶嵌砖

有色大理石或玻璃小方块，用作镶嵌物。来自拉丁文 tessera，指方块。

Tetrad color scheme 四元色彩组合

基于一个正方形的色彩组合：颜色之间等距，包括一种原色，原色的补色以及一对复色的补色。

Texture 肌理

能通过触摸（触觉肌理）或触觉的错觉（视觉肌理）感觉到的材料表面特征。

Thematic unity 主题统一

通过集合类似或相关物体、形状或形式来达到的统一。

Three-dimensionality 三维性

具有深度、高度和宽度三个维度的视错觉。

Three-point perspective 三点透视

垂直线与第三消失点在物体的上方或下方相交的线性透视。（见 **Two-point perspective 两点透视**）

Tiling 平铺花砖法

将简单几何形状放在一起构成图案。

Tint 色辉

添加了白色的色相。

Tonality 色调

主导画面的单一色彩或色相，尽管有其他颜色存在。

Tone 影调

将一色与暗灰或该色的补色相调和而成的低纯度色彩。

Touching 接触

格式塔理论中，四种接近律的类型是邻近、接触、重叠和结合。相互接触的物体仍然是独立的物体，但它们看似相互附属。

Translation 转化

一种对称类型。将物体的两个复制品重叠（一张放在另一张的上面），滑动其中一张（不需旋转或反像），让它停留在新的位置，使物体之间的线条仍旧相配。

Translucency 半透明

物体、形式或平面透射或散射光线时的一种视觉品质，其透明程度不足以让视线完全穿过物体。

Transmitted color 透光色

透射的光直接来自能量源，透过颜色过滤板照亮剧场或通过电子管显示在电脑屏幕上。光的原色是红、绿和蓝（RGB）。色光本质上为加色。

Transparency 透明

指一种视觉品质，即透过一个近物能清晰地看见另一个物体或远景。当两个形式重叠时，两者都能完全看得清。

Triadic color scheme 三元色彩组合

等距分布在色轮上、连成一个等边三角形的颜色。一个原色三元色彩组合是最鲜艳的色彩组合；次色三元色彩组合则比较柔和，因为两种次色是相联的、共享同一原色：例如橙黄色和绿色都含有黄色。

Trimetric projection 三度投影

三维物体的非透视性表现图，每条轴线都需要刻度或模板：三轴投影是其中的一个特例，它的两条轴线的刻度都相同。它们采用的是"理想化"的角度，即 X 轴与水平线成 7 度角，Y 轴与水平线成 42 度角。

Trompe l'oeil 错视画

艺术家蒙骗观众视画作的部分或全部为真物，来自于法语词"欺骗眼睛"。被描绘物通常轮廓清晰、焦点鲜明，细节被描绘得一丝不苟。

Two-dimensionality 二维性

具有高度和宽度的维度，一个平坦的表面或平面。

Two-point perspective 两点透视

具有两个消失点的线性透视。消失点处于水平线上，分别占据物体的左右两端，相离得尽可能远，通常超过画平面或画布的界限。垂直线保持平行。（见 **Three-point perspective 三点透视**）

Ukiyo-e 浮世绘

日本木刻——以线条简洁、无阴影和不繁复，运用空白为特征——影响到 19 世纪的欧洲画家。该词意为"有关浮世的绘画"。

Underexposed 曝光不足

如果摄影师意欲捕捉一个场景的明亮区域，那么黑暗的区域就会是黑色的，阴影部分也缺少细节。（见 **Overexposed 曝光过度**）

Unity 统一

画面的和谐，缘于诸元素布局得当而达到的一种整体感。

Value 明度

衡量一种色彩相对亮度或暗度的方法，也称亮度。

Value contrast 明度对比

邻近区域亮色与暗色之间的关系。对比度最高的是黑与白。

Value emphasis 明度强调

明度对比被用于画面里创造焦点。

Value pattern 明度图案

通过安排画面中不同明暗度而成的诸形状，它们与所敷色彩无关。

Vanishing point 消失点

线性透视中，平行线相聚的点相交于水平线上。可以有一个或多个消失点。

Variation 变体

在统一画面时，变体用来防止过多的重复而导致的单调感。

Vernacular 本地的

与特定区域、群体或时期有关的流行或普遍风格。

Vertical location 垂直位置

一种深度暗示，其中人物或物体在画平面上的位置越高，我们就会假定它离得越远。

Vertical vanishing point 垂直消失点

三点透视中，两条垂直线会沿着观者立足点的直线而相交成消失点。

Vibrating colors 振动色

邻接在一起、会制造出闪烁效果的色彩。这种效果取决于一种相近的明度关系和强烈的色相对比。

Viewer's location point 观者立足点

一点透视中，垂直轴线穿过消失点。一点透视假定观者在一个固定的点，只用一只眼睛透过画平面来看远处的三维世界。

Visual mixing 视觉混合

运用纯色的笔触并置在画布上，而不是在调色板上混合颜料。这样，所有的颜色混合过程都在观者眼睛和大脑里完成。（见 **Divisionism 分割主义** 和 **Pointillism 点彩派**）

Visual texture 视觉肌理

由艺术家运用技巧创造出来的肌理错觉，也称视错觉肌理。（见 **Tactile texture 触觉肌理**）

Void 空白

负空间的体积。渗透或穿过物体的空间区域。

Volume 体积

由形状、形式围绕或暗示而成的封闭性空间错觉，以及紧邻、围绕图绘形式的空间。在雕塑和建筑中，即指被形式占据的空间和 / 或紧接的周边空间。量感是正空间，体积是负空间。

Warm colors 暖色

色彩有主观温度：我们由红、黄联想到火、阳光。在伊顿色轮中，暖色范围是从黄色到红紫色部分。（见 **Cool colors 冷色**）

Wireframe 三维线框

如计算机制图中所见空间中的网点和平面，它能精确描绘立体形式。使用三维模型程序或激光扫描三维物体或人体都能制作三维线框。

Worm's-eye view 虫视法

从画平面底部往上看的视角；会夸张三点透视的效果。

索引

图书在版编目（ＣＩＰ）数据

设计学概论 / 彭圣芳，武鹏飞主编. —5 版. —长沙：湖南科学技术出版社，2023.3
ISBN 978-7-5710-2004-0

Ⅰ．①设… Ⅱ．①彭… ②武… Ⅲ．①设计学 Ⅳ.①TB21

中国国家版本馆 CIP 数据核字 (2023) 第 006012 号

SHEJIXUE GAILUN（DI-WU BAN）

设计学概论（ 第五版）

名誉主编：尹定邦

主　　编：彭圣芳　武鹏飞

编　　著：洪雯雯　廖呢喃　邝慧仪　郑　冰

出 版 人：潘晓山

责任编辑：杨　林

特约编辑：龚绍石

出版发行：湖南科学技术出版社

社　　址：湖南省长沙市开福区芙蓉中路一段 416 号泊富国际金融中心 40 楼

网　　址：http://www.hnstp.com

湖南科学技术出版社天猫旗舰店网址：

　　　　　http://hnkjcbs.tmall.com

印　　刷：湖南省众鑫印务有限公司

　　　　　（印装质重问题请直接与本厂联系）

地　　址：湖南省长沙县榔梨镇保家工业园

邮　　编：410000

版　　次：2023 年 3 月第 5 版

印　　次：2023 年 3 月第 1 次印刷

开　　本：710mm×1020mm　1/16

印　　张：30

字　　数：550 千字

书　　号：ISBN 978-7-5710-2004-0

定　　价：68.00 元

（版权所有·翻印必究）